FANGRONGFA FEIZHICAILIAO SHENGCHAN GONGYI

纺熔法非织材料生产工艺

主　编　辛长征
副主编　秦爱文　邵朝兵

河南大学出版社
HENAN UNIVERSITY PRESS

·郑州·

图书在版编目（CIP）数据

纺熔法非织材料生产工艺 / 辛长征主编 .—郑州：河南大学出版社，2019.7

ISBN 978-7-5649-3821-5

Ⅰ.①纺… Ⅱ.①辛… Ⅲ.①非织造织物－高分子材料－生产工艺 Ⅳ.① TS17

中国版本图书馆 CIP 数据核字 (2019) 第151138号

责任编辑 柳　涛
责任校对 陈　巧
封面设计 陈盛杰

出版发行	河南大学出版社
	地址：郑州市郑东新区商务外环中华大厦2401号　邮编：450046
	电话：0371-86059750（高等教育与职业教育分社）
	0371-86059701（营销部）
	网址：hupress.henu.edu.cn
印　刷	广东虎彩云印刷有限公司
版　次	2019年7月第1版
印　次	2022年8月第1次印刷
开　本	787 mm×1092 mm　1/16
印　张	13.75
字　数	317千字
定　价	35.00 元

（本书如有印装质量问题，请与河南大学出版社联系调换）

前　言

随着我国高分子材料和化学纤维行业的迅速发展，派生出一些非常具有市场前景的新工艺，纺黏法和熔喷法（简称纺熔法）就是在传统高分子材料熔体纺丝基础上出现的新技术，它是将化纤熔体纺丝和无纺布成网技术进行了有机结合，高分子材料与工程和非织造材料与工程专业的毕业生有相当比例从事该技术。

目前我国传统纺织类高校的高分子材料与工程专业均开设有该类课程，但由于纺熔法生产技术是近几年才出现的，没有正规的教材。我校作为应用型本科转型发展院校，人才培养偏重实用型，为此特编订了该教材。本书的主编辛长征教授从事专业教学25年，对纺黏法生产有着较深的理论基础和较丰富的生产实践经验，并且主编过国家"十一五"规划教材《纤维纺丝工艺与质量控制》（下），因此，该书能够保证质量和实用性，达到提高学生工程素养的目的。

该书主要介绍纺熔法的发展历史与现状，纺熔法非织造材料的生产原料，纺丝成网法的生产工艺与质量控制，熔喷法非织造材料的生产工艺与质量控制，纺熔法非织造材料的性能及用途，纺熔法非织造材料的后处理和深加工等。

参加本书编写的有：河南工程学院辛长征（第六章）；河南工程学院秦爱文（第三章）；河南工程学院李俊（第一、五、七章）；郑州豫力新材料科技有限公司邵朝兵（第四章）；中国石化仪征化纤有限公司李喜亮（第二、八章）。

全书由辛长征任主编，秦爱文、邵朝兵任副主编。

本书主要特点：

（1）结合作者多年从事高分子材料和非织造材料教学的经历和实践经验，把与其相似的传统化学纤维熔体生产工艺和非织造材料加工工艺融合到纺熔法非织造材料的生产技术中，拓展了学生的专业知识面。

（2）在充分吸取应用型本科高校培养技术应用型专业人才方面取得的成功经验和教学成果的基础上编写而成。编写原则为实用性、先进性相结合，特别强调可操作性，以适应当今高分子行业的发展。

（3）该书编写人员部分来自企业的技术骨干，使得教材吸纳了大量的生产实践经验与工艺控制方法，理论性与实践性紧密结合，利于学生接受和学习。

由于非织造材料品种繁多，生产加工技术发展迅速，且限于编者水平，本书在内容、编排及文字等方面的疏忽或错误在所难免，恳请使用本书的师生和读者批评、指正。

编　者

2019 年 3 月

目　　录

第一章　总　　论 ... 001
　　第一节　非织造布概述 ... 001
　　第二节　纺丝成网法非织造材料的发展历史与现状 ... 005
　　第三节　熔喷法非织造材料的发展历史与现状 ... 009
　　第四节　纺熔法非织造材料生产的工艺流程 ... 012

第二章　纺熔法非织造材料的生产原料 ... 016
　　第一节　聚丙烯 ... 016
　　第二节　聚酯 ... 021
　　第三节　聚酰胺 ... 024
　　第四节　聚乙烯 ... 025
　　第五节　聚乳酸 ... 026
　　第六节　聚对苯二甲酸丙二醇酯 ... 028
　　第七节　聚对苯二甲酸丁二酯 ... 032
　　第八节　功能添加剂 ... 035

第三章　纺丝成网法的生产工艺与质量控制 ... 041
　　第一节　纺丝成网法的工艺特点 ... 041
　　第二节　切片干燥 ... 041
　　第三节　切片的熔融 ... 045
　　第四节　纺丝工艺 ... 048
　　第五节　气流牵伸 ... 051
　　第六节　成网 ... 064

第七节 加固 070

第八节 热处理 079

第九节 卷取 081

第四章 熔喷法非织造材料的生产工艺与质量控制 088

第一节 生产工艺流程 088

第二节 主要设备介绍 089

第三节 常见熔喷生产线 092

第四节 工艺控制 099

第五节 熔喷法非织造布生产技术的发展趋势 111

第六节 SMS 复合非织造布生产技术 117

第五章 纺熔法非织产品性能和用途 128

第一节 纺丝成网法非织造材料的产品性能和用途 128

第二节 熔喷法非织造材料的产品性能和用途 134

第三节 SMS 复合非织造布的产品性能和用途 136

第六章 纺熔法差别化纤维 138

第一节 复合纤维 139

第二节 异形纤维（Profiled fibre） 147

第三节 细特纤维（Fine tex fiber） 153

第四节 其他改性纤维 164

第七章 纺熔非织造材料的后整理 180

第一节 后整理概述 180

第二节 纺熔非织造材料在线后整理装置及技术 182

第三节 纺熔非织造材料的功能整理 188

第四节 微胶囊功能整理技术 195

第八章 纺熔非织造材料的深加工与产品开发 197

第一节 离线复合加工 197

第二节　离线加工ᐧᐧ 202

第三节　制品加工ᐧᐧ 204

第四节　非织造布新产品的开发现状ᐧᐧ 205

附录：中国纺黏非织造布发展大事记ᐧᐧᐧᐧᐧᐧᐧᐧᐧᐧᐧᐧᐧᐧᐧᐧᐧᐧᐧᐧᐧᐧᐧᐧᐧᐧᐧᐧ 207

参考文献ᐧᐧ 209

第一章 总 论

非织造材料又称非织造布、非织布、非织造织物、无纺织物或无纺布。它是一种不需要纺纱织布而形成的织物，只是将纺织短纤维或者长丝进行定向或随机排列，形成纤网结构，然后采用机械、热粘或化学等方法加固而成。非织造布突破了传统的纺织原理，并具有工艺流程短、生产速度快、产量高、成本低、用途广、原料来源多等特点。非织造技术是一门源于纺织，但又超越纺织的材料加工技术。它结合了纺织、造纸、皮革和塑料四大柔性材料加工技术，它充分运用了诸多现代高新技术，如计算机控制、信息技术、高压射流、等离子体、红外、激光技术等。非织造技术正在成为提供新型纤维状材料的一种必不可少的重要手段，是新兴的材料工业分支，无论在航天技术、环保治理、农业技术、医用保健或是人们的日常生活等许多领域，非织造新材料已成为一种愈来愈广泛的重要产品。非织造产业被誉为纺织工业中的"朝阳工业"。

第一节 非织造布概述

一、非织造布的定义

非织造布又称为无纺布，它是一种不需要纺纱织布而形成的织物，只是将纺织短纤维或者长丝进行定向或随机排列，形成纤网结构，然后采用机械、热粘或化学等方法加固而成。它直接利用高聚物切片、短纤维或长丝通过各种纤网成形方法和固结技术形成的具有柔软、透气和平面结构的新型纤维制品。所用纤维可以是天然纤维或化学纤维；可以是短纤维、长丝或当场形成的纤维状物。

我国国家标准 GB/T 5709—1997《纺织品非织造布术语》对非织造布的定义是：定向或随机排列的纤维，通过摩擦、抱合或粘合，或者这些方法的组合而相互结合制成的片状物、纤网或絮垫，不包括纸、机织物、针织物、簇绒织物以及湿法缩绒的毡制品。

为了区别湿法非织造材料和纸，国标还规定了在其纤维成分中长径比大于300的纤维占全部质量的50%以上，或长径比大于300的纤维虽只占全部质量的30%以上但其密度小于0.4 g/m^3的属于非织造材料，反之为纸。

二、非织造布的分类

按厚薄分类：厚型、薄型和中厚型。

按使用强度分：耐久型和用既弃型（使用一次或几次就抛弃）。

按应用领域分：医用卫生保健、家用、服用及鞋用、土木建筑用、工业用、农业与园艺用、军事与国防用等。

按成网方法和加固方法分类如图1-1所示。

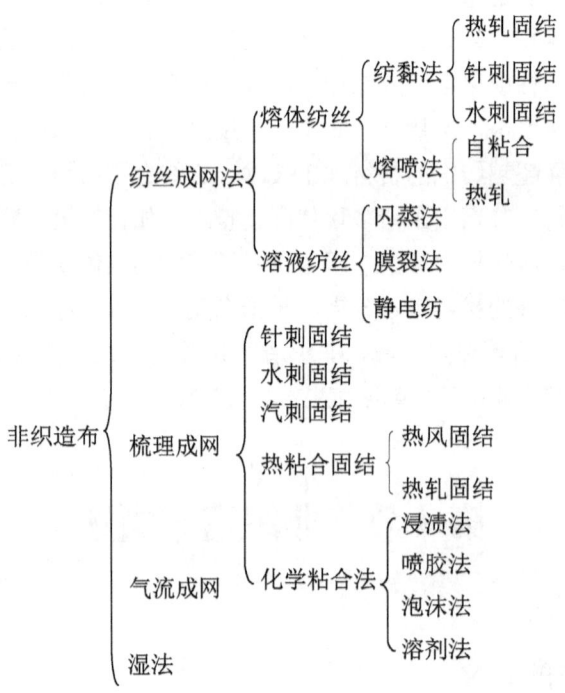

图1-1 非织造布分类

（一）水刺无纺布

水刺工艺是将高压微细水流喷射到一层或多层纤维网上，使纤维相互缠结在一起，从而使纤网得以加固而具备一定强力。

（二）热粘合无纺布

热粘合无纺布是指在纤网中加入纤维状或粉状热熔粘合加固材料，纤网再经过加热熔融冷却加固成布。

第一章 总论

（三）浆粕气流成网无纺布

气流成网无纺布又可称做无尘纸、干法造纸无纺布。它是采用气流成网技术将木浆纤维板开松成单纤维状态，然后用气流方法使纤维凝集在成网帘上，纤网再加固成布。主要应用于婴儿纸尿裤、妇女卫生巾、高档桌布、擦拭布和食品包装材料等。气流拉伸简化了分丝成网工艺，缩短了工艺流程，得到了广泛应用。

（四）湿法无纺布

湿法无纺布是将置于水介质中的纤维原料开松成单纤维，同时使不同纤维原料混合，制成纤维悬浮浆，悬浮浆输送到成网机构，纤维在湿态下成网再加固成布。

（五）纺黏无纺布

纺黏无纺布是在聚合物已被挤出、拉伸而形成连续长丝后，长丝铺设成网，纤网再经过自身粘合、热粘合、化学粘合或机械加固方法，使纤网变成无纺布。从纺黏非织造布的生产流程可以看出，纺黏法实际上是将化纤生产与非织造布生产两者合二为一，利用化学纤维纺丝成形原理，在聚合物纺丝成形过程中使连续长丝铺置成网，纤网经机械、化学或热粘合加固成布，整个过程由同一套设备完成。牵伸之前的部分与合成纤维的生产工艺基本相同，均有螺杆熔融、过滤、熔体计量、纺丝和冷却等，牵伸之后两者的区别在于：合成纤维产品是短纤或长丝，而纺黏纺丝则是将纤维经过牵伸后直接铺网一次成布。两者牵伸纺丝差异较大，合成纤维采用机械牵伸，容易控制，而纺黏纺丝基本上是气流牵伸，较难控制。

（六）熔喷无纺布

熔喷法无纺布也是建立在熔融纺丝的基础上的。它是指在熔融纺丝的同时，采用热空气对挤出的熔体细流进行拉伸，使其成为超细纤维，然后凝聚到多孔滚筒或成网帘上形成纤网，再经自身粘合或热粘合加固而得到的非织造布。熔喷无纺布的工艺过程：聚合物喂入——熔融挤出——纤维形成——纤维冷却——成网——加固成布。

（七）膜裂法无纺布

膜裂法无纺布是在聚合物挤出成膜阶段，通过机械作用（例如针裂、轧纹等），使薄膜形成网状结构或原纤化的极轻薄的非织造布。膜裂法非织造布表示这种聚合物挤出成布法非织造布的生产方法或产品的名称。膜裂法非织造布主要用于医疗敷料、垫子面料以及其他面料，原料多为聚丙烯和聚乙烯。

（八）针刺无纺布

针刺无纺布是干法无纺布的一种，针刺无纺布是利用刺针的穿刺作用，将蓬松的纤网加固成布。

（九）缝编无纺布

缝编无纺布是干法无纺布的一种，是用经编线圈结构（可以由外加纱线或由纤网中纤维形成）对纤网等材料进行加固。另外，它还可以在基布（机织布或缝编非织造布）中编入线圈结构，使其产生毛圈效应而成为毛圈型非织造布。可以用来制作西服、夹克衫、外套、毛皮大衣等外衣类服装。缝编法非织造布最突出的优点是在外观和织物特性上酷似传统的纺织品。

（十）闪纺法无纺布

闪纺法无纺布又称干法纺丝直接成网法，是指将高聚物溶解在溶剂中，然后通过喷丝孔挤出，使溶剂迅速挥发而形成纤维，同时采用静电分丝的方法使纤维彼此分开，然后凝聚成网，经热轧加固而形成闪纺法非织造布。它也是美国杜邦公司的专利技术。

（十一）SMXS 复合无纺布

SMXS 复合无纺布在非织造复合加工中，纺黏-熔喷非织造复合材料占有很大的比重，即通常所说的 SMS 复合非织造布，其缩写取之于纺黏（Spunbond）和熔喷（Meltblown）的英文字头。

将纺黏法非织造布和熔喷法非织造布两者结合所形成的复合非织造布则恰好弥补了彼此弱点，具有强力高、过滤性能好、不含粘合剂、无毒等优点。主要用于医疗卫生劳动防护产品如手术服、手术帽、防护服、洗手衣、手袋等。目前，以聚丙烯为主要原料的 SMS 已经得到很好的应用，因其性能优良、价格低廉、生产技术成熟，其市场也在逐步扩大。目前，纺黏-熔喷复合非织造布的主要品种有 SM、SMS、SMMS、SMXS 等。

（十二）静电纺丝

静电纺丝是一种特殊的纤维制造工艺，聚合物溶液或熔体在强电场中进行喷射纺丝。在电场作用下，针头处的液滴会由球形变为圆锥形（即"泰勒锥"），并从圆锥尖端延展得到纤维细丝。这种方式可以生产出纳米级直径的聚合物细丝。

三、非织造布的加工工艺

不同的非织造工艺技术具有各自对应的工艺原理。但从宏观上来说，非织造技术的基本原理是一致的，可用其工艺过程来描述，一般可分为四个过程：

（1）纤维/原料的选择：成本、可加工性和纤网的最终性能要求。

（2）成网：将纤维形成松散的纤维网结构。

（3）纤网加固：赋予纤网一定的物理机械性能和外观。

(4)后整理与成形:后整理旨在改善产品的结构、手感和性能等。成形一般包括以下一个或几个步骤:退卷、分切、折叠、剪裁、缝纫、消毒、浸渍和包装。

四、非织造布的优缺点

非织造布有很多优点:通气性、过滤性、保温性、吸水性、防水性、伸缩性、不蓬乱、手感好、柔软、轻盈、有弹性、可复原,没有布料的方向性。与纺织布相比生产性高、生产速度快、价格低、可大量生产等。

缺点是:与纺织布相比强度和耐久性较差,不能像其他布料一样清洗,纤维按一定方向排列,所以容易从直角方向裂开等。

五、非织造布的主要应用

(1)医疗、卫生用无纺布:手术衣、防护服、消毒包布、口罩、尿片、民用抹布、擦拭布、湿面巾、魔术毛巾、柔巾卷、美容用品、卫生巾、卫生护垫及一次性卫生用布等。

(2)家庭装饰用无纺布:地毯、贴墙布、台布、床单、床罩、窗帘、百洁布、拖把等。

(3)服装用无纺布:衬里、粘合衬、絮片、定型棉、各种合成革基布等。

(4)工业用无纺布:汽车顶篷布、过滤材料、绝缘材料、水泥包装袋、土工布、包覆布等。

(5)农业用无纺布:作物保护布、育秧布、灌溉布、保温幕帘等。

(6)军事用无纺布:高性能纤维防弹衣、擦枪布、军用地图基布等。

(7)其他无纺布:太空棉、保温隔音材料、吸油毡、烟过滤嘴、彩旗等。

第二节 纺丝成网法非织造材料的发展历史与现状

一、纺丝成网法非织造材料的发展历史

纺丝成网法是纺熔法非织造材料生产中最重要、应用最广泛的一种方法。这种方法是化纤技术与非织造材料技术最紧密结合的成功典型,它是利用化纤纺丝原理,在聚合物纺丝过程中使经受气流牵伸的连续长丝的纤维铺置成网,纤网经机械、化学或热方法加固而成非织造材料。

纺丝成网法非织造材料的生产源于美国。20世纪40年代初美国粘胶纤维公司的研究人员曾经试验将纤维直接吹至帘网上,1950年曾建成一座小型实验工厂,但后来因种种原因,很遗憾地放弃了这一项目。20世纪50年代初美国海军研究实验室研制成一种小型挤出机,

可将熔融聚合物从很细的喷丝孔中挤压出来而成为很细的纤维,再用热空气将它们吹到帘网上,使纤维粘结成网,但到50年代中期这项研究又被放弃了。20世纪50年代末欧洲的百得补公司(Freudenberg)与美国的杜邦公司都着手这方面的工业化研究,20世纪60年代中期,这两家公司的纺丝成网非织造材料设备几乎同时生产出了纺丝成网非织造材料,但当时由于这项技术尚不完善,生产成本高,投资费用高,因而限制了这门技术的推广应用。20世纪60年代末至70年代初由于纺丝成网非织造材料在妇女卫生巾、包覆材料与簇绒地毯的基布方面,以及在土工布方面找到出路,因而大大推动了纺丝成网非织造材料技术的应用发展。

自20世纪50年代末美国杜邦公司首先将纺黏法非织造材料生产技术实现工业化后,世界各国相继在20世纪60年代末开始从事开发和应用该技术。日本是在20世纪70年代开始起步,亚太其他地区则是于20世纪80年代中期以技术引进为起点开始从事这类生产。由于纺黏法在工艺技术、产品性能、生产效率等方面表现出明显的优势,使它在近20年来获得了举世瞩目的快速发展。2000年,世界纺黏非织造布在非织造布中的比例已达到38%,美国、欧洲都达到45%左右。2005年全球非织造产品产量470万吨,欧洲占31%、北美占26%、亚太地区占23%。在产品分布上,纺黏(Spunbond)与熔喷法非织造布占43%。

我国的纺丝成网法非织造材料虽然起步较晚,20世纪80年代中期才由广州第二化纤厂首家引进德国一条生产线,以后上海、沈阳又分别引进了意大利两条生产线,但在20世纪90年代初由于改革开放步伐加快,我国的纺丝成网法非织造材料出现了迅猛发展的局面。

从1986年我国引进第一条纺黏法非织造材料生产线开始,经过技术消化、市场开拓,在1991年形成一个发展高潮,生产线增加到20多条;1998年进入第二个发展高潮,生产线增加到近60条;从2003年开始,我国纺黏法非织造生产线建设进入第三次发展高峰期,生产线达到140条以上,其中产能1万t/a的生产线有7条,生产能力成倍增加,达到50万t/a。

二、纺丝成网法非织造材料的现状

根据中国产业用纺织品行业协会统计,截止于2016年12月,大陆地区共有纺黏法非织造布生产企业514家,比2015年净增31家,增幅为6.42%。共有纺黏法非织造布生产线1372条,比上年增加88条,增幅达到6.85%。纺黏法非织造布生产线的生产能力总计达到390.2万t/a;纺黏法非织造布实际产量总计达266.3万t/a。

截止于2016年12月,国内纺黏法非织造布总产量中PP纺黏法非织造布实际产量为190万吨,占纺黏布总量的71.35%;PET纺黏法非织造布实际产量为29.5万吨,占纺黏布总量的11.07%;在线复合SMS非织造布实际产量为46.8万吨,占纺黏布总量的17.59%。据2016年的统计,实际产量超过1万吨的企业数量共达到63家,其中超过5万吨的企业3家,2~5万吨的企业16家。

我国目前非织造布产量居世界第二位,人均占有量已经赶上世界水平,产业结构变化也呈现出如下多项特点:

（一）多模头设备生产的产品产量逐步增加

作为多年来行业主打产品的常规单头PP纺黏非织造布产品，随卫生、医疗制品市场渗透率的提高，用多模头设备生产的卷材产品产量即将超越单模头设备。据测算，在PP产品中医卫用纺黏材料（含SMS品类）与常规单头纺黏布的产量几将平分秋色。近5年来，企业新增的投资多数指向多模头设备，国产多模头设备生产的非织造布已被下游客户接受。

（二）医疗卫生用纺黏非织造材料逐渐成为主力军

由于近年国家全面放开二孩政策、重视健康养老事业和消费升级的因素影响，医卫用纺黏非织造布成为令人瞩目的增长亮点。据统计数据分析，目前医卫用纺黏非织造布将近占PP类纺黏布的一半，2016年增长率约为20%左右。

（三）聚酯纺黏非织造布市场仍处于快速上升期

纺黏长丝聚酯胎基布以其优良的性能和高性价比受到防水材料用户的追捧，仅用了4年时间使聚酯产量就翻了一番，在纺黏布总产量中所占比例由7%提高到11%。当前，国家加大环境治理力度使得对空气过滤、水过滤、化学品过滤的需求增加，促使聚酯纺黏非织造布生产厂增加市场供应，成为聚酯滤材增长的驱动力。

（四）国内设备制造水平尚需努力和提高

随着非织造布技术的不断成熟，产品质量和性能不断提高，非织造布的应用范围越来越宽广，逐步替代原有织造纺织品，持续保持高速的发展态势，其中以中国和亚太地区的发展速度最快。然而，由于先进的工艺和技术水平，发达国家仍是世界非织造布工业发展的主流，在高端市场上占据明显优势。无纺布的生产商主要集中在北美、西欧和东亚地区，主要生产国为中国、美国、日本、韩国、印度尼西亚等，约占全球无纺布总产量的66%以上。其中高档无纺布生产技术集中在美国、日本、意大利等发达国家。全球5大非织造布生产商（Berry Plastics、Performance Materials、Kimberly-Clark、Ahlstrom和DuPont）的年销售额均超过10亿美元。

这几年国产多模头生产线成为企业转型升级的抓手，目前国内保有量已接近200条，设备制造技术渐趋成熟，获得了可观的回报，多模头技术的推广应用，产生了良好的社会效益，也加快了整个产业的技术创新步伐。多模头装备的投资热情未减，还有广阔的拓展空间。

目前国内设备制造商推出了最新型的纺丝系统及热轧机、卷绕机、分切机，成网机也配置了新型的驱动、成网系统，国内已有自主研发的Y形三辊热轧机，使换辊时间大幅度减少，显著提高了效率、消除了作业安全风险，提高了生产线的总体技术水平。但比较国际先进技术差距还是很大的。目前引进设备运行速度最高超过1000 m/min，而国产设备尚无可在600 m/min生产速度稳定运行的机型。

(五) 高附加值产品竞争日趋激烈

目前纺黏非织造布卷材企业在产品的柔软亲肤、弹性爽滑、导湿、透气等特性上均有突破，且销量节节上升，但卫生用品的高端市场似乎还是认可热风布和全棉水刺布，消费者对蓬松柔软情有独钟。现在，市场上热风布的价格几乎是纺熔布的一倍，但如此的差价似乎不会影响到高档消费群体对高端制品的选择。为争夺高端市场，国内热风布产能也增加很快，业内也有部分企业投资了热风布生产线，还有更多企业加速研发步伐，不断推出新品。

总体而言，近30年的发展，纺丝成网非织造材料技术已获得相当大的发展，但尚未达到尽善尽美的地步，仍处于继续发展中，可以预料纺丝成网与其他非织造材料技术的结合、产品品种的开发、用途和生产规模的扩大都将会有新的进展。

目前，国内纺黏法非织造布生产技术与国际上的差距主要体现在以下几个方面：

（1）在纺黏法非织造布领域，使用的原料单一，92.99%都是高度同质化的PP产品，而且有相当比例的产品的技术档次较低。到2010年底为止，用PET原料制造的产品仅占总产量的7.01%，而且多为厚型产品，其中能生产薄型PET纺黏布的生产线更少，导致产品市场狭窄，影响了PET纺黏法非织造布技术的推广应用。

（2）国内纺黏法非织造布产品的定量基本都在120 g/m^{2}以下，绝大多数产品的纤维细度仍在2 dtex左右，纤维更细的产品不多，粗旦（>6 dtex）的厚型产品则基本是空白。

（3）在国外，双组分机型将成为一个新的主流机型。目前除了从国外引进的一条双组分纺黏线外，我国的双组分纺黏法非织造布生产技术仍处于研究、开发的起步阶段。

虽然双组分纺黏法水刺非织造布生产技术已取得了阶段性成果，但至今还没有成熟的国产商品化的双组分纺黏法非织造布生产线投放市场，有的核心部件（如纺丝箱及纺丝组件）仍需依赖进口，这些都限制了产品应用领域的进一步扩展。

（4）在国内的纺黏法非织造布行业中，配置低、功能单一、产品技术含量少的小型（幅宽在1.6 m或以下）PP生产线仍占绝大多数。

三、纺丝成网法非织造材料的发展趋势

(一) 纤维细旦化

由超细纤维制造的纺黏布，具有更好的使用性能，手感更好，遮蔽性更强，可以代替熔喷布使用。

(二) 双组分复合纺丝

用双组分纤维制造的纺黏布，由于可用较低的热轧温度固结，使产品既有良好的手感

又有足够的强力。双组分纺黏纤网采用水刺开纤（将成束的多组分纤维分开）和固结工艺，是目前制造超细纤维的重要方法，产品具有很好的强力，柔软性，MD/CD方向的强力比近似1，是制造人造皮革基布的高级材料。目前，双组分产品的产量约占纺黏法非织造布总产量的12%～15%，预计以后每年会以15%～20%的速度递增。双组分机型将成为新一代的主流机型。

（三）纺黏法非织造布用于制造耐久性服装材料

近来通过开发新的弹性体聚合物和双组分纤维，使纺黏法非织造布的悬垂性、弹性、断裂强度、尺寸稳定性、质感等方面的性能有了重大改进，使其有可能成为制造耐久性服装的材料。

（四）不同工艺间的互相渗透

不同工艺间的互相渗透是指纺黏法与熔喷法及其他成网工艺互相之间的渗透。如纺黏工艺熔喷化、不同成网工艺或材料复合。

（1）纺黏工艺熔喷化。纺黏工艺熔喷化就是在纺黏法生产线上使用正常熔喷法工艺使用的高MFI的原料（700），使用比普通纺黏法工艺更高的速度（>6000 m/min）纺丝，能纺出更细的纤维。

纺黏熔喷化就是在纺黏系统使用传统熔喷工艺的高熔指原料，用纺黏工艺制造出与熔喷布相近的产品，由于不用热气流牵伸，可比熔喷布更大幅度降低生产成本。由于这种工艺不需用高温的热空气牵伸，产品的能耗大为降低，而产品强度又可达到纺黏法产品的水平，能代替熔喷产品来使用。但目前仅有个别纺黏法机型（如纽玛格的AST）的牵伸速度具备使用熔喷原料的能力。

（2）不同成网工艺的卷材叠层复合后，再采用热轧或水刺方法固结复合的纤网，产品进行功能性处理，应用涂层技术，膜复合技术（如TBS—PP纺黏＋PE膜薄）等是开发新产品的重要途径。

不同成网工艺或材料复合能制造很多性能优异的新产品，技术上常用的不同成网工艺复合（或卷材叠层）方式主要包括：纺黏与熔喷（SM，SMS），纺黏与梳理成网（SC，SCS，CSC），纺黏与熔喷和梳理成网（SMC），纺黏与气流成网（SA，SAS，ASA），纺黏与熔喷和气流成网（SMA，SMAS），纺黏与木浆（SPS），纺黏布与薄膜复合（PE塑料薄膜、透气薄膜、金属薄膜）等。

第三节 熔喷法非织造材料的发展历史与现状

熔喷法（Melt-blowing）是聚合物直接成网的一种工艺，与纺黏法（Spunbonding）不同，熔喷法是将螺杆挤出的高聚物熔体用高速高温气流喷吹或其他手段，使熔体细流受到极度拉伸而形成极细的短纤维，然后聚集到成网滚筒或成网帘上形成纤网，最后经自粘合或其他加固而制成熔喷法非织造材料。国内外熔喷法生产性能对比如表1-1所示。

熔喷法的研制开发始于20世纪50年代初期，美国海军研究所最早开始研究气流喷射纺丝法，纺得极细的纤维，其直径在5μm以下，制得由这种超细纤维组成的非织造材料。随后其他一些专利也相继出现，直到70年代后期，美国的埃克森（Akerson）公司才将这一技术转为民用，才使得熔喷法得到很大发展，成为聚合物直接成网非织造材料中的第二大生产方法。

在20世纪70年代后期开始，熔喷法非织造材料增长迅速，平均每年以10%～12%的速度递增，1989年世界上已有60多条熔喷法非织造材料生产线，产量已达45 000多吨。美国金伯利（Kimberlley）公司为了克服熔喷非织造材料的缺点，即自身强力低、形稳性差，开发了熔喷法非织造材料与纺黏法非织造材料叠层的SMS或SM复合材料，在手术衣、过滤材料等用途方面很受欢迎，因此也推动了熔喷非织造材料的发展。但与纺丝成网非织造材料相比，熔喷法非织造材料增长速度不及前者。随着复合技术的应用与熔喷非织造材料用途的开发，熔喷法非织造材料仍将会有相当的增长，特别在发展中国家。

我国对熔喷技术的研究也较早，20世纪50年代末中国核工业部二院、北京化工研究院等机构就开始了这方面的研究。20世纪80年代，中国纺织大学研制出了间歇式熔喷法非织造布生产线，我国一些地区上了数十条其生产的设备。20世纪90年代初北京化工研究院、中国纺织大学、北京超纶公司等单位设计出的间歇式熔喷设备，在国内陆续投产了近百台。1994年是熔喷法非织造布在中国快速发展的一年。该年安徽奥宏超细滤材有限公司、江苏江阴金凤非织造布制品有限公司、天津泰达股份有限公司陆续投产了3条引进的连续式熔喷生产线，这3条代表当时先进技术设备生产线的投产，使得我国熔喷法非织造布的生产技术水平上了一个台阶。2002年天津泰达又引进了第2条连续式熔喷生产线；2004年山东俊富无纺布有限公司投产了幅宽为3.2 m、年产2000吨的连续式生产线。

2006年我国熔喷法非织造布有了新的发展，总的生产能力约3.74万吨，实际产量约为2.2万吨，比2005年增长了15.2%。我国熔喷非织造布有连续式和间歇式两种，其中连续式生产线的产量占熔喷总产量的70%左右。2014年，熔喷法非织造布总生产能力达到7.01万吨/年，总的实际产量为4.59万吨/年。根据中国产业用纺织品行业协会统计，截止于2016年12月，内陆共有连续式熔喷法非织造布生产企业增至70家。

现今国内熔喷非织造材料也被用于和纺黏非织材料的二次复合，即二步法SMS产品，但其性能与一步法SMS产品相比肯定有一些无法克服的缺点，如薄的产品（15 g/m²）无法生产，还有产品的孔率、孔径受到限制等等。随着国内一步法SMS生产线的陆续投产，将逐步取代二步法SMS成为这一产品的主力军。目前中国熔喷法非织造材料的生产企业仍需要在新产品开发上面投入更多的精力去开拓市场以找寻更大的市场空间。

目前我国熔喷法非织造布生产技术发展的瓶颈主要是在喷丝板组件的设计、制造方面。因此近年来一些新建造的熔喷系统仍需使用国外设计、制造的喷丝板组件。与先进水平相比，中国在熔喷法非织造布领域存在的差距主要有以下几点：

（1）快装式喷丝板组件国外早已投入使用，对提高生产线的经济效益和熔喷系统在 SMS 生产线上的应用均有非常重要的作用，而国内仍处于刚起步阶段。

（2）由于受喷丝板的设计、制造技术（如喷丝孔的布置密度、最小孔径，孔的长径比等）的制约，纤维的直径较大、纤维直径的分布较宽、生产能力偏低等，与国外存在明显的差距；目前国内制造、使用的喷丝板的孔密度普遍为35（hpi），国外的喷丝板的孔密度普遍为50（hpi），在单孔流量相同的条件下，生产能力明显低于国外产品。

（3）在熔喷法非织造布领域，原料单一，都是高度同质化的PP产品，到目前为止，还没有利用其他原料（如 PET，PPS 等）制造的产品，导致产品市场狭窄，影响了熔喷法非织造布技术的推广应用。

（4）接收装置的性能对熔喷产品的特性（如：均匀度、手感、厚度等）有很大的影响。目前，国内的大型（幅宽≥1600 mm）连续式生产线的接收方式以网带水平接收为主，用滚筒接收的生产线不多，所用的滚筒带抽吸装置的更少，使产品的质量和产品结构无法满足市场的多元化要求。

（5）标准化工作是我国非织造布工业的一个软肋，不仅纺黏法非织造布还在沿用十六年前颁布而且没有进行过修订的标准，熔喷布、SMS 布则连一个正式的标准都没有，这是与一个非织造布大国的地位极不相称的。标准的缺失导致了非织造布装备及非织造布产品的无序发展，也使非织造布生产企业在经营活动中失去"有法可依"的话语权。

表1-1　国内外 PP 熔喷法非织造布生产线性能对比表

机　型		1600	2400	3200	4200
产品幅宽（mm）		1600	2400	3200	4200
定量范围（g/m^2）	国外设备	3～400	3～400	3～400	3～400
	国产设备	10～300	10～300	10～300	10～300
产　量（kg/hr）	国外设备	～130	～200	～260	～350
	国产设备	60～80	90～120	160～180	—

注：①表中"国外设备"性能部分的技术参数摘自日本 KASEN Spunbond & Meltblown System（日本双日株式会社）2007年产品目录；②目前国产及在国内已投入运行的熔喷系统最大的幅宽为3200 mm。相关参数变动范围较宽。③生产工艺均为 Exxon 工艺。

（6）与纺黏法非织造布技术一样，在我国的熔喷法非织造布领域，目前仅有一条从国外引进的双组分生产线，双组分技术的应用还处于刚开始阶段，而且均是从国外引进的设备。我国在其核心技术，如纺丝箱体，特别是纺丝组件的设计与制造等方面仍处于空白状态。

（7）辅助设备研发滞后。目前，由于产品高度同质化，熔喷产品市场扩展速度缓慢，行业的产能利用率偏低，而一些潜在的市场又没有能力开发，这与辅助设备研发滞后是分不开的。如提高过滤效率时要使用的纳米材料加入方法，增加保暖材料蓬松度的三维卷曲纤维加入设备等。

（8）产品的后处理技术水平较低，而且推广、应用力度不足。如：国外已有静电驻极技术注册专利，采用静电驻极技术能使熔喷产品具备高过滤效率、低过滤阻力的优异性能，是目前制造高效低阻过滤材料的重要方法，但很少有生产企业能直接使用这些专利，而自制的设备又缺乏创新，导致产品的质量一直无法有突破的进展。

在熔喷产品的后处理方面，国外已经应用的各种改性技术，如：辐射接枝、真空等离子体、常压等离子体等，在国内基本上还是处于科研、探索阶段。

（9）原料及助剂的开发。近年来，在熔喷用的高熔指原料开发工作方面，我国已有长足的发展，改变了要完全依赖进口的局面，但还没有达到完全替代进口的水平，基本上还没有高性能的熔喷原料。在助剂开发方面国内仅有少数企业能稳定制造熔喷级的色母粒，其他产品改性添加剂，如：改进透气性，过滤效率，改进静电驻极效果的添加剂还很少，制约了功能性熔喷产品的开发。

第四节 纺熔法非织造材料生产的工艺流程

纺熔法（Spinning fusion methods）非织造材料制造方法包括纺丝成网法、熔喷法和膜裂法等。

一、纺黏法非织造材料生产的工艺流程

纺丝成网法是利用化学纤维纺丝的方法，在聚合物纺丝成形过程中通过骤冷的空气对挤出的熔体细丝进行冷却，使细丝在冷却过程中受到拉伸气流的拉伸作用，形成连续长丝然后在凝网帘上成网，并铺放在成网帘上，再经固结装置处理后形成纺丝成网法非织造材料，具体工艺流程如下（以涤纶为例）。

切片→干燥→螺杆挤压机→熔体过滤器→计量泵→喷丝板→冷却吹风→气流牵伸→铺网→加固（热轧或针刺、水刺成布）→卷取→检验→包装→成品。

生产工艺流程示意图如图1-2所示。

原料若为丙纶，一般无须干燥。

随着科技的发展，目前还有多机台复合在一起的生产线，例如两台纺黏机组成一条生产线，简称为SS（即 Spunbond/spunbond），或两台纺黏设备中间加一台熔喷机（Meltbrown），共3台机组成一条生产线，称为SMS，SMS即两层或三层纺黏法非织造材料夹持一层或多层熔喷法非织造材料所构成的一种复合非织造材料，其中S是指Spunbond，即纺黏法非织造材料，M为Meltblown，即熔喷法非织造材料。

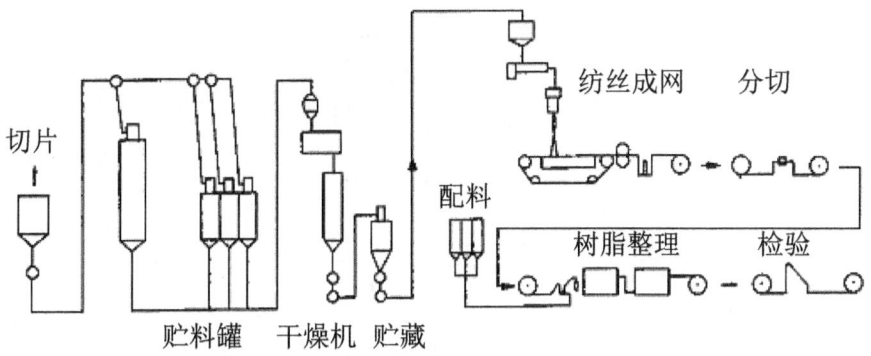

图 1-2　生产工艺流程简图

SMS 工艺流程为：

$$\left.\begin{array}{l}纺黏\\熔喷\\纺黏\end{array}\right\} \to 热轧 \to 成布$$

生产工艺流程示意图如图1-3所示。

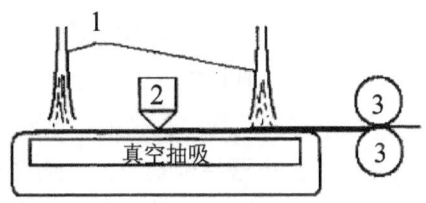

1- 纺黏生产线　2- 熔喷生产线　3- 热轧辊
图 1-3　SMS 在线复合示意图

二、熔喷法非织造材料生产的工艺流程

熔喷工艺原理是将聚合物熔体从模头喷丝孔中挤出，形成熔体细流，加热的拉伸空气从模头喷丝孔两侧风道亦称气缝中高速吹出，对聚合物熔体细流进行拉伸。冷却空气在模头下方一定位置从两侧补入，使纤维冷却结晶，另外在冷却空气装置下方也可设置喷雾装置，进一步对纤维进行快速冷却。在接收装置的成网帘下方设真空抽吸装置，使经过高速气流拉伸成形的超细纤维均匀地收集在接收装置的成网帘（或滚筒）上，依靠自身粘合或其他加固方法成为熔喷非织造材料。熔喷工艺示意图如图1-4所示。

熔喷非织造生产工艺过程为：聚合物喂入→熔融挤出→纤维形成→纤维冷却→粘合（加固）→切边卷取→后整理或特殊整理等。

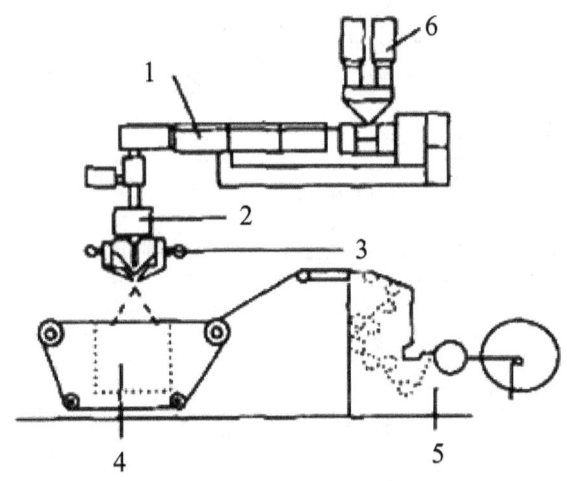

1—螺杆挤出机 2—计量泵 3—熔喷装置 4—接收网 5—卷绕装置 6—喂料装置
图1-4 熔喷法非织造布生产流程图

三、纺丝成网法非织造材料与熔喷法非织造材料的比较

纺丝成网法非织造材料与熔喷法非织造材料技术都属于聚合物一步法成布技术，在某些工艺原理方面有相似之处，它们都离不开螺杆挤出机，都需要将聚合物切片加热成熔体。

纺黏法非织造材料的最大特点是纤网中纤维为连续长丝，与同克重的其他非织造材料产品相比，强度高，纵横向性能接近，但其成网均匀度和表面覆盖性较差。

熔喷法非织造材料为超细纤维结构，纤维直径细，布面比表面积大，孔隙率小，过滤阻力小，过滤效率高，表面覆盖性及屏蔽性能均很好，而其缺点是强度低、耐磨性较差。熔喷非织造材料的主要特点是：纤网由极细但不连续的较短纤维组成；纤网均匀度好，手感柔软；过滤性能优良；吸液性良好；其缺点是：纤网强力较差。如表1-2所示，从聚合物原料的熔指要求、熔体加工工艺、纤维属性、产品强力、均匀度、固结方法、产能和能耗等多个方面对两种工艺作一粗略的比较。

能源消耗方面：熔喷非织造材料单位产量的能耗比纺丝成网非织造材料高得多。这是因为熔喷非织造材料生产需要的热气流量特别大，因此能耗也大。要减少能耗首先要减少对热空气量的需求，其次选择较经济的空气加热方式。现在随着熔喷非织造材料技术的改进，聚合物熔指的提高，特别是生产线速度的提高（单位时间产量），都有助于减少熔喷非织造材料的能耗。

表1-2 纺丝成网与熔喷非织造材料工艺的比较

序号	项目名称	单位	纺黏法	熔喷法
1	原料 MFI	g/10 min	20～35	1000～1500
2	熔体温度	℃	200～250	250～300
3	牵伸速度	m/min	1000～5000	≥20400 （高于音速）

续表

序号	项目名称	单位	纺黏法	熔喷法
4	牵伸风温度	℃	10～30（室温）	260～300
5	冷却风温度	℃	10～20	自然冷却或强制冷却
6	纤维属性	——	均匀、连续	不均匀、连续
7	纤维细度	μm	15～25	2～5 随机分布
8	产品强力		较高	较低
9	产品均匀度	CV	一般	较好
10	覆盖率		较低	较高
11	固结方法		热轧、针刺、水刺	自身余热粘合
12	产能	kg/m.hr	150～240	60～80
13	单产能耗	kWh/kg	800～1200	2000～3500

注：熔喷法非织造布的能耗与产品的用途、生产线的运行方式等因素有关，而纺黏法非织造布也有多种纺丝牵伸工艺，不同工艺的差别会很大，因此这种比较仅是相对定性的。

纤维原料方面：纺丝成网线生产的长丝成排状，如瀑布倾下，每米宽度纺丝板可生产1万根～1.5万根纤维。而熔喷成网的喷丝孔仅一排，每米喷丝板仅产出1000根～2000根纤维。由于熔喷成网时，纤维以极高速度喷向成网帘，纤维所受拉伸比纺丝成网大得多，因此熔喷纤维的细度虽高，但细度不匀率也高。

投资成本方面：在一定产量下，纺丝成网生产线的设备成本、安装成本、生产成本比熔喷要高，只有能耗成本比其低。但随着生产线规模扩大，提高单位时间产量，则单位产量的投资成本下降。例如：双挤出机、双纺丝板的纺丝成网非织造材料生产线的单位产量投资就比单头机低得多，对熔喷法非织造材料来说既能提高产量也可降低能耗。

第二章　纺熔法非织造材料的生产原料

纺熔法非织造材料是非织造材料工业中发展最快的一种生产方法,它是利用具有固定熔点,且熔点小于分解温度的高聚物,通过熔融、纺丝成型而形成纤网,根据纤维在纤网中的状态不同,分为纺丝成网法和熔喷法。原则上讲,适用于传统熔融纺丝工艺制备纤维的聚合物一般都可以用来生产纺熔法非织造材料,考虑到非织造材料本身的特性,目前常用的原料有聚丙烯(PP)、聚乙烯(PE)、聚酯(Polyester)类、聚酰胺(Polyamide)类、聚氨酯(Polyurethane)类、聚乳酸(Polylactide)类以及双组分等聚合物。为了提高纺熔法非织造材料的使用性及美观舒适性,克服其缺陷,在实际生产中通常还需要加入色母粒等功能添加剂,而这些成分也不同程度地影响着非织造材料的生产和产品性能。

生产原料中,聚丙烯占第一位,其次是聚酯、聚酰胺。据2005年统计,纺熔法非织造材料中,聚丙烯类占79%,聚酯类占16%,其他聚合物占5%。原料本身性能直接影响最终产品的性能,因此必须对生产原料有一个系统的掌握。

由于在使用不同的原料时,产品的特性也会不同,生产流程会有差异,设备的性能及配置也不相同,这将对产品的用途、市场、经济效益及生产线的价格都会产生重大影响。因此,这是决定生产线性能指标的第一个先决条件。

第一节　聚丙烯

由于聚丙烯熔点较聚酯低很多,原料易得,原料消耗和能耗低,生产工艺简捷,加之其本身具有的优良性质,如比重小、无毒、易加工、抗冲击强度、抗挠曲性以及电绝缘性好等优点,近十年,我国聚丙烯消费量以年均17.59%的速度增长,大大超过了世界平均增长水平,因此其在纺熔法非织造材料生产中一直占据统治地位,2016年,国内纺黏法非织造布总产量中PP纺黏法非织造布实际产量为190万吨,占纺黏布总量的71.35%。

聚丙烯是由碳原子为主链的大分子所组成的线性聚合物,聚丙烯根据甲基的位置不同可以分为等规聚丙烯、间规聚丙烯和无规聚丙烯。

等规聚丙烯大分子是由相同构型的有规则的重复单元构成,侧基(—CH^3)在主链平面的同一侧,每个链节都沿着分子链有相同立体位置的不对称中心,这种规则的结构很容易结晶,从而赋予产品较好的物理-机械性能。在纺熔法非织造材料成型加工中,一般采用等规聚丙烯，等规度直接影响纤维的各种性能，等规度高，熔点高，易结晶，纤维的物理-机械性能好，而且耐化学药品的性能也高，生产中等规度控制在95%~98%之间。

一、分子量及其分布

熔融聚合物的假塑性行为随分子量增大而增加，由于等规聚丙烯分子量较大，在不同的切变应力下其粘性行为表现出明显的假塑性行为，因此其分子量及其分布对于熔融纺丝时的流动性质有很大的影响。

通常用熔融流动指数（MI）表示聚丙烯的流动特性，可粗略地衡量其分子量大小和分布，MI值越大，表示分子量越小，分布宽度大。纺黏法常用聚丙烯树脂的MI在30g/10min~40g/10min范围，而熔喷法根据其工艺特点MI通常在200g/10min~1200g/10min之间。

聚丙烯特性粘度和熔融流动指数的关系如图2-1所示。

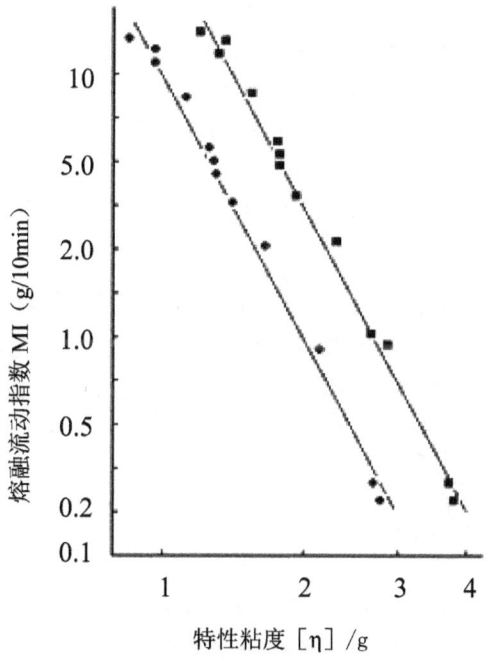

■—溶剂为十氢萘　●—溶剂为1，2，4-三氯代苯
图2-1　聚丙烯特性粘度和熔融流动指数的关系

切片的分子量分布值越小，其熔体的流变性能就越稳定，有利于提高纺丝速度，且有较低的熔体弹性及拉伸粘度，可减少纺丝应力，使聚丙烯纤维更易拉伸变细，获得较细的纤维，模量也较高，成网均匀性好，具有良好的手感和均匀度。

在纺黏法非织造材料的纺丝成网过程中，丝条只进行一次气流牵伸，其牵伸倍数受熔体流变性能的限制。一般来说，分子量越大，熔融指数越小，流变性能越差，丝条所获得的牵伸倍数也越小，在喷丝孔熔体吐出量相同的条件下，所得丝条的纤度也越大，因而产品的刚性大、手感硬。如果切片的熔融指数较大，则熔体粘度下降，流变性较好，牵伸阻力减小，在同样的牵伸条件下，牵伸倍数增加，大分子的取向度提高，产品的断裂强度就会提高，而且由于丝的纤度下降，纺黏法非织造布的手感柔软。但熔融指数（Melting index）过大，会影响纤维的强度。

如表2-1所示为两种不同聚丙烯切片所生产的纺黏法非织造布的物理-机械性能比较（产品规格为13 g/m^2，生产工艺相同）。

表2-1 不同熔融指数的聚丙烯切片所生产的纺黏法非织造布性能对比

项目	熔融指数/(g/10 min)	单丝纤度/(dtex)	纵向强力/(N/5 cm)	横向强力/(N/5 cm)
A	36.99	1.98	28.51	18.70
B	34.51	2.07	26.21	17.76

用于纺黏法纺丝的聚丙烯切片其分子量通常在10万～25万之间，成纤用等规聚丙烯树脂的分子量应能在较低的纺丝温度下有合适的熔体粘度，[η]控制在1.52～2.0 dL/g左右，当分子量在12万左右时，熔体的流变性能最好，其允许的最大纺丝速度也高。

二、热性质

聚丙烯玻璃化温度有不同的数值，大致在-35℃～-10℃范围内，随试样纯度、测定方法和条件而定。

纯聚丙烯的熔点为176℃，工业生产中由于加入了小单体和功能添加剂，熔点为158℃～170℃，等规度越高，熔点也越高。热分解温度约300℃左右。

聚丙烯的导热系数较低，为（8.79～17.58）×10^{-2} W/(m·K)，又由于比重较小，一般为0.90～0.92 g/cm^3，质轻，覆盖性好，适合用作保温、保暖材料，如絮片的生产。

三、聚丙烯的结晶性能

等规聚丙烯的晶型主要包括α、β、γ、δ及拟六方变体，一般与纺丝成型加工过程中直接相关的是α、β及拟六方变体。α晶体为普通的单斜晶系晶体，在138℃左右产生，结构致密，密度为0.936 g/cm^3；β晶体属于六方晶系结构，在128℃以下生成，密度为0.939 g/cm^3，该种晶体稳定性较单斜晶系差，在一定的温度下处理会转变为α变体；拟六方变体是一种准晶或近晶结构的蝶状液晶，极不稳定，在70℃以上即能发生晶变，因此该种变体有利于纤维的后拉伸，其密度为0.88 g/cm^3。

等规聚丙烯的结晶速度较快，并随结晶温度而变化。温度过高，不易形成晶核，结晶缓慢；温度过低，分子链扩散困难，结晶难以进行，通常在125℃～135℃时结晶速度较快。

四、其他特性

聚丙烯大分子链上不含有极性基团,其吸水性极差,且水分对聚丙烯热氧化降解影响不大,所以对切片含水要求并不太严格,切片含水率应小于0.1%,生产中一般无须干燥。

聚丙烯的亲油性链结构以及在拉伸后纤维中晶型的转变所形成的内部毛细结构和超细纤维组成的纤网特征,使熔喷非织造材料具有优良的吸油性,可吸收自身重量20倍以上的油。

纯聚丙烯树脂的耐老化性比较差,在聚合生产中可加入主抗氧剂和辅助抗氧剂来提高其耐老化性。

细旦纤维具有疏水性及芯吸作用,由于主链中没有活性基团,材料本身不易被细菌、霉菌侵蚀,与人体皮肤接触无刺激、无毒性等,具有良好的卫生性能。

五、纺黏法聚丙烯切片质量指标

在聚丙烯纺丝过程中,要求聚丙烯切片具有较好的可纺性,主要质量指标如表2-2所示。

切片中的杂质分为无机杂质和有机杂质两种,其中无机杂质含有钛、铝、硅、铁、钠等,无机杂质高时,纤维的耐气候性会有所下降,还会造成纺丝组件的使用周期缩短,增加纺丝过程中的材料消耗。有机杂质可能是一些分子量极高(超过100万)的和支化的齐聚高熔点异物。在纺丝过程中,杂质中较大的杂质被过滤介质滤去,粒径较小的杂质则通过过滤介质的空隙和熔体一起形成初生纤维。杂质含量过高容易导致组件内过滤压力升高过快,并会引起漏胶、击穿滤网、缩短组件使用周期,出现注头丝、毛丝等不正常现象。因此,聚丙烯切片中杂质含量应该限制在0.025%,以保证纺丝的连续进行。

表2-2 纺黏法用丙纶切片质量指标

项目	单位	指标
熔点	℃	164
密度	g/cm³ g/10 min	0.91
MI	%	35±5
分子量分布指数	%	<4
等规度	%	>96
杂质		<0.025
含水率		<0.05

此外,生产中尽可能使用大小均一、外观光滑,同一个厂家、同一牌号的切片,在切片的生产、储存、运输和使用时保持环境整洁,不要人为带来外加杂质。

六、熔喷工艺对聚丙烯切片的要求

由于熔喷工艺是采用高压热空气牵伸,因此要求原料最好使用纺丝温度低、流动性能好的原料,即采用熔融指数较高的聚合物,这样有利于提高产量、降低能耗。过去熔喷法生产采用的是普通纤维级的聚丙烯,其分子量高,熔体流动率低,为了降低熔体粘度,以满足熔喷工艺要求,这种熔指为12 g/10 min 的聚丙烯必须借挤出机的高温与剪切作用降解或在挤出工艺中使用氧化剂或过氧化剂来降解。目前,应用最多的是聚丙烯切片,其熔融指数大多在400 g～1200 g /10 min 以上,且分子量分布较窄,以生产出所需纤度的超细纤维。

无论采取高熔指聚合物或添加过氧化剂,其作用都是为降低螺杆挤出机的工作温度,提高熔体流动速度,有利于减少过度降解聚合物的形成、延长纺丝板使用寿命、减少能耗,同时给选择可使用的添加剂更大灵活性。

世界上主要的原料供应商有韩国 Basell 公司、美 Exxon Mobil 公司、北欧化工等。据称 Exxon Mobil 公司最近开发出了一种专为熔喷生产而设计的高熔融指数的物料,这种新原料是利用该公司茂金属催化技术合成开发出来的,它可以与各种聚合物相容而改善产品的弹性、柔软性、结合力、强度和耐用性。

选择原料时还应考虑下列因素:

1. 功能添加剂(Functional additive)

PP 聚合物切片在出厂前,为了保证在贮存、加工及最终应用时的稳定,在聚合中要加入一些添加剂。对于普通切片,要根据成品的使用要求,可以在螺杆挤出机的加料阶段放入适量的添加剂。如生产卫生材料时,就要加入一些耐伽马射线照射的添加剂。

2. 质量的均匀性

为了保证产品质量的稳定性,生产中使用的每批树脂,都要求其添加剂、熔融指数等指标一致,尽量选用同一厂家、同一时间段生产的切片。

3. 熔融指数

熔融指数工艺本身具有很大的原料适应性,可应用范围很广,其值一般为12～1500 g/10 min,可根据产品的性能要求来选用,常用的为400～800 g/10 min。

4. 造粒(Granulation)

大多数高熔指的切片所具有的可控流变力(CR 级)是化学或热方法的断链作用,将熔指低的聚合物的分子量分布变窄而达到的,但这种造粒过程增加了切片特性的不均匀性,而且难以检测与控制。

可通过改进催化剂和添加剂的良好分布,直接从反应釜制得具有较窄的分子量分布的粒状树脂,这种高熔指的粒状树脂由于越过了造粒阶段,减少了树脂的受热时间,因此具有更好的熔指均匀性。

5. 树脂的分子量分布

分子量分布宽度对熔体的流动性有明显影响,分子量分布越窄的树脂,越容易制得超细纤维。这是因为如果分子量分布宽了,熔体切变速率下降,就增加熔体的弹性,妨碍了热气流对熔体细流的拉伸,容易在纤维网中形成结点,并使熔喷非织造材料的手感发硬。

6. 树脂清洁性

由于熔喷纺丝孔直径很小,因此要求切片中无机杂质的粒径小于25 ppm,并在熔体进入喷丝板前要经过多层细网的过滤器,以滤去杂质及聚合反应后的残留催化剂。

综上所述,良好的熔喷生产加工使用的聚丙烯切片应具有较高、较均匀的熔融指数,较窄的分子量分布,良好的熔喷加工特性,较均一稳定的切片品质,才能保证熔喷非织造材料的工艺稳定。

第二节　聚酯

聚酯的化学名为聚对苯二甲酸乙二酯,由于其原料易得,具有较高的强度和综合性能指标,它在纺熔法工艺中的应用仅次于PP,广泛应用在农业、包装、土工建筑、屋防水基材等领域。现在大多数生产线所用的PET切片还必须预先干燥,单位能耗较PP产品高,且切片本身的价格也高,所以PET纺熔法非织造材料的成本和价格较PP为高,主要应用于使用价值较高的产品。根据加固方式不同,切片原料可采用均聚物或共聚物。一般机械加固时多使用单一品种均聚物。热粘合加固时多使用部分低熔点的共聚酯,以减少能耗。在生产双组分产品时,芯组分也用均聚酯,而外层多使用共聚酯或聚烯烃。

一、分子结构和特性

PET 的化学结构式为:

$$HOCH_2-CH_2OOC-\phenyl-CO-[OCH_2CH_2OOC-\phenyl-CO]_{n-1}-OCH_2CH_2OH$$

由于 PET 分子链中含有 $-\phenyl-CO-O-$ 基团,刚性较大。PET 分子链为线型结构,具有高度的立构规整性,所有的芳香环几乎处于同一平面上,因此具有结晶的倾向。同时由于没有大的支链,分子易于沿着纤维拉伸方向取向而平行排列。

二、分子量大小及其分布

纺丝用 PET 树脂的分子量通常为 15 000～22 000。PET 的分子量直接影响其纺丝性能及纤维的物理-机械性能。分子量低,则熔体粘度下降,纺丝易断头,丝条亦经不起较高倍率的拉伸,所得成品丝强力下降,延伸度上升,耐热性、耐光性、耐化学稳定性差。实践证明,当分子量小于 8000～10 000 时,几乎不具可纺性。

由于PET树脂是缩聚反应制得的，存在分子量分布的问题。分子量分布对PET可纺性和成品纤维的结构、性能影响极大。实践证明，平均分子量相同而分子量不均一的PET，纺丝时易产生断头、毛丝和疵点，且经不起拉伸，纤维表面有相当大的不均匀裂痕，在初生纤维和气流拉伸丝内，排列是杂乱无章的，所得非织造材料强度低、延伸度高、弹性回复率低，而且分子量分布对熔体粘弹性也有很大的影响，分子量分布越宽，熔体粘弹性越显著，挤出膨化现象越严重。此外如果分子量分布较宽，小分子量的组分含量高，对其纺丝性能和机械强度也不利。分子量分布比较窄的纤维，无论是拉伸丝还是未拉伸丝，其表面基本是均一的，纤维表面虽有裂痕，但极为微小。生产中分子量分布指数控制在 $a \leqslant 2.02$ 时，其可纺性较好。

三、热性能

纯PET的熔点267℃，玻璃化温度69℃，热分解温度为300℃左右。工业PET熔点略低，一般在255～264℃之间，这是由于单体的纯度不高，以及酯交换缩聚过程中副反应产生DEG，致使PET分子结构中含有醚键，破坏分子结构的规整性，降低分子间作用力的缘故。

熔点是聚酯切片的一项重要指标。切片熔点波动较大，熔融纺丝温度也需作适当调整，但熔点对成形过程的影响不如特性粘数（分子量）的影响大。

四、流变性质

纺熔非织造材料纺丝时，聚合物熔体在一定压力下被压出喷丝孔，成为熔体细流并冷却成形。熔体粘度是熔体流变性能的特征，与纺丝成形密切相关。熔体粘度与切变速率和分子量有关。

影响熔体粘度的因素是温度、压力、聚合度和切变速率等。

随着温度的升高，熔体粘度按指数函数关系降低。

随着PET分子量的增大，在相同温度下的熔体粘度增大，分子量低于20 000的PET树脂，其熔体粘度与温度间呈明显的线性函数关系，而分子量超过20 000时，则呈非线性关系。

在其他条件固定的情况下，熔体温度每增减10℃，约相当于PET特性粘数增减0.05 dL/g，在纺丝成形时，为使熔体粘度控制在一定范围内，如聚合度发生波动时，可用调整熔体温度的办法，使熔体粘度保持恒定。

由于熔体粘度依赖于分子间的作用力，而作用力又与分子间距有关。所以当熔体承受较大的压力而使分子间距减小时，其粘度有所增大。

纤维级PET树脂特性粘数通常控制在0.62～0.68 dL/g之间。

五、PET 的成型加工要求

因纺黏法生产牵伸速度高，聚酯纺黏法非织造布产品物理性能好，布面要求高，单丝强度高，所以对纺丝工艺要求十分严格，如切片的含水量、分子量及其分布、大分子的聚集物中的杂质含量、纺丝温度等工艺参数要严格控制。如表2-3所示为纺黏涤纶切片质量指标。

干切片的含水率是关系到纺丝能否顺利进行的首要因素，由于 PET 分子链通过酯基相连，其化学性质多与酯键有关，如在高温和水存在下或在强碱性介质中容易发生酯键的水解，使分子链断裂，聚合度下降，所以在 PET 纺丝成型过程中必须严格控制水分含量。在涤纶纺黏法中，一般要求切片的含水率控制在30～50 ppm，而且要求切片含水率均匀，粉末极少。

在酯交换或缩聚过程中，副反应生成的羧基、环状低聚物、二甘醇（DEG）等，可破坏大分子的规整性而降低大分子间的作用力，PET 熔点下降，使纺丝困难和成品纤维的物理-机械性能变坏，因此也要严格控制。

表 2-3 纺黏涤纶切片质量指标

项　目	一等品	二等品
极限粘度 /（dl/g）	0.635±0.01	0.625±0.03
DEG 含量 /%	0.55～0.80±0.2	0.55～0.80±0.4
TiO_2 含量 /%	0.50±0.07	<0.60
色相	4.0±3.0	<8
氧化价 /（当量/t）	<35	<35
含水率 /%	<0.4	<0.4
切片重量 /（g/100 个）	2～4	2～4
切片尺寸 /mm	3.0～4.2	3.0～4.2

六、PET 在熔喷非织造材料中的应用

由于聚酯具有比聚丙烯高得多的熔点，并且用其制成的熔喷非织造材料与聚丙烯的相比，强力和弹性较高，经过改性，它还可具有一些特殊的使用性能（如作为叠层工艺中的粘合网十分合适），因此熔喷非织造材料生产采用聚酯为原料的愈来愈多，它已逐步成为仅次于聚丙烯的熔喷非织造材料使用的第二大原料。

美国伊士特曼公司在开发适用于熔喷法非织造材料生产的聚酯方面做了大量工作，研制出一系列熔喷用聚酯原料。它们分成两大类：粘合材料用与常规用。用粘合型聚酯生产的熔喷非织造布薄网可作为叠层加工中的粘合介质与聚酯纤维、粘胶纤维、聚酰胺纤维、聚丙烯腈纤维、聚氯乙烯及聚醚型或聚酯型氨基甲酸酯等材料很好地粘合，甚至还可与

ABS、塑料薄膜、纸、玻璃纤维、碳纤维及金属箔等材料粘合。但它不能与氟化合物、硅表面处理材料及聚烯烃薄膜等材料粘合。

这种作为粘合网的聚酯熔喷非织造布是由无定形共聚酯原料制成，伊士特曼公司的柯达邦特5116聚酯（PETG）属于这种类型。用它制成的熔喷非织造材料粘合网具有以下优点：

（1）对范围很广的基布具有良好粘合性。

（2）轻薄、柔软的网状结构形式，100%的固态粘合介质。

（3）开孔度高，透气性良好。

（4）无溶剂、无甲醛。

（5）可自由选择加工宽度、长度及粘合网定量。

（6）叠层加工方便，可热粘、超声波或高频粘合。

（7）叠层后复合材料可模压成形。

这种聚酯原料的熔体粘度在200℃时为1300 Pa·s。熔喷加工时的工艺条件为：熔体温度282℃；喷丝板温度281℃～293℃；空气温度293℃；空气流量（51 cm 宽喷丝板）每分钟约7 m^3；喷丝板至成网帘距离36 cm。

所生产的熔喷非织造材料特性为：纤网定量为62 g/m^2时，纤维细度（平均）11 μm～16 μm；纵横向拉伸强力分别为每2.54 cm 宽度1937 cN 与959 cN；纵横向伸长率分别为48%与130%。

常规聚酯原料用于熔喷加工的工艺参数为：熔体粘度在285℃时为340 Pa·s。熔喷工艺条件为：熔体温度315℃；喷丝板温度313℃；空气温度338℃；空气流量（51 cm 宽喷丝板）每分钟约10 m^3；喷丝板至成网帘距离25.4 cm。

共聚酯原料用于熔喷加工的工艺参数为：熔体粘度在280℃时为365 Pa·s。熔喷工艺条件为：熔体温度289℃～303℃；喷丝板温度为296℃～308℃；空气温度为330℃；空气流量为（51 cm 宽喷丝板）每分钟10 m^3左右；喷丝板至成网帘距离约15 cm～18 cm。

第三节　聚酰胺

聚酰胺的分子是由许多重复结构单元（即链节）通过酰胺键 $\left[\begin{smallmatrix}O & H\\ \| & \|\\ -C-N-\end{smallmatrix}\right]$ 连接起来的线型长链分子，在晶体中呈完全伸展的平面锯齿形构型，耐磨性优良，弹性好，它是世界上最早投入工业化生产的合成纤维，也是合成纤维的一个主要品种。它在各国的商品名各不相同，如我国称聚酰胺6纤维为"锦纶"，美国称聚酰胺类纤维为"尼龙"（Nylon，或译"耐纶"），德国称"贝纶"（Perlon），日本称"阿米纶"（Amilan）等。它在纺熔法中也有应用，但远不及PP和PET，如山东俊富。聚酰胺纤维章节中已对其进行介绍，在此仅仅介绍PA6的纺熔切片指标。具体指标如表2-4所示。

通常纺熔法聚己内酰胺数均分子量为14000～20000左右，$\overline{M_w}/\overline{M_n}$=2；聚己二酰己二胺的分子量一般控制在20000～30000左右，$\overline{M_w}/\overline{M_n}$=1.85。由于切片含水率要求在600 ppm以内，可视情况来选择干燥方式。在PA6聚合中有小单体的存在，故纺熔法生产要配备相应的单体抽吸装置。

表2-4 聚酰胺6切片质量指标

项目	单位	指标
相对粘度		2.4～2.6
粘度偏差		±0.2
端氨基	Mol/t	≤35～50
端羧基	Mol/t	≤55～65
可萃取物	%	≤0.6
含水率	%	≤0.05

第四节　聚乙烯

聚乙烯简称PE，英文名称：Polyethylene，分子式为$+CH_2-CH_2+_n$。它是乙烯经聚合制得的一种热塑性树脂，也可以用于生产纺熔法非织造材料，比重为0.94～0.96 g/cm³，成型收缩率为1.5%～3.6%，成型加工温度为140～220℃。在工业生产中，也包括乙烯与少量α-烯烃的共聚物。

聚乙烯为白色蜡状半透明材料，无臭，无毒，手感似蜡，具有优良的耐低温性能（最低使用温度可达-70～-100℃），化学稳定性好，能耐大多数酸碱的侵蚀（不耐具有氧化性质的酸），常温下不溶于一般溶剂，吸水性小，电绝缘性能优良，但聚乙烯对于环境应力（化学与机械作用）是很敏感的，耐热老化性差。

目前在熔喷生产中应用较多的乙烯类聚合物有三种，即：线性聚乙烯，主要应用于柔软性好而弹性差的产品；乙烯-醋酸乙烯共聚物（EVA），主要用于要求弹性好的熔喷产品；乙烯-丙烯酸甲酯（E-MA）共聚物，主要生产具有弹性的粘合网熔喷非织造材料。

一、线性低密聚乙烯（LLDPE）

与聚丙烯熔喷非织造材料相比，采用LLDPE为原料的熔喷非织造材料具有更低的弯曲刚度，因此它具有更好的柔软性与悬垂性。由于LLDPE没有长链分枝，以及其较窄的分子量分布（MWD），因此容易加工成更细的纤维。另外，它还具有良好的耐伽马射线照射的能力，因此很适合生产医用卫生产品。

一种熔指为100的LLDPE熔喷加工参考工艺条件为：熔体温度250℃；喷丝板压力2.76 MPa；空气温度240℃；空气流量7 m³/min；喷丝板至成网帘距离25.4 cm～30.5 cm；挤出量0.4 g/（min·孔）；最终产品纤维细度2 μm～4 μm。

二、乙烯-醋酸乙烯共聚物（EVA）

EVA的制造过程是在乙烯聚合时加入18%～28%的醋酸乙烯的侧链，由于EVA在熔体温度高于230℃时要发生热降解，因此限制了它的某些用途，它不像聚丙烯或线性低密聚乙烯那样，可生产2 μm～4 μm的超细纤维，EVA熔喷非织造布纤维纤度一般为8 μm～10 μm，但EVA熔喷非织造材料的良好弹性使其在一些用途上很受欢迎，如包装材料及热熔胶等用途，特点是模量低、延伸性高。

一种熔指为190的EVA熔喷参考工艺条件为：熔体温度为230℃；喷丝板压力2.4 MPa；空气温度220℃；空气流量8.5 m³/min；喷丝板至成网帘距离38.1 cm～45.7 cm；挤出量0.38 g/（min·孔）；所制产品纤维纤度8 μm～10 μm。

三、乙烯-丙烯酸甲酯（E-MA）共聚物

E-MA共聚物制造过程与EVA类似。丙烯酸甲酯（MA）在共聚物中的含量一般为15%～25%，由于MA侧链的存在使E-MA产品的模量低、弹性好。与EVA相比，E-MA的热降解温度要高得多，因此熔喷加工时熔体温度比EVA也高得多，扩大了其在较耐热型产品方面的应用。它制成薄型熔喷非织造布后特别适合作为粘合介质，用于叠层加工，生产各种复合材料。例如有一种使用性能优良的复合材料，就是用PP/E-MA/LLDPE纺黏与熔喷非织造材料叠层而成。PP纺黏法非织造材料具有强力好，耐磨等优点，而内层的LLDPE熔喷非织造材料则较为柔软，与皮肤接触感觉舒适，而E-MA熔喷非织造材料则具有良好的粘合力，它将PP与LLDPE两种不同聚合物的非织造材料牢固地粘合在一起。这种复合材料，应用于高级手术衣、工作服等产品。

采用一种熔指为135的E-MA原料的熔喷加工工艺条件为：熔体温度260℃；喷丝板压力2.4 MPa；空气温度250℃；空气流量6.4 m³/min；喷丝板至成网帘距离30.5 cm～38.1 cm；挤出量0.40 g/（min·孔）。

第五节 聚乳酸

可生物降解非织造材料是一种置于自然环境中在微生物的作用下能缓慢分解而最终消失的环境友好材料，由可生物降解纤维制成。聚乳酸（PLA）及其共聚物便是一个突出例子。

聚乳酸的单体为乳酸，它是由可再生资源淀粉发酵而成，原料来源十分丰富。聚乳酸具有良好的生物降解性和生物相容性，在机体内或自然环境中，在酶、微生物及酸、碱和水等介质的作用下会逐步分解，最终成为二氧化碳和水，对环境无污染。聚乳酸纤维的物理-机械性能与聚酯、聚酰胺纤维相近，制成的非织造材料用途广泛。目前，日本的东洋纺、幸和、钟纺、尤尼吉卡等公司均拥有可生物降解聚乳酸非织造材料的专利技术并已推出产品。

一、纺黏法聚乳酸非织造材料的生产

聚乳酸是热塑性聚合物，具有固定的熔点，可采用熔融纺丝。

乳酸具有一个活性炭，有旋光性，可分为左旋乳酸（L－乳酸）、右旋乳酸（D－乳酸），等摩尔的D、L型混合时，又可得到外消旋乳酸（DL－乳酸）。因此，其聚合物可分为左旋聚乳酸（PLLA）、右旋聚乳酸（PDLA）、外消旋聚乳酸（PDLLA）、非旋光性聚乳酸（Meso－PLA）等，其性能也有差异。由于左旋聚乳酸（PLLA）具有一定的结晶能力，熔点较高（175℃左右），一般用它来纺制非织造材料。

纺黏法聚乳酸非织造材料生产工艺路线为：

聚乳酸切片→螺杆挤出机→熔融纺丝→空气冷却→牵伸（真空牵伸或正压拉伸）→铺网→热轧粘合→卷取→成品。

该法流程简短，生产效率高，可直接将聚乳酸切片投入螺杆挤出机中，一步纺制成非织造材料，从投料到产品的产出一般只需20 min左右，省时省力，是一种很有前途的聚乳酸非织造材料生产方法。在生产工艺控制方面，纺丝温度不宜太高，一般控制在200℃左右。牵伸速度为2000 m/min～3500 m/min，牵伸速度越快，纤维中大分子的取向越完全，制得的非织造材料的强度越高，延伸度越小，产品的机械力学性能越好。聚乳酸纺黏法采用空气冷却并通过开纤装置将纺出的丝条杂乱散落堆积在网帘上，铺置成网，在熔体泵供量恒定的情况下，调节网帘的移动速度可获得不同的纤网定重，一般为20 g/m²～150 g/m²，然后再经热轧辊加压热粘合，即可得到聚乳酸纺黏法非织造材料。

二、聚乳酸非织造材料的特征

（1）聚乳酸非织造材料在常温下具有良好的耐气候性，强度保持率高。

（2）聚乳酸废弃物除可在自然环境中分解之外，若将其烧掉也没有有毒气体产生。

（3）聚乳酸非织造材料具有良好的染色性，其力学性能和加工性能较好，可加工成各色各样的制品，应用范围广。

聚乳酸非织造材料在农业、园艺方面，可用作种子培植、育秧、防霜及除草用布等；在医疗卫生方面，可用做手术衣、手术覆盖布、口罩等，也可用作尿布、妇女卫生巾的面料及其他生理卫生用品。此外，还可用作水、滤渣袋或其他包装材料，用聚乳酸非织造材料代替某些不可分解的通用塑料制品,克服"白色污染",已显示出越来越重要的作用。

三、聚乳酸纤维的性能

如表2-5所示为日本幸和公司所生产的聚乳酸纤维性能,并与聚甲醛、聚酰胺纤维作比较。

表2-5 聚乳酸纤维的物理性能

项 目	聚乳酸	聚酯纤维	聚酰胺6纤维
比重（g/cm³）	1.27	1.38	1.14
熔点（℃）	175	260	215
玻璃化转变温度（℃）	57	70	40
回潮率（标准状态）（%）	0.5	0.4	4.5
断裂强度（cN/dtex）	4.0～4.9	4.0～4.9	4.0～5.3
断裂伸长（%）	30	30	40
杨氏模量（GPa）	6.0～7.0	10～13	2.7～3.6
染色温度（℃）	100	130	100
染料种类	分散染料	分散染料	酸性染料

第六节 聚对苯二甲酸丙二醇酯

PTT即聚对苯二甲酸丙二醇酯,是由1,3-丙二醇(PDO)和对苯二甲酸(PTA)缩聚制成的芳香族聚合物。由于PTT纤维具有优良的使用和加工性能,已成为当前国际上最热门的高分子新材料之一,被誉为"21世纪的新型纤维"。

一、PTT纤维的优越性能（如表2-6所示）

表2-6 常用纤维主要性能指标的比较

材料	玻璃化温度（℃）	熔融温度（℃）	密度（g/cm³）	初始模量（cN/dtex）	弹性伸长率（%）	弹性回复率（%）
PA6	40	220	1.14	2.1	27-32	21
PET	69-81	260	1.38	9.15	20-27	4
PBT	20-40	225	1.35	2.4	24-29	10.6
PTT	45-65	228	1.33	2.58	28-33	22

（一）良好的拉伸回弹性

由于PTT纤维大分子的基本链节中有3个亚甲基，产生"奇碳效应"，分子链在3个亚甲基处易弯曲、旋转形成"Z"型构象，"奇碳效应"使得PTT大分子链能够有如同弹簧一样的弹性变形。

从弹性的概念来说，弹性纤维的价值应该包含2个内容：第一，是纤维在拉伸、弯曲等各种形式的应力之下可以比较容易表现出较大的形变；第二，也是更加重要的，当应力撤除以后，纤维已经发生的形变应该具备回复应变之前形状的能力。PTT纤维在这两个方面都有很好的表现，这是PTT纤维最突出的优点。在伸长率20%时弹性回复率可达100%，其弹性回复率优于涤纶。在2.5 cN/dtex的应力作用下对PTT纤维所做的反复拉伸试验表明，当给予它的伸长率为20%时，撤除应力后纤维能够完全回复。

（二）良好的柔软性和悬垂性

众所周知，锦纶及其面料的柔软性优于PET纤维及其面料，原因是PA纤维的杨氏模量比PET要低，大约只是PET纤维的58%。PTT聚合物的杨氏模量为2.58 N/m^2，比PET低得多。3者之间的大致比较为：若以PTT纤维的杨氏模量为1，则PA纤维为1.25，PET纤维为2.12。所以，PTT纤维的柔软性优于PET纤维而与PA纤维接近；PTT纤维织物的手感也接近于PA纤维，比较柔软而令人感到舒适。人们对非织造布产品中引入PTT短纤维的兴趣通常也是为了改进制品的手感，提高柔软性。不过也应该指出，根据大多数真实感受过PTT面料的人们的共同反映，PTT纤维织物的手感确实与PA纤维织物不同，应该说是PTT纤维织物的独具一格的特殊感触。

面料的悬垂性与纤维的密度和柔软度有很大关系，纱线密度高则面料的悬垂性往往较好，PTT聚合物的密度略低于PET而高于PA；另一个影响面料悬垂性的因素是纤维的柔软性，纤维柔软性越佳则面料的悬垂性越好。综合这2个影响面料悬垂性的因素，在PTT纤维、PET纤维与PA纤维的比较中，悬垂性最佳的当是PTT纤维，因此，柔和的手感加上PTT纤维织物良好的悬垂性和舒适的弹性，为时装设计师提供了设计灵感和更广阔的思维空间。

（三）低温染色性

PTT纤维是一种易染色的弹性纤维，能在无载体的情况下采用比较廉价的分散染料进行常压染色，可以方便地采用纺前染色工艺，生产出色丝来，也可以利用它良好的染色性能，通过散纤染色、绞纱染色或筒子染色，或者更大量地采用坯布染色及印花工艺进行加工。用低能量水平染料，PTT在100℃即可染得比PET在130℃还深的色泽。对于中等和高能量水平染料，PTT在100℃可染得与PET在130℃同样深的色泽。PTT染得最深色泽的温度是110~120℃。其色泽比在同样染料浓度，在最佳温度下染得的PET的色泽深大约50%；在相同的染色温度下，分散染料在纤维上的渗透性，PTT明显好于PET。由于

PTT 纤维可以采用常压染色，而大多数分散染料在较低温度下的稳定性比较好，所以其染色适用的 pH 值范围比较广（4~10）。通常在中性条件下染色，染浴 pH 值不作专门的调整，不仅可以节约染料和能源，还可以降低污水对环境的污染，具有明显的经济效益和环境效益。这些都表现了 PTT 纤维的突出的染色性能。

（四）抗污性能

抗污性能与纤维的拒油性和易去污性有关。大分子链的化学结构对其表面张力影响很大，亚甲基为奇数的比偶数的临界表面张力低，PTT 纤维具有较好的抗污性，具有优异的抗酸性和抗分散性污物的性能，不必施加助剂，纤维本身的分子结构赋予其天然的抗污性，在一定程度可以节约后整理成本。

（五）其他性能

PTT 纤维的耐磨性优于涤纶，仅次于锦纶66。由于较低的初始模量、特殊的分子链结构以及独特的加工工艺，使 PTT 纤维产品的蓬松度明显高于涤纶、锦纶等产品。由于同属聚酯纤维家族，PTT 纤维具有很多与涤纶纤维类似的特性。诸如耐黄变性、耐气候性以及耐药品性，在各种应用方面都有很强的适应性。

二、PTT 纤维的产品开发

由于 PTT 纤维具有优良的性能，不仅应用于服用纺织品领域，也向地毯、装饰用纺织品、单丝等领域迅速发展。

（一）服用纺织品领域产品开发

由于 PTT 纤维高速纺丝下制成的 PTT 长丝和短纤均具有优异的柔软性和悬垂性，加之 PTT 纤维优良的弹性回复性、抗褶皱性、抗紫外线性、抗污性、染色性和便于维护性，对消费者有着强大吸引力，被广泛用于高档服饰、泳衣、紧身衣等，如表2-7所示为 PTT 纤维织物与几种常用服用纤维织物的性能比较。

表 2-7 PTT 纤维织物与几种常用服用纤维织物的性能比较

性能	PTT	PET	PA66/PA66	腈纶	氨纶
柔软性	优异	较差	良好	良好	很差
弹性回复性	良好	较差	一般	很差	优异
蓬松性	优异	较差	优异	良好	很差
耐磨性	良好	良好	优异	差	很差
抗污性	优异	优异	较差	好	很差
水洗牢度	优异	优异	较差	好	很差

续表

性能	PTT	PET	PA66/PA66	腈纶	氨纶
日晒牢度	良好	良好	较差	优异	很差
抗静电性	优异	优异	较差	很差	很差
色牢度	一般	一般	较差	一般	很差
悬垂性	优异	好	良好	好	

从表2-7可以看出，PTT纤维织物具有良好的伸展性、柔软性和抗皱性，穿着舒适不紧绷，长期穿用不变形，并且耐洗、不易磨损。在产品开发时，可纯纺或与棉、毛、绢丝、大豆蛋白纤维、Modal纤维等混纺，也可包缠或并丝。与其他纤维混纺，可以达到不同的效果，如与棉混纺，可实现织物柔软性、适宜的伸长度和尺寸稳定性；与毛混纺，可避免织物泛黄，使织物保持柔软的手感等。

2002年2月，北京国际服装展览会上首次展出了我国自己生产的PTT弹力织物。之后许多公司推出了PTT纤维织物，如由吴江方圆化纤有限公司开发出的PTT纤维织物新品种"舒美纺"，其风格优雅、外观迷人；由吴江金荣泰纺织有限公司和吴江方圆化纤有限公司共同开发的针织新面料"PTT针织汗布"，具有伸展自如、穿着舒爽、色泽亮丽和手感柔软的优点。又例如将PTT纤维与丝交织，形成绉类、绉缎、麂皮绒织物，采用83.25 dtex PTT 15%、49.95 dtex 高收缩丝32%、77.78 dtex 海岛丝53%织造的双罗纹纬编麂皮绒，具有良好的抗折皱弹性、耐磨性和柔性性能，有浓重的仿麂皮绒感，外观高雅，提高面料的服用价值和手感。

（二）装饰用纺织品领域产品开发

PTT纤维具有良好的弹性回复性、抗污性、染色性、可回收性等，在装饰用纺织品方面也应用广泛，如地毯、窗帘、床上铺垫物、蚊帐、沙发罩、桌布、玩具、汽车用内装饰、地板等。由于PTT纤维优良的回弹性、热稳定性、染色性、耐污性，它非常适合于制造地毯。PTT地毯具有回弹性好、易染、色彩鲜艳、蓬松性好、抗污性好、吸水性低、清洗方便、耐磨等优点是其他纤维所不可比拟的，表2-8为几种合成纤维地毯的性能比较。从表2-8可以看出，PTT地毯的蓬松性相当于PA地毯，但比PA地毯具有更好的抗污性和抗静电性。同时，PTT使用廉价的分散染料即可染色，地毯生产中常用的连续染色和印花工序均适用于PTT地毯。PTT纤维的这些特性使它有可能成为综合性能上超过PA的最新一代、更有前途的地毯纤维材料。所以美国壳牌化学公司的PTT纤维最初的开发方向就是地毯，壳牌化学公司正在研制的纺黏非织造布可用作PTT地毯的底布。据统计，车内装饰织物中地毯占23%，汽车工业的高速发展也为PTT地毯的发展提供了广阔的发展空间。目前，韩国晓星公司和美国Mohawk公司都推出新型PTT纤维织物地毯。

表 2-8　几种合成纤维地毯性能比较

性能	PTT	PET	PA66	PP
回弹性	优	中	优	差
蓬松性	优	良	优	良
耐磨性	优	优	优	优
染色性	优	中	优	差
抗污性	优	中	中	中
抗静电性	优	中	中	中
手感	优	良	良	中～良

（三）产业用纺织领域的产品开发

由于PTT纤维的弹性回复性比其他的纤维（氨纶除外）都好。因此，PTT纤维是建筑用安全网理想的原料。此外，由PTT纤维加工成经编网络，再用聚氯乙烯或聚乙烯复合成膜，薄膜不易断裂、耐用、耐气候，因而可以作为农业用高强度复合盖篷膜，用于育苗、育秧和篷栽蔬菜、水果等。以PTT为基本组分的各种海岛型纤维制成各种超细旦纤维，还可以用于人造革等。PTT纤维还可用于网球拍、钓鱼竿的线绳等。在非织造领域可采用针刺、水刺或熔喷法开发PTT纤维的非织造布，其尺寸稳定、手感相当柔软、悬垂性好，可用于妇女卫生巾、一次性尿布、棉胎等。

（四）用于非织造布领域

PTT用于非织造布领域具有优异的混纺性，如：柔软性、弹性和良好的蓬松性而PTT潜在的可回收性和防γ-射线性对于其应用于非织造布领域也很有价值。PTT在开发非织造布市场具有巨大的潜力，如妇女卫生巾、一次性尿布、棉胎、外衣和装饰布以及汽车家具坐垫、建筑安全网等。

第七节　聚对苯二甲酸丁二酯

近年来，国内外弹性织物市场发展迅速，纺织用PBT纤维正日益受到关注。根据国外提供的材料，PBT纤维在国外织物中应用较广，应用前景良好。PBT纤维是聚对苯二甲酸丁二酯（Polybutylene terephthalate）纤维的简称，是由高纯度对苯二甲酸（PTA）或对苯二甲酸二甲酯（DMT）与1,4-丁二醇酯化，然后缩聚而成的高分子，再经纺丝制得的纤维，属新型聚酯纤维的一种。

一、PBT 纤维的特点

PBT 纤维的分子结构中既有与聚酯相同的芳香环，又具有与锦纶相同的较长次甲基链段，因此它兼有涤纶的优良机械性能以及锦纶的柔软和耐摩擦性，而其可染性和着色性超过涤纶和锦纶，可不用载体而用分散性染料直接进行常压沸染，染得纤维色泽鲜艳，色牢度及耐氯性优良。PBT 纤维的最大特点是有良好的回弹性，其卷曲弹性良好，延伸性接近氨纶，两者均比涤纶高出40%～50%。一般锦纶和涤纶的弹性是加捻变形赋予的，属于能量弹性，因此织物表面不够丰满并有冰冷感，而 PBT 纤维的弹性来自分子结构的伸缩性。另外，PBT 有较高的刚性，使纤维能产生较好的蓬松度，从而得到极佳的蓬松性和卷曲值，除优良的表面硬度外，尤其是在湿态下还具有极好的保形性。PBT 纤维与其他几种化纤性能比较如表2-9所示。

表2-9　PBT 纤维与其他几种化纤性能比较

		PBT 纤维	涤纶	锦纶	氨纶
柔软度		*****	**	****	
拉伸/回弹性		****	*	**	*****
蓬松度		*****	**	***	
强度（cN/tex）		≥26	31	36	9
耐磨性		****	***	*****	*
尺寸稳定性	干态	****	****	**	
	湿态	****	****	*	
抗污性		*****	***	**	*
初始模量（cN/tex）		170-350	790-970	80-260	—
标准回潮率		0.4	0.4	4.5	0.8
水洗色牢度		*****	*****	**	*
光照色牢度		****	****	**	*
抗静电		****	***	****	
染色鲜艳度		****	**	****	*
染色成本		***	*****	***	*
耐氯性		****	****	**	*
悬垂性		*****	***	****	
抗湿干爽型		*****	*	**	

注：*数量表示优良程度，*越多表示性能越好。

从表2-9可知，与普通涤纶相比，PBT 纤维的强度较低、断裂伸长较大，初始模量明显较低，但弹性和染色性优良，手感柔软。

另外，PBT 还可与 PET、PP 等制成复合纤维，具有细而密的立体卷曲和优越的回弹性，手感柔软，染色性能优良，是理想的仿毛、仿羽绒原料，穿着舒适。

二、PBT 纤维发展概况

纺织用 PBT 纤维的生产最早始于20世纪70年代末和80年代初的日本和美国。1979年日本帝人公司首先推出了 PBT 纤维制品-Sumola，其作为纤维的使用价值逐步被人们认识。此外还包括帝人公司的 FINECELL、可乐丽公司的 ARTLON 及尤尼吉卡的 Wonderon 等。当时的产量很少，每家公司的年销量在500～600 t 之间。目前，日本东丽株式会社是亚洲的主要供应商。Celanese（塞拉尼斯）公司是美国最主要的 PBT 及纤维生产商，据报道其1984年的纤维产量已达1.5万 t。在 PBT 纤维的应用开发方面，日本和美国的生产商各有侧重。日本的 PBT 纤维主要用于浴衣和女生贴身内衣裤以及连裤袜，原料以细支纱为主，而美国塞拉尼斯公司的产品主要针对弹力牛仔裤和运动衣，原料主要为较细的长丝（56～78 dtex 或更高）。一直以来，鉴于 PBT 纤维的强度不是很高，及深色染色技术开发滞后，因此直到20世纪90年代 PBT 纤维才重新进入一些国外生产商（包括东丽、帝人、Hoechst 等）的开发名单。

三、PBT 纤维应用现状及趋势

（一）应用现状

由于 PBT 纤维具有弹性优良，手感柔软，容易染色，防皱、防虫蛀和霉菌，耐热耐洗，易于精巧卷曲等特点，近年来受到纺织行业的普遍关注，在各个领域中得到广泛应用。特别适用于制作游泳衣、连袜裤、训练服、体操服、健美服、网球服、舞蹈紧身衣、弹力牛仔服、滑雪裤、长筒袜、医疗用绷带等对弹性要求较高的纺织品。

作为服用纤维材料，PBT 纤维在性能上要优于氨纶。氨纶在实际使用中，一般采用其他纤维制成包芯纱供织造，或将其与纱线合并使用。因此 PBT 纤维完全可以进入高弹锦纶、涤纶弹力丝和氨纶的适用领域。

产业用方面，网、绳索、钓鱼线等水产用纤维目前多采用锦纶、涤纶等，但均存在耐疲劳性差、易破裂等缺陷，而 PBT 纤维在湿态下弹力保持性良好，耐疲劳性、耐湿热气候优于涤纶，因此在水产领域应用也日益广泛。另外，PBT 纤维也深受织带行业的欢迎，用167 dtex 及133 dtex 的 PBT 高弹丝织造的医用弹力绷带，使用效果良好。

由于 PBT 纤维具有类似羊毛手感，良好的耐光性及优异的弹性，因此适用于针织袜类产品。细规格的 PBT 纤维已在这一领域逐渐显示出其优越性，开发的 PBT 高级运动服装面料优于涤纶与锦纶面料。PBT 纤维应用于毛纺行业，主要是与棉、麻交织，一般用于秋冬季织物。

据初步统计，我国 PBT 纤维目前已开发了30多个产品，其中色织、丝绸、毛纺产品在国际上尚属首创，针织制线、织带等产品处于国际领先地位。PBT 纤维物化性能较稳定，若织物组织结构设计正确，染整后可得伸缩性较佳的弹性织物。

（二）发展趋势

PBT 纤维的抗污渍能力、优秀的蓬松性及良好的着色性，使其特别适用于家用地毯和其他装饰铺垫用纤维，因此也被化纤界人士称为"新型地毯用材料"。据预测，未来10年，地毯用 PBT 纤维产量将会大幅增长。

目前，我国聚酯纤维工业规模居世界首位，但产品结构、抗市场风险能力等方面还存在问题，行业向高附加值、差别化和功能化方向发展是必然趋势。在中国化学纤维工业协会制定的高新技术纤维行业"十二五"发展规划中，对 PBT 纤维未来发展规划的重点包括：突破 PBT 纤维级聚合新技术；PBT 产业化成套工艺技术；PBT 地毯产品研发技术（PBT–BCF）；PBT 针织和机织面料产品研制开发技术；PBT 纤维多品种、多领域市场应用开发技术。

在我国近几年对 PBT 纤维的开发应用过程中，其潜在价值已得到业界的肯定。其色彩艳丽，手感柔软，保形性优良，弹性佳，面料富有层次感和顺滑感，备受客商的喜爱。采用 PBT 长丝织造的泳衣面料，舒适性和弹性更佳，印花染色图案更加鲜艳亮丽。但目前 PBT 长丝价格较高，在一定程度上限制了其应用。随着原料生产规模化的不断推进，其价格有望下降，届时 PBT 长丝的竞争优势将得到进一步增强。

据统计，目前我国锦纶的年使用量在100万 t 左右，且每年还有5%～8% 的增长，而可以 PBT 纤维进行替代的年使用量在10万 t 左右，市场前景诱人。面对如此可观的市场，我国 PBT 相关从业者应继续深入研究 PBT 纤维结构 – 性能的关系，以充分发挥 PBT 纤维的特性。

第八节　功能添加剂

功能化改性是纺熔法非织造材料生产中的一项常用技术，它分为共聚改性、共混改性和后整理改性。通过改性处理，可使产品获得特殊功能，如阻燃、抗静电、抗紫外线、抗菌、亲水等功能，从而拓宽产品的使用范围，增加产品的附加价值。

共聚改性是在切片的聚合阶段加入一定比例的功能添加剂；共混改性则是在三组分配料装置中通过加入适当比例的功能添加剂，与常规切片直接共混纺丝制得功能改性非织造材料；后整理改性是在后处理工序中应用功能整理剂对常规非织造材料进行表面整理，这种方法工艺简单，但功能持久性差，远不及前两者的改性效果。

改性的关键是选择功能添加剂,包括种类、颗粒大小、比例,因为对纺熔法来讲,加入的功能添加剂都会影响纺丝过程。

一、阻燃改性剂(Retardant modifier)

阻燃改性是通过在共聚或共混过程中添加阻燃剂而得以实现的,阻燃剂要符合下列条件:

(1)无毒或微毒、高效、持久,能使产品达到阻燃标准要求。
(2)热稳定性好、发烟性小,能适合非织造材料的工艺要求。
(3)不使非织造材料固有性能明显降低。
(4)价格低,有利于降低成本。

常用阻燃剂有无机阻燃剂和有机阻燃剂两大类,它们含有硼、铝、氮、磷、铋、氯、溴、镁、钡、锌、锡、钛、铁、锆和钼的一种或几种,使用较多的是磷和溴为中心阻燃元素的化合物。

改性剂一般做成阻燃切片,其占常规切片的比例为3%~5%,并具有耐高温性,在纤维中分布均匀。

二、抗静电(Antistatic)改性剂

合成纤维材料具有极强的带电性,纺熔法非织造材料的抗静电改性主要是将抗静电剂与切片共混直接纺丝成形。

添加内部抗静电剂的前提条件是抗静电功能组分能够在基体聚合物中得到良好、均匀、高密度的分散,最好以不连续的分散相存在,并尽量避免纤维通路中高电阻现象的出现,使所产生的电荷能够尽快逸散。此分散结构在纤维内部的距离应该尽可能的小,以形成纤维内部的导电通路。

如聚氧乙烯(PEG)类聚合物为亲水性高分子化合物,其本身的比电阻达到 $10^6 \sim 10^7 \Omega \cdot cm$,这种导电性成分与成纤高聚物共混纺丝,以条纹状(或岛状)分散在纤维内部可制成抗静电纤维,在65%相对湿度、20℃的标准条件下,比电阻可以达到 $10^9 \sim 10^{10} \Omega \cdot cm$。

抗静电改性添加剂的用量一般为3%~5%,应根据产品的抗静电性能要求及为保证纺丝顺利而进行适当调整。

三、抗老化(Ageing resistance)改性剂

聚合物暴露在日光下,其吸光基团受到激发而生成自由基,这与光的能量和聚合物的结构以及聚合物中的一些杂质有关。若有氧气存在,聚合物同时也被氧化(光氧化),特别是聚丙烯、聚乙烯等光老化现象更为严重,不经过防老处理的聚丙烯几乎没有实用价值。

所谓防老化，就是采用一定的措施，阻止和延缓老化的化学反应。纺黏法非织造处理的防老化主要涉及防光、气候老化问题。一般在聚合时加入主抗氧剂和辅助抗氧剂，目前国产切片均可达到防老要求。

四、亲水化改性剂

合成纤维一大缺陷是湿透气性差，回潮率低，易产生静电，易沾污等，纺熔法非织造材料亲水化改性处理主要通过物理结构的改进来增强纤维吸水能力。

成纤高分子中的极性基团，如羟基（—OH）、酰胺基（—CONH）、羧基（—COOH）、氨基（—NH_2）等均为亲水性基团，通过氢键与水分子的缔合作用而表现出一定的亲和能力。因此，通过在成纤高分子链中引入亲水性基团或在聚合物中添加亲水性组分均可改进纤维的亲水性。

共混改性中所使用的功能母粒一般是将具有吸湿能力的聚合物与基体聚合物通过共混而制成的改性添加剂。如将聚酯与聚氧乙烯乙二醇、聚氯乙烯磺酸盐、亚烷基二醇等共混形成的添加剂。

亲水改性添加剂的用量一般在2%左右。用量过低亲水改性效果不明显，用量过高，可纺性不好，注头、毛丝断头增多，使纺黏布表面出现粘着、硬块等疵点。

五、着色母粒

聚丙烯为纯碳链结构，大分子中没有染色席位，故染色相当困难，这曾经是制约聚丙烯纤维发展的主要原因，目前通常有三种染色途径：

（1）采用与丙烯酸、丙烯腈、乙烯基吡啶等共聚或接枝共聚的方法，在聚合物上引入可接受染料的极性基团。

（2）在熔体挤出时混入少量染料接受剂到聚合物中去。一般引入有机金属化合物或阳离子有机氮化合物。

（3）采用纺前着色的方法，包括熔体着色和母粒着色。

其中母粒着色应用最为广泛，由于色母粒是在与切片混合后进入螺杆挤压机进行加工的，因此要求母粒所用的载体有与聚丙烯切片相同的结构，熔体流动指数应大于被着色的切片，只有这样才能充分保证色母粒与聚丙烯材料兼容，并具有较好的流动性，有利于着色均匀，使加工过程能顺利进行。

（一）色母粒（Color master batch）的成分选用

色母粒是指颜料按20%~80%的比例经研磨或双螺杆挤出机均匀地分散到树脂中而制得的颜色颗粒，具用着色效果优良，便于自动计量和运输，节约能源，无粒尘、无污染等优点。国际色母粒市场集中在美国、西欧、日本等，我国色母粒生产厂家主要分布在广东、浙江、江苏、山东、北京、上海等省市。在纺黏法聚丙烯生产中，色母粒的成分选用主要从以下几个方面考虑：

（1）颜料。颜料是色母粒中的主要成分，主要有无机颜料和有机颜料两大类。无机颜料一般为金属氧化物、硫化物或金属盐，具有较好的耐光性和耐气候性，这对于抗光性较差的聚丙烯树脂来说意义重大，其缺点是粒径较大。有机颜料具有着色力强、分散性好、色泽鲜艳等优点，但其在光照下往往会引起饱和度下降，易造成着色成品褪色，建议选用粒径合适的无机颜料。

颜料的耐热性是指在生产或使用温度下颜料的颜色或性能发生过变化的温度，要求其耐热性在250℃左右，此时有色制品色差小，同时所选颜料耐迁移性要大于5级，耐光性6~8级，与聚丙烯树脂有较好的相容性，与其他添加剂的协同性好，在纺丝加工过程中着色牢固。对于医疗和妇婴用品，颜料中不能含有危害健康的重金属成分，如镉、铅、汞等。

颜料粒径大小直接影响颜料的分散程度和成品性能，若颜料粒径过小，比表面积大，表面自由能就会较大，易聚积成团，造成其在聚丙烯树脂中分散不匀；若颜料粒径偏大，则在生产中会堵塞过滤网和喷丝板，使纤维在拉伸时毛丝和断头现象增多，甚至会使树脂或助剂由于停留时间过长而造成热分解，影响纤维的物理-机械性能。一般颜料颗粒平均粒径控制在0.1~0.5 μm之间。

（2）载体。载体是色母粒的基体，可使色母粒呈颗粒状，占色母粒的30%~50%，载体应与颜料有较好的亲和力和相容性，选择载体时要考虑与被着色树脂的相容性及其对着色体系其他性能的影响。

由于纺黏法的纺丝速度较大，对载体的分子量及其分布要求较为严格，建议选用熔融指数20 g/10 min左右的茂金属催化剂合成的聚丙烯。

用茂金属催化剂合成的聚丙烯，其分子量分布系数小于4，可以有效提高颜料在色母粒中的协和性和分散性，成品着色牢固，美感增强，物理-机械性能提高，可以制备成颜料含量为80%的高浓度色母粒，降低生产成本。

（3）分散剂（Dispersant）。分散剂能够包裹于颜料颗粒表面，减小颜料的表面自由能，将颜料分散成细微、稳定的颗粒而均匀地分布在熔体中，并在加工过程中不发生团聚。

通常要求分散剂和颜料有较好的亲和力，与载体有较好的相容性。从经济效益和实用性上讲，建议选用聚丙烯蜡作为分散剂，其软化点高，分子量分布窄，无异味，可以显著提高母粒的着色能力，降低色差，减少纺丝中断丝、滴丝现象。

最常用的分散剂有粉末状、片状等。普通蜡的颗粒明显大于颜料颗粒，对颜料颗粒的包裹不均匀，建议选用微粉蜡。微粉蜡的颗粒尺寸与颜料尺寸接近，蜡粉粒子填充在颜料粒子间可以使颜料粒子保持一定距离并提供润湿作用，能够显著改善颜料的分散性。

（4）色母粒的综合指标如表2-10所示。

表 2-10　色母粒的综合指标

项目	单位	参数
熔融指数	g/10 min	20～30
分子量分布系数	/	≤4
耐热温度	℃	≥270
熔点	%	130～160
颜料含量	%	30～80
灰分	%	≤0.03
含湿	%	≤0.04
外观	/	表面光滑、无明显色差

（二）色母粒工艺控制

（1）色母粒的加入量。色母粒的加入量直接影响纺丝工艺和产品的染色效果。加入量少，染色深度不够或染色不匀，加入量过多，会形成人为杂质，增加了纺丝难度。同时由于色母粒的熔点较常规切片低，灰度高，从而使熔体粘度发生变化，可纺性变差，丝条拉伸性能下降。实践表明当加入量在1.2%～3.6%时，成品上染好，可纺性较好。

（2）色母粒的混入位置。色母粒毕竟和常规切片的品质指标有所差异，为了减少色母粒的热分解，条件好的厂家，色母粒的加热熔融应单独采用一个专用的小螺杆，并通过计量装置与大螺杆中的熔体直接混合后进入熔体过滤器。

（3）其他方面。为了减少成品色差，在生产中还要注意以下环节：

①建立每种色母粒在某一配比下的标准样本，按照标准样本的配比对进厂混合后的色母进行打样检验，并与标准样本对照。

②对进厂的同种、同批号的色母粒进行混合，对同种、不同批号的色母粒也要进行混合。

③在色母粒进入螺杆前，要尽量去除颗粒过大和过小的色母粒，以保证其在螺杆中熔融均匀和完全。

④在生产一个色号时中途不允许更换色母粒批号。

总之，色差是有色纺黏法聚丙烯非织造材料生产中一个常见的现象，色母粒成分的合理选择和正确的工艺控制可以最大程度上将色差控制在合理的范围内，提高产品的质量。

六、分子量调解剂（降温母粒）

目前，纺黏法非织造材料的生产趋向细旦化发展，各设备制造商都在致力于开发能够纺制细旦、超细旦纺黏长丝的技术和设备，并取得了显著的进展。

如果聚丙烯树脂具有较高的分子量、较大的分子量分布，其流动性能就会变差，熔体膨化现象严重，给纺丝带来一定困难，尤其纺细旦纤维时容易产生断丝。当聚丙烯熔融指数较小时，在纺丝过程中加入分子量调解剂，可改善聚丙烯的纺丝性能。

分子量调解剂是通过化学降解的方式，使聚丙烯大分子发生降解，且分子量越大，发生降解的几率越大，从而使熔体粘度下降，分子量分布变窄，熔体的流动性能即可纺性得到改善。分子量调解剂是以基体树脂为主体，添加一定的有机过氧化物及其他助剂制备而成。其中有效成分为有机过氧化物，例如DTBP，其沸点较低（109℃），在高温下，母粒中的DTBP快速挥发，并均匀地扩散到与母粒相混的聚丙烯树脂中，在接近熔点以上的温度下过氧键裂解，进一步攻击聚丙烯链上的叔碳原子，引发断链反应，从而使聚丙烯的高分子量部分减少，分子量分布变窄，熔体流动性增加。

实验证明，纺丝过程中加入适量的分子量调解剂，可以进一步改善聚丙烯的纺丝性能，降低纤维纤度，改善非织造材料的手感及性能，同时，降低纺丝温度，可节约能源，改善操作环境。

分子量调解剂加入量的多少要根据聚丙烯熔体熔融指数的大小来确定，对于熔融指数低的切片，可以适当多加入一些分子量调解剂。工业用聚丙烯降温母粒中有机过氧化物含量一般为0.5%～1.0%，实际生产建议添加母粒的量为1%～6%。

第三章 纺丝成网法的生产工艺与质量控制

第一节 纺丝成网法的工艺特点

纺丝成网法工艺具有过程简捷和纺丝速度高的特点，在整个纺丝过程中，成纤高聚物经历了两种变化，即几何形状的变化和物理状态的变化。几何形状的变化是指成纤高聚物经过喷丝孔挤出和拉长而形成连续细丝的过程；物理变化即先将高聚物变为易于加工的流体，挤出后为保持已经改变了的几何形状和取得一定的纤维结构，使高聚物又变为固态。理论上讲，高聚物具有较固定熔点，且熔点低于分解温度的都可以采用纺丝成网法。

纺丝成网法一般可分为四个步骤：
(1) 高聚物纺丝熔体的制备（对于生产 PET、PA 品种时还包括切片的干燥）。
(2) 熔体自喷丝孔挤出。
(3) 熔体细流的气流拉伸和冷却固化。
(4) 分丝、铺网和加固成布。

第二节 切片干燥

一、切片干燥的目的及要求

纺丝成网法主要采用切片纺丝，当采用 PET 切片时，切片的干燥非常重要。未经干燥的切片，含水率通常约为0.4%，且切片是无定形的聚合体，软化点较低。这种切片如不经干燥而用于纺丝，在加热熔融时会剧烈降解，使分子量下降，在螺杆挤压机进料区容易产生环结阻料，进料速度较慢，影响纺丝质量。此外，水分在高温下汽化形成"气泡丝"，会造成毛丝或断头。这些都会影响产品质量和正常生产，因此，必须对切片进行干燥处理。PET 切片干燥的目的和要求如下：

(一) 除掉切片粉末和粘连粒子

PET 或 PA 切片在进入干燥机之前,首先要进行筛分,除掉粉末和粘连的大切片。这些粉末会形成结晶度高的高熔点物,使高聚物熔体的均匀性变差,另外粘连的切片体积大,易堵塞管道,并使螺杆进料不畅,造成压力波动。切片输送管道一般较细,粘连粒子造成的危害较大,因此要求干燥中要正确操作,防止产生粘连粒子和结块。

(二) 除去切片中的水分,提高切片结晶度和软化点

为避免高分子的纺丝过程产生剧烈水解,造成相对分子质量降低,影响纺丝质量;避免单丝中夹带水蒸汽,形成气泡丝或使断头率增加。虽然切片中水分不可能完全去除,但通过干燥可以把含水率控制在一定范围内。如聚酯切片的含水率一般要求<0.005%(长丝加工)。此外,湿态的 PET 切片为无定型结构,软化点较低(如含水无定型聚酯:70~80℃),若直接用于纺丝,极易在螺杆挤压机的进料口受热软化,造成堵塞。对切片进行干燥,可提高切片的结晶度,从而大大提高软化点(如干燥后聚酯:210℃)。如聚酯切片干燥后结晶度一般为30%~40%,最高可达50%;聚酰胺切片干燥前虽有一定的结晶度,干燥后结晶度仍会增加。

生产中一般要求含水量低于40 ppm,做薄型产品时应低于30 ppm,且切片含水率的波动范围要小,否则切片中含水率高将使 PET 大分子酯键水解,聚合度下降,少量水分留在切片中,会使纺丝大量断头,生产难以进行,使成品丝质量下降。而使用 PA 切片时,一般要求低于500~600 ppm。

(三) 干燥过程中切片的粘度降要小

切片干燥后,要求特性粘数的变化小于0.01。产生特性粘数变化的原因是高聚物大分子的降解,使特性粘数降低,或由于固相聚合而使特性粘数提高,故必须设定和控制好工艺条件,以稳定纤维质量。另外,在切片干燥过程中还要求干燥过程的温度、风速、风压、风量均匀相同,干切片质量均匀,而且不能再度吸湿回潮。此外,还要求干燥设备运转费用低,操作和维修方便等。

二、切片干燥原理

切片中的水分包括自由水和结合水,即切片含水量等于自由含水量与平衡含水量之和。其中,自由含水量又称非结合水分,是可被脱除的水分;平衡含水量又称结合水,是与一定的干燥条件相平衡的,较难除去。以 PET 切片为例,其水分分为两部分:沾附在切片表面的非结合水;与 PET 大分子上的羧基及极少量的端羟基等以氢键结合的结合水。

切片干燥曲线即一定干燥温度下切片含水率与干燥时间的关系曲线,它反映了切片干燥过程中水分随时间的变化情况。切片干燥包含两个基本过程:加热介质传热给切片,使

水分吸热并从切片表面蒸发（传热）；水分从切片内部迁移至表面，再进入干燥介质中（传质）。一般情况下，切片的含水率随干燥时间延长而逐渐降低。干燥前期为恒速干燥阶段，主要去除切片中的非结合水分。干燥后期为降速干燥阶段，水与大分子结合的氢键被破坏，结合水向切片表面扩散并被除去，直到达到某一干燥条件下的平衡水分。干燥温度越高，切片达到平衡水分的干燥时间越短，切片中平衡水分含量也越少。

三、干燥设备

纺丝成网生产时，切片的干燥有真空干燥和气流干燥两种，由于干燥方式或设备不同，其工艺流程、工艺条件及操作方法等均存在差别。

对于PA切片或生产要求不太严格时，可采用真空转鼓干燥机，而对于PET纺黏法纺丝时，且生产速度较大时，类似于化纤FDY的生产，一般采用组合式干燥设备，如KF式、BM式、吉玛、川田等干燥设备。

（一）真空转鼓干燥机

真空转鼓干燥机是一种间歇式干燥设备，主要由转鼓部分、抽真空系统和加热系统三部分组成，如图3-1所示。

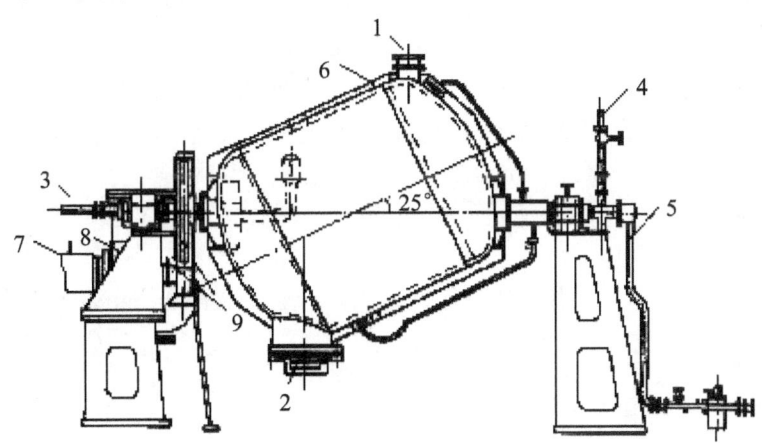

1—出料口　2—入口　3—抽真空管　4—热载入管　5—热载体回流管
6—转鼓夹套　7—电动机　8—减速器　9—齿轮
图3-1　真空转鼓干燥机

其中转鼓部分是全机的主体，其两端有碟形封头、倾斜装置（倾角为25°）的圆筒形容器，作用是保证切片在干燥过程中能较好地翻动，以便传热均匀，防止切片粘结并使卸料方便。整个鼓体分内外两层，内层为衬不锈钢的复合钢板，外层为锅炉钢板，两层之间用钢管支撑，其间通热载体。

抽真空系统包括真空泵及其附属装置，真空泵可用机械真空泵，也可用蒸汽喷射泵。采用机械真空泵时，常采用泵组，以获得较高的真空度。VC353型真空转鼓干燥机采用一台100 m³/h的二级水环泵、一台200 m³/h的罗茨泵和一台400 m³/h的罗茨泵，且在水环泵和200 m³/h的罗茨泵之间又串联一台空气喷射泵，以减轻水环泵的负荷。同时，为了防止从转鼓抽出气体中的水分进入真空泵，在真空泵与转鼓之间装备了蒸汽冷凝器和汽水分离器。蒸汽喷射泵具有工作稳定、设备简单等特点。一般，三级蒸汽喷射泵喷射蒸汽压力为 98×10^4 Pa；四级蒸汽喷射泵喷射蒸汽压力为 $(147 \sim 157) \times 10^4$ Pa，转鼓内余压可降到 0.0053×10^4 pa；五级蒸汽喷射泵可使转鼓内的余压降到 0.00067×10^4 Pa。

加热系统因热载体不同而异。热载体可采用联苯混合物、38号汽缸油、甘油、饱和蒸汽和过热蒸汽等。国内一般采用饱和蒸汽作为热载体，其特点是结构简单，不需要其他附属装置。若采用联苯混合物或油类为热载体，还需要一套相应的热载体加热和循环系统。

真空转鼓干燥机干燥质量高，可在较低温度下干燥切片，适合易氧化或热敏性的高聚物。但其干燥时间长，生产能力低，不能连续化作业等。

（二）组合式干燥设备

这种干燥设备为连续式，主要由预结晶器、充填干燥器和热风循环系统三部分组成。切片首先经过预结晶器除去大部分含水（主要是表面吸附水），并具有一定的预结晶度，软化点提高，使切片在高温下不再发生粘连，然后进入充填干燥器，在干燥器内保证足够且均匀的停留时间，充分去除切片水分。由于组合式干燥机较好地运用了切片干燥原理，因而具有干燥效率高、干燥质量好且切片干燥质量稳定等特点。

比较典型的组合干燥设备有KF式干燥设备、布勒式（BM式）干燥设备、吉玛式干燥设备、川田式干燥设备、多轮式干燥设备、来新式干燥设备。

四、干燥工艺

随着生产速度和对产品质量要求的不断提高，一般企业都采用组合式干燥设备，其工艺如下。

（一）预结晶温度和时间

根据结晶机理，预结晶温度应在切片玻璃化温度与晶体熔融温度之间，温度愈高，结晶完成的时间愈短，但湿切片开始接触的温度愈高，切片愈易粘连。因此预结晶温度和时间要根据设备和条件而定。

采用沸腾床预结晶器，切片不易粘连，预结晶温度可高至160～180℃，时间为8～15 min；采用搅拌式预结晶器，温度为120～140℃，需停留1～1.5 h；采用转鼓干燥器自然搅拌，温度在120℃以下，时间为4～5 h。

（二）干燥温度

温度愈高，干燥的时间愈短，干燥的效果也愈好，但过高的温度会使切片粘度降增大，甚至会使切片变黄，影响纺丝，因此温度一般不超过180℃。

干燥方式不同，干燥温度亦不同。转鼓真空干燥温度为120~140℃，热风干燥一般在160℃以上。

（三）干燥时间

干燥时间既与干燥温度有关，也与干空气的含湿量或真空度有关。干燥时间一般在4~6 h之间。

（四）干空气的露点

干燥用干空气的露点须小于−15℃，温度愈低，愈有利于干燥。

（五）风速

风速大，干燥时间就可缩短，但风速太大，切片粉尘增多。风速的选择与设备型号、大小、料柱高度、生产能力有直接关系。

五、干燥注意事项

（1）不同批号的切片不可混合使用。
（2）严禁将杂质带入切片中。
（3）要经常清理筛孔。
（4）注意气候变化对干空气露点的影响。
干空气的露点（Dew point）受大气温、湿度的影响较大，尤其是气候变化时，影响更为显著，及时调整可节约能量，还可防止因干空气露点升高而使切片含水率升高。
（5）确保干切片含水率的均匀性。
干切片含水不匀是造成长丝质量不稳定的原因之一。要保持工艺条件和操作的稳定性，就必须使干切片含水率波动尽量小。

第三节　切片的熔融

熔融是干切片在热作用下由固态转变为液态的一个过程。主要有两种熔融方式，即采用炉栅或采用螺杆挤出机熔融，由于螺杆挤出机的诸多优点，炉栅纺丝目前已基本淘汰。

熔融时应注意三个问题：
（1）熔融均匀。
（2）防止降解。
（3）防止环结堵料。

一、影响熔融均匀性的主要因素

(一) 切片本身质量的影响

切片的特性粘度、分子量大小及其分布、羧基含量、TiO_2含量以及颗粒大小等方面都直接影响熔融过程。

(二) 干切片含水率的影响

干切片含水率高的比含水率低的更易水解,因此干切片含水率不匀,必将造成熔体粘度的不匀。

(三) 干切片中粉末量的影响

由于切片中粉末和毛屑小而薄,其单位重量的表面积远大于切片,在相同的干燥条件下其特性粘度和结晶度相差较大,如表3-1、2所示。因此,使用含粉末的干切片,即使效率很高的熔体混合设备也仍然会有部分高粘度物料留在熔体流中而影响熔体均匀性。

表3-1 干燥后聚酯切片和粉末的特性粘度

干燥时间 (h)	干燥温度 (℃)	特性粘度	
		聚酯切片	聚酯粉末
0			0.673
1			0.690
2		0.673	0.705
3	180	↓	0.709
4		0.702	0.712
5			0.723
6			0.727

表3-2 干燥后聚酯切片和粉末的结晶度

试样	切片含粉末量(g/Kg)		干燥后的结晶度(%)	
	干燥前	干燥后	切片	粉末
1	1.43	2.67	42	54
2	0.49	1.34	43	56
3	1.50	3.23	46	58

(四) 切片尺寸的影响

切片颗粒尺寸一般为Φ3×3 mm或4×4×2.5 mm,过小尺寸的切片由于在螺杆的螺槽内层叠几率增多,导热性能差,必将影响熔融的均匀性。

二、防止熔融过程降解的措施

（一）熔融前

熔融前以氮气等惰性气体来置换切片间空气,以防止在高温下剧烈氧化裂解反应,对于 PA 来说更为重要。

（二）干切片含水率

干切片含水率应低。

（三）熔融温度

熔融温度不宜过高,否则易发生热裂解而使粘度降加大。

（四）熔融设备及管道

熔融设备及管道必须无死角,因为滞留在死角处的聚合物加热时间过长将会发生热裂解,热裂解产物陆续被正常的熔体带走,结果影响纺丝质量。一般采用放射式分配管路。

三、影响环结阻料的因素

（一）切片自身

当高聚物切片中分子量分布宽度较大时,低分子量部分就会过早的软化熔融,而当切片软化点较低时,也容易在刚进入螺杆时就软化变形,此时螺杆内部还没有建立起较高的压力就容易产生阻料现象,因此切片必须经历预结晶和干燥过程,且工艺要严格控制。此外,超长切片也会在螺杆挤出机的进口处形成"架桥"现象而影响切片的正常供料,必须除去。

（二）螺杆的加热温度

进料段温度过高,切片过早熔融,造成熔体倒流,使熔体和未熔切片互相粘连,随螺杆转动而造成阻料,从而切片无法继续喂入。为此螺杆挤出机切片进口处设有冷却水盘管,冷却水量随螺杆挤出机生产能力的不同而不同。

（三）螺杆转速

螺杆转速过低,切片局部过早软化粘连,这也会引起环结堵料,螺杆转速一般控制在

25～75 r/min。

四、熔融温度的选择

切片熔融温度通常选择在熔点以上20℃左右，但同时必须低于其分解温度。为便于温度调节，螺杆是分区加热的。根据螺杆的长短，加热区可分为5～7区。熔融温度的选择与切片的分子量、熔点以及结晶度有关。

一般熔融的初始温度要考虑切片的结晶度，温度应略低；中段由于切片发生相变，产生压缩，吸热量大，温度应高些；后段主要是使物料进一步均化，温度应趋近于纺丝箱内温度，即所谓低－高－低的模式，但也有由高向低或由低向高的模式，主要取决于切片特性和螺杆特点。

为了保证熔体质量的稳定，各加热区温度波动要严格控制，温度偏差通常控制在±1～±2℃。

五、螺杆挤出机出口压力的确定

螺杆挤出机的出口压力必须使熔体在纺丝计量泵前的压力为3～5 Mpa，而且波动范围不大于±0.5 Mpa，这是为了提高计量泵熔体吐出量的准确性和缩小纤维纤度偏差。

螺杆挤出机、静态混合器、分配管和熔体过滤器的结构及其特征详见第一章第五节内容。

第四节 纺丝工艺

纺黏法非织造材料的纺丝特点是采用超高速纺丝一步成形而获得全取向长丝（FOY）。一般PP非织造材料的纺丝速度控制在3000～4500 m/min，PET非织造材料的纺丝速度控制在5000～8000 m/min。若低于这个速度，得到的则是部分预取向长丝（POY），剩余牵伸比大。这种长丝制成的纺黏布伸长大、强力低、尺寸不稳定，容易变形。

一、生产原料的选择和添加

在非织造材料中，除了少量不添加其他颜料的本色产品外，还要根据市场要求加入各种着色母粒或特殊功能母粒（如抗静电、抗老化、抗辐射、远红外、抗菌、亲水、阻燃、增白等），并使其与常规切片分别通过两个螺杆或按一定比例混合，搅拌均匀后通过一个螺杆，从而生产符合特定要求的产品。

根据生产要求及产品不同使用特点和助剂质量设计生产工艺配方，确定生产配比后，在多组分电脑自动计量配料系统上进行定标，设计菜单，由电脑进行程序控制，自动、准确配料，或者在螺杆加料器中设计好螺杆转速和挤压机螺杆转速的对应关系，确定配方比例。使用人工计量时，用电子秤称量好助剂量，与原料在搅拌器中混合均匀后使用。

二、纺丝工艺

纺丝过程的工艺参数主要有挤压机各区温度、法兰区和弯管区温度、纺丝箱体温度以及熔体压力和纺丝速度等，这些参数决定纤维形成的历程以及纤维的结构和质量。

（一）螺杆挤压机各区温度

螺杆挤压机一般分为进料区、熔融压缩区和计量区三个区段，其中加热又分7～10个加热区，各区的温度按物料相应的状态而不同。

进料区的主要任务是对切片加温和预热，为保证螺杆的正常运转，在此区间切片不应过早熔化，但又要使切片达到半熔状态。若温度过高，易造成切片在进料口环结无法进料，若温度过低，则会加大熔融段压力，使切片不能融化，造成进料的阻力。这个区的温度设计，PP一般为200～210℃、PET为265～280℃、PA-6为265～275℃。

熔融区为主要加热区，切片必须在此区保证百分之百的熔化，因此此区温度要高，但过高又会使聚合物降解，质量下降。这个区温度PP一般为225～235℃、PET为275～285℃、PA为270～280℃。

计量区的作用是使切片进一步熔化，保持熔体流动在稳定的压力下前进，其温度可比熔融区稍低2～3℃。

（二）法兰区（Flange area）和弯管区（Bend area）的温度

法兰是螺杆与管道的连接部分，弯管是分配熔体的专用管道，这两区的主要作用是对熔体起保温作用，因而温度不必太高，应与计量区温度大体一致，或稍低2～3℃。

（三）纺丝箱体的温度

纺丝箱体主要是对纺丝组件（又称模头）和计量泵进行保温，因此该区温度应稍高一些，接近于纺丝温度，以增加熔体的流动性能，保证喷丝的顺畅。

纺丝温度T_s（即熔体即将出喷丝板的温度）的控制直接影响纺丝生产的正常进行以及纤维质量，从而影响成品的布面质量和内在质量。温度升高，熔体的流动粘度降低，熔体的均匀性和流变性能好，可纺性提高，经冷却后丝束的最大拉伸比和自然拉伸比增大，牵伸后丝束的单丝强力和断裂伸长加大，成品的各项指标也可提高。但温度太高则加剧熔体降解，粘度降低，使螺杆压力产生波动，泵供量不稳，喷出丝均匀性差，无法牵伸，牵伸丝毛丝、断头多，极易产生注头丝，在成网布面产生浆点，而且极易污染喷丝板，缩短喷丝板使用周期。熔体温度过低，因粘度太高，使熔体在喷丝孔中剪切应力加大，造成熔体破裂，可纺性差，布面产生并丝。

一般，纺丝温度控制在 Tf＜Ts＜Td，对于非牛顿行为突出的高聚物，其纺丝温度尽可能高些，以改善其流动性。对于PP、PET、PA纺丝成网，只要不污染喷丝板面、不产生注头丝，纺丝温度就可适当提高。

总之，各区温度的具体控制要根据设备、原料、成品性能的不同而做具体调整。有的设备温度分布是低—高—低—较高，有的从高到低，少数情况还有温度平稳分布，各区温度一样，但不论如何分布均必须保证生产时不会发生"环结阻料"现象。

（四）纺丝熔体压力

纺丝熔体压力是指纺丝组件的压力。若熔体压力较低，熔体分配不均匀，形成的熔体细流粗细不一、表面不规整；若熔体压力过高，则易造成熔体破裂。

在PP纺丝成网法非织造材料生产过程中，熔体压力一般控制在6～10 MPa，PET纺丝时，熔体压力应控制在10～12 MPa。因此在纺丝箱体上一般都安装有测量范围为0～50 MPa的压力测量头，以测量熔体压力，还安装有测量范围在0～400℃的铂电阻测量头，以测量熔体温度。

（五）喷丝速度与纺丝速度

喷丝速度V0又称喷丝头挤出速度，是指熔体从喷出头吐出的速度；纺丝速度VL是指纤维拉伸前进的速度，两者单位均为m/min。两者比值称喷丝头拉伸比。

泵供量G是计量泵单位时间输出的熔体的质量克数，单位为g/min，其直接影响喷丝速度。此外，喷丝板的孔数和孔的直径大小也影响喷丝速度。这些直接影响到纤维的线密度大小和均匀性，以及纺黏材料的品质。

纺丝速度也直接影响纺丝的稳定性。若纺丝速度过低，从喷丝孔中喷出的熔体细流数量太少，极易冷却变硬，流动性差，延伸率低，拉伸过程易出现断丝现象。而纺丝速度太高，从喷丝板中喷出的熔体细流速度太高，冷却难度大，易发生熔体粘连及并丝现象，且纤维线密度高。

在纺丝开始前，要用铜板和专用硅油认真清理喷丝板板面，用专用温度计测量板面温度。对长期受热，板面有老化原料，一般刮刀无法彻底清除时，可用不锈钢丝摩擦板面，直至板面光亮，然后再喷洒一次脱模剂。

在生产开车时，不同设备在纺丝开始时，要根据设备要求先开启一定数量的纺丝泵，当纺丝泵喷出的丝均匀无熔滴后才能用引丝管引丝，将引好的丝用专用切丝刀切断后放入牵伸喷嘴中，当所有纺丝泵全部启动引丝完毕后，再进行分丝和铺网，以防止丝束相互缠结而引起挂丝。

第五节 气流牵伸

从喷丝头出来的熔体细流经冷却后形成初生纤维，由于取向度较低，物理－机械性能远远达不到使用要求，主要体现在强力低、伸长大、结构极不稳定。必须通过进一步的加工，才能提高纤维的物理－机械性能，具有优良的使用性能。

拉伸是后加工过程中最主要的环节，它不仅是提高纤维物理－机械性能必不可少的手段，而且也是检验纺丝成型过程进行好坏的关键。

拉伸是在固态条件下把成形的纤维拉长到原来的20%～2000%。这种伸长过程常伴随着大分子链或聚集态结构单元发生舒展，并沿纤维轴向排列取向，如图3-2所示。在拉伸的同时，常伴有相态结构的改变（晶区的部分破坏）以及其他结构特性的改变。拉伸后纤维的取向度得到提高，同时伴有密度、结晶度等其他结构方面的变化，纤维的断裂强度显著提高，延伸度下降，耐磨性和耐疲劳性也明显改善。

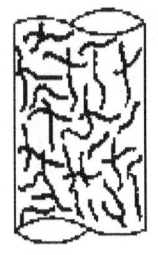 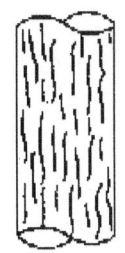

（a）拉伸前初生纤维的大分子　　（b）拉伸后发生取向的大分子

图3-2　大分子的自然状态和取向的示意图

在纺丝成网法生产中，由于纺丝、拉伸、分丝、铺网、加固是连续进行的，要求拉伸在极短的时间内完成，所以难以采用传统化纤的罗拉式拉伸。同时，在对纤维进行冷却时还要防止纤维粘连缠结，以利于分丝和铺网，所以纺丝成网法非织造材料中生产多采用气流牵伸。

一、气流拉伸原理

以意大利NWT公司的纺黏法生产线气流牵伸为例，如图3-3所示。丝条由喷丝孔中挤出后经垂直吸入的冷却气流（属侧吹风）冷却进入拉伸气流风道，拉伸气流由纤维的两侧吹入，纤维在两侧高速拉伸气流的夹持下产生加速度从而实现拉伸。

由于喷丝板为单排或双排喷丝，双面侧吹风冷却速度很快，丝条很快凝固，凝固点离喷丝板约5～7cm处，故可以认为丝条的拉伸取向主要发生在凝固点以上的熔体区域，凝固点以下丝条就进入了等速阶段。本设备为低压气流牵伸，拉伸力较小，由图可见，丝条的拉伸速度主要取决于气流、喷吹、拉伸管上部入口的补充气流的抽吸负压，拉伸气流主要是由喷吹气流与上口的二次气流的混合后形成的，气流拉伸的能量符合伯努利方程。

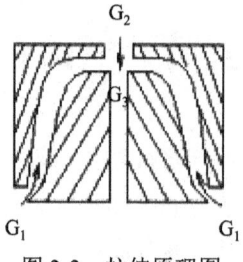

图3-3 拉伸原理图

假设气拉喷气缝口的喷速为W_0，喷气量为G_1，气拉喷管出口的混合气体速度为W_1，喷出量为G_3，而$G_3=G_2+G_1$，G_2为气流喷管上端入口的二次气流量，丝条出气管的实际输出速度为W_2，纤维的吐出量为M，丝条在成形气拉过程中总应力为F，行程为S，气拉喷嘴中气流的总压力损耗为$\sum hf$，则有：

$$G_1\frac{W_0^2}{2} = G_3\frac{W_1^2}{2} + M\frac{W_2^2}{2} + F \times S + \sum h_f$$

生产表明$G_1 = G_2$，$G_3 = 2G_1 = 2G_2$，$W_1 = 0.32W_0$，所以

$$W_2 = \frac{1}{\sqrt{M}}\sqrt{G_1W_0^2 - (0.32W_0)^2 G_1 - 2F \times S - 2\sum h_f}$$

$$= \frac{1}{\sqrt{M}}\sqrt{0.8G_1W_0^2 - 2F \times S - 2\sum h_f}$$

又知$R = \frac{W_2}{W_3}$，W_3，丝条从喷丝孔中的喷出速度。

所以：$$R = \frac{1}{\sqrt{M}W_3}\sqrt{0.8G_1W_0^2 - 2F \times S - 2\sum h_f}$$

上式分析可知，拉伸倍数R与$\sqrt{M}$和W_3成反比，即吐丝量与吐丝速度对拉伸倍数影响很大，它们直接影响单丝纤度，当纺丝工艺不变时，即M与W_3不变，$F \times S$的值也不变，R随G_1、W0升高而升高，同时$F \times S$的值很小且可以忽略，虽然$\sum hf$随喷气速度和喷出量的升高而升高，远不及W_0、G_1的增量，所以当提高喷气量和喷气速度，拉伸倍数升高，单丝纤度下降，单丝变细。

$$R \approx \frac{1}{\sqrt{M}W_3}\sqrt{0.8G_1W_0^2}$$

二、牵伸设备

气流牵伸设备有多种结构形式，最常用的有三种，即管式牵伸、窄狭缝式牵伸和宽狭缝式牵伸。若按风压大小，又可分为正压牵伸、负压牵伸和正负压相结合牵伸。

（一）管式牵伸

用管式的方法进行纤维拉伸的产品有 PP、PET、PA 等纺丝成网法非织造材料，整个牵伸系统由空压机、高压空气分配缸和牵伸管构成。

管式牵伸机的内部结构如图3-4所示，其由 a、b、c、d 四部分组成，高压空气从空气进口1进入到风室2，通过环形切口到长丝甬道4中，并与初生纤维相交成一定角度，也可以与长丝平行而下，初生纤维由吸丝嘴 a 进入，在高速气流的夹持下通过喷嘴得到拉伸，牵伸喷嘴的供风压力及环形切口的大小可根据工艺和产品的需要进行调整，若想提高牵伸效果，可增加喷管 d 的长度。

圆管式拉伸是由若干个小块喷丝板组成，每块喷丝板的孔数为70～100，经多个区域单面侧吹风冷却，初生纤维经各自对应的圆管式拉伸器进行高压气流拉伸，圆管拉伸器的入口直径为8～16 mm，也有采用一块喷丝板分多个小喷丝区的方式。拉伸空气由空压机单独供风，生产 PET 纺黏布时，牵伸风压为0.5～0.8 MPa，风速为10000 m/min；生产 PP 纺黏布时，牵伸风压为0.05～0.2 MPa，风速为5000～7000 m/min。进入管式牵伸后，丝束从入口导入拉伸管，在高压空气的夹持作用下被迅速拉伸，丝条的直径也从0.3～0.6 mm 突变到0.015～0.02 mm，纤维的牵伸速度为3000～5000 m/min，牵伸倍数达500～800倍，纤维成品的线密度为1.5～2.5 dtex。适当提高工艺气压和减小拉伸管直径均可有效提高拉伸效果。圆管式拉伸装置耐压能力比一般狭缝板式强得多，容易闭锁引射，能对纤维进行更为有效的握持和拉伸。一般高压气流拉伸工艺多采用该法。

由于纤维束从较细的拉伸管中高速喷出，丝束比较集中，分散困难，易在纤网中产生"云斑"现象，可采用多排纺丝管牵装置和摆丝片装置，如图3-5所示，用来提高低面密度时纤网的均匀度，减少"云斑"。

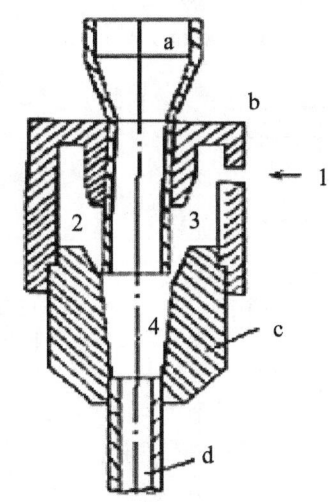

a—吸丝嘴　b—气腔　c—管接头　d—喷管
1—空气入口　2—气室　3—环形切口　4—长丝甬道
图3-4　管式牵伸机的结构示意图

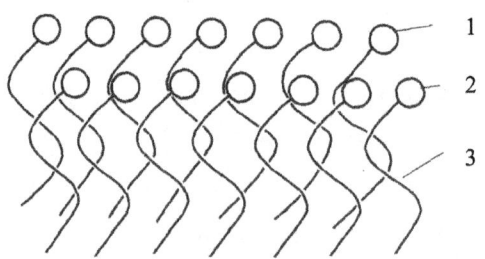

1- 后排拉伸管 2- 前排拉伸管 3- 丝束

图 3-5 多排纺丝管牵装置和摆丝片装置

（二）窄狭缝式牵伸

窄狭缝式牵伸以意大利 NWT 公司的设备为代表，我国部分国产设备也有采用该法。该工艺采用多块喷丝板和其对应数量拉伸狭缝，喷丝板的数量由所生产纤网宽度决定，每块喷丝板孔数在 250～800 之间，喷丝板下方配备多个侧吹风出口，对丝条进行双面侧向垂直吹风，同时对应多个拉伸喷嘴，并配有摆丝器和吸风设备，拉伸空气由专用供风机单独供风。

由于窄狭缝式牵伸的喷嘴总长度太长，属于低压拉伸，结构示意图如图 3-6 所示，其外形尺寸为 660 mm×145 mm×1400 mm，进丝喇叭口下端宽为 6 mm，窄缝以下的送丝道宽为 10 mm，该装置从送丝道中间分开，两侧的结构是对称的，每侧有各自的供风道、风室和窄缝，窄缝宽 0.8 mm。空气从风道 3 进入风室 1，由两侧窄缝喷嘴形成两股风片。风片送丝道两面内侧垂直向下高速运行。由吸口吸入呈一排彼此分离的长丝片，在高速运行的两股风片的握持下，通过送丝道 4，使长丝得到牵伸。

窄狭缝式牵伸工艺上采用了低压强（0.02～0.1 MPa）和大风量的供风方式，风速在 2000 m/min 左右，纤维牵伸比在 200～300 之间，纤维牵伸倍数较低，纤维的取向度低，剩余的牵伸比较大，纤维线密度一般在 3～5 dtex。

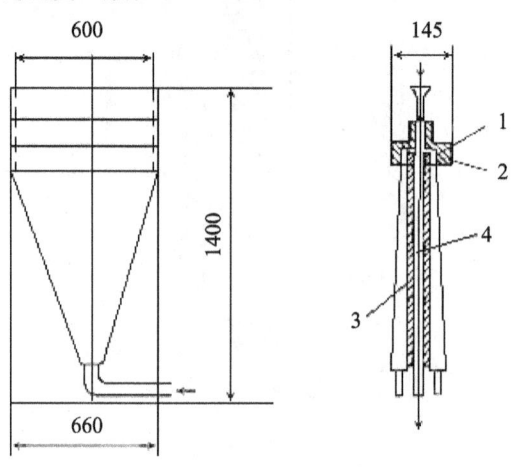

1—风室 2—风片 3—风道 4—送丝道

图 3-6 牵伸喷嘴结构

（三）宽狭缝式牵伸

宽狭缝式牵伸又称整体狭缝式拉伸，是指纺丝拉伸装置可采用一个或多个纺丝箱体，经分配管道和整块矩形喷丝板挤出的长丝，侧吹风冷却，然后在整条狭缝拉伸通道上进行气流拉伸和成网的工艺过程。工艺上又分为抽吸式和牵引式。

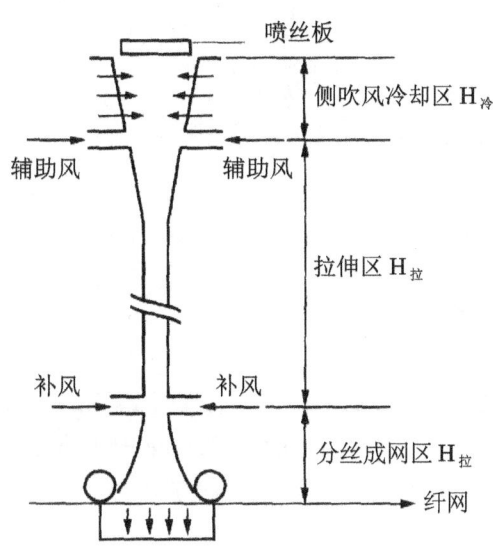

图3-7　抽吸式整体狭缝式生产过程

抽吸式整体狭缝式拉伸如图3-7所示，根据纺程可分为冷却区 $H_冷$、拉伸区 $H_拉$ 和分丝成网区 $H_网$。其中抽吸式结构需对喷丝板至成网装置的立面基本实行系统封闭，因此在成网帘下抽吸风时，就在抽吸风道中形成负压，该类技术中的抽吸风同时又是拉伸工艺用风。由于受抽吸风工艺和风速度的限制，生产高面密度产品存在困难。

牵引式整体狭缝拉伸工艺中正压风由空气压缩机单独供给，专供的拉伸工艺风通过喷射牵引系统的方式满足对纤维线密度所需的气流拉伸力。这种工艺的纺丝速度可达到 6000 m/min 以上。为了使纺丝和拉伸工艺优化，通常将喷丝板到拉伸装置与冷却区的高度位置以及拉伸装置出口到成网帘的高度设计成可上下调节的。如图3-8所示为牵引式整体可调狭缝式拉伸工艺与成网过程，其原理是对熔体纺丝线上丝条的拉伸取向和结晶进行控制，减少丝条拉伸的阻力和导致较高的大分子取向和结晶。

总之，宽狭缝式牵伸在纺丝成网法非织造材料生产中开发最早，应用最广。如德国莱芬豪舍公司开发的 Reicofil1、Reicofil2、Reicofil3、Reicofil4 等系列，以及日本 NKK 和美国的 ASON 公司开发的设备，都是以压缩空气为牵伸动力的宽狭缝式牵伸喷嘴，可以通过调节喷嘴的位置和喷射牵伸压缩的空气流量、压力等参数，在同一条生产线上既可生产 PP 纺黏产品，又可生产 PET 纺黏产品。

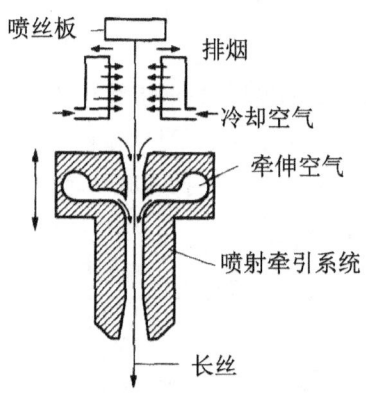

图 3-8　牵引式整体狭缝式拉伸工艺与成网过程

三、气流拉伸工艺

气流拉伸工艺有赛雷克斯（Cerex）法、多坎（DOCAN）法、费罗伊登贝尔克（Freudenberg）法、赖科菲尔（Reicofil）法、罗纳·普朗克（Rhone Poulenc）法、泰帕尔法、NWT 法等，常见的有多坎法、赖科菲尔法、泰帕尔法、NWT 等方法。

（一）多坎（DOCAN）法

这种方法是采用德国 Lurgi 公司的专利，在纺黏生产中应用较多。

多坎法采用长方形喷丝板，每块喷丝板长45 cm，上面分成七个喷丝孔区。采用聚丙烯作为原料，当生产中的纤度为1.5 D 时，每个喷丝孔区是150孔；纤度为3～5 D，100个孔；纤度5～15 D 时，35个孔。

原料由切片料仓进入螺杆挤压机中，并经计量泵、喷丝板，吐出熔体细流，在冷却空气吹动下，完成对长丝的冷却，然后长丝进入到气流拉伸装置，高压空气对丝条产生加速度，从而实现拉伸取向作用。高压空气的压力高达20～22个大气压，拉伸速度达3500～4000 m/min，甚至更高，拉伸比达1∶200以上，经过这样的拉伸，长丝的强力达到要求。拉伸装置的喷嘴由于受到高压空气的作用并与长丝相互摩擦，很容易磨损，所以必须使用耐磨材料。

长丝经拉伸后到达拉伸管道的末端，这段管道为喇叭状，高压气流在这里突然扩散、减速，产生空气动力学上的孔达（Coanda）效应，从而使纤维相互分离。

拉伸管道的喇叭口输出的长丝非常蓬松，接近于单根状态，其运动速度也减到了20～200 m/min，由于凝网帘下方吸风装置的空气抽吸作用，长丝在凝网帘上铺置成网，如图3-9所示。

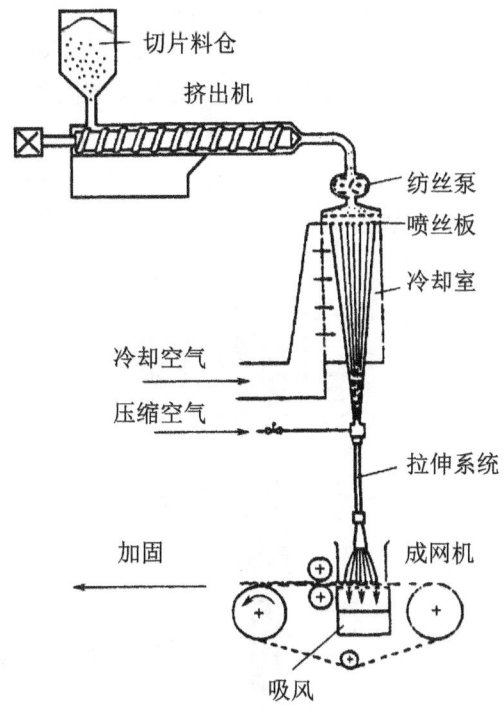

图 3-9　杜坎法纺黏工艺过程

凝网帘一般采用金属丝网或聚酯长丝编织网。拉伸管道的喇叭口可以与凝网帘的运动方向成一定的角度排列或平行排列，通过适当的排列，可以使每块喷丝板形成的纤网之间无明显的接痕，以提高纤网的均匀度。多坎法可以生产纤网的定量为20~200 g/m²，通过控制凝网帘的运动速度可以得到不同定重的纤网，多坎法得到的纤网宽度最小为900 mm（一块喷丝板），最大可达5 m以上。

成网后立即进行预加固，低克重的纤网一般采用热轧加固，高克重的纤网采用针刺加固，预加固后根据产品要求选择主加固方式。

多坎法的生产速度高，当纤网定量为80 g/m²时，输出速度约30~50 m/min。多坎法生产的纤网纵横强力比可达1.5∶1。

（二）赖科菲尔（Reicofil）法

高聚物熔体经过螺杆挤出机、计量泵后，从喷丝板喷出，形成长丝，在喷丝板的下方左右两侧各有一根风管，风管靠近长丝的一侧开有许多通风孔，经冷却的清洁空气以温度20℃，风速1 m/s通入风管，经通风孔逸出，对熔体细流进行强制冷却。在风管的下方并排垂直安装许多导流板，室温空气从导流板之间导入，在导流板的下面安装两块风道板，形成了长丝的拉伸管道。风道板之间的距离可调，以控制拉伸范围，在风道板的下端弯成一定角度形成一个喇叭口，气流在此扩散，一方面减速，另一方面形成紊流，以便分丝和成网，风道板的下方是凝网帘，凝网帘的下方是吸风口，两台75kW的鼓风机抽风产生负压，形成了一股自上而下的气流，对长丝进行拉伸，气流在经过两块风板之间的狭缝时，拉伸速度达到最高，空气流速一般为3000 m/min，最高可达9000 m/min，从而完成了对长丝的拉伸和取向，如图3-10所示。与多坎法相比，纤维受到的拉伸取向不强，因此影响了强力，但它从冷却区到拉伸区全长仅3.6 m，距离很短，节约了基建投入，为提高纤维强力可增加鼓风机的吸风量（如150 m³/min），这种方法得到的纤网可直接进行热轧粘合，也可先经过预针刺再进行其他主加固。

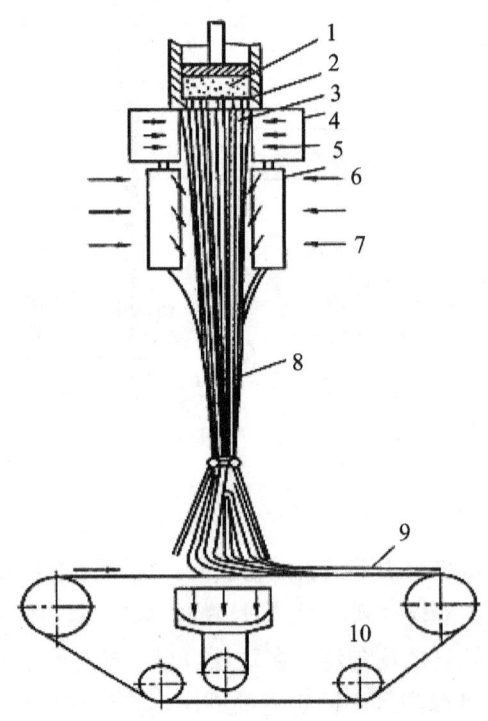

1- 溶体　2- 喷丝板　3- 长丝　4- 风管　5- 冷风　6- 导流板　7- 室温空气
8- 风道板　9- 纤网　10- 成网机

图3-10　赖科菲尔法粘工艺图

赖科菲尔法可采用聚丙烯、聚酯为原料，采用聚丙烯时，熔融指数达到12～35 g/10 min。喷丝板有3种规格，可纺纤维纤度分别是2.2～6.6 dtex、7.7～13.3 dtex、13.3～20 dtex，每种规格的喷丝板所纺纤度都可借助调节风道板的间距、喇叭口的角度、鼓风机的风量等参数来控制。

（三）泰帕尔法

泰帕尔法由美国杜邦公司开发，是世界上应用最早的纺丝成网法技术。以聚丙烯为原料，在聚合物熔体中添加导电盐，从而使长丝带上同性电荷进行静电分丝。

高聚物熔体从喷丝板中挤出，经冷却后形成长丝，高压电板由静电发生器得到高压电荷，长丝经过高压静电场时便带上了同性电荷，然后经过气流拉伸管中的高压空气对长丝进行拉伸,当长丝从拉伸管中输出时,因静电作用纤维相互排斥而分丝,然后受到凝网帘下方的极板所形成的相反极性电荷吸引飞向凝网帘,在凝网帘上形成纤网,然后经过热轧加固,形成非织造布,泰帕尔法纺丝成网工艺如图3-11所示。

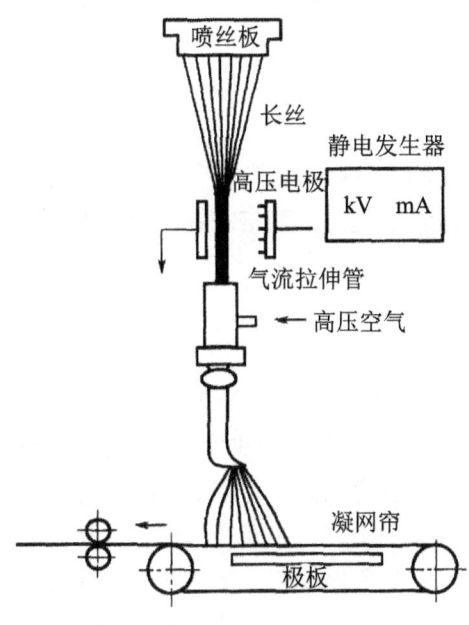

图3-11 泰帕尔法纺丝成网工艺

该法成网宽度为2~5.17 m,克重为51~478 g/m²,主要用于簇绒地毯的基布、家具内衬、土工布等。

(四) NWT法（低压牵伸）

这种方法采用低压大流量气流牵伸,牵伸风管较短,一般在1 m左右。喷丝板采用矩形单排喷丝板,一条生产线有23个喷丝板并列排行,每个喷丝头下边相应有牵伸喷嘴。牵伸喷嘴利用以切线方向喷入的经计量的气流,并利用气流的空吸效应把丝束吸入,并取得拉伸,牵伸气流的流量为2300 m³/h,温度为20℃。纺PP时,压力为0.25 ba；纺PET时,为0.50 bar,相对湿度为90%~95%,气流牵伸管道长1 m左右。

四、影响牵伸工艺的主要因素

气流牵伸的特点就是利用空气的气流高速流动带动纤维前进并产生牵伸,其影响因素有以下10个方面：

(一) 牵伸机的结构

在相等的风量下,喷口和牵伸风道的大小与牵伸速度成反比,喷口与牵伸风道越小,牵伸速度越高,所得纤维的强度也越高,反之亦然。

(二) 牵伸风的风温

风温高,丝条不能得到充分的冷却定型,影响了取向与纤维的强度,牵伸风温一般不超过50℃。

(三) 牵伸风的风压和风速

要想实现高速牵伸,风压和风速必须达到一定的要求,一般情况下考虑到纤维在风中打滑的因素,风速控制在纤维前进速度的两倍左右,如纤维的速度为5000 m/min,则风速为10000 m/min。

(四) 冷却条件

冷却条件包括风速、风温和风湿,其中风速影响最大。

由于空气的导热系数低,熔体细流与周围空气的换热效果主要取决于空气的给热系数。气流速度过高,喷丝板板面温度过低,易产生断丝,同时会使丝条向一侧鼓出,引起丝条振荡或飘动,使初生纤维条干不匀。如果冷却风速过低,不能带走应排除的热量,丝条不能充分固化,拉伸时也易产生断丝现象。此外冷却吹风压力的波动和均匀性都影响吹风速度的变化,从而使单丝产生振荡或飘动,吹风压力变化值△P和吹风压力P的比值越小,纤网中纤维直径越均匀,并有较低的伸长不匀率。一般纺丝成网冷却风速范围在0.4～1.5 m/s,并根据熔体挤出量的大小来控制,如图3-12所示。

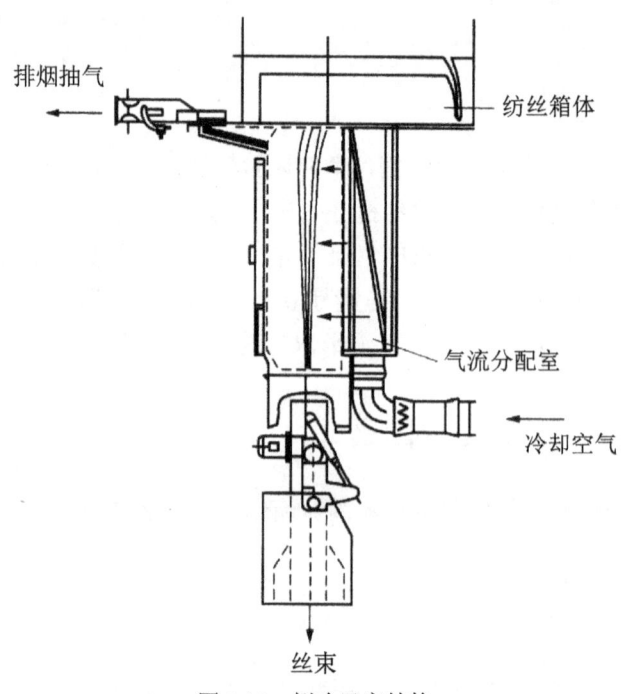

图3-12 侧吹风室结构

熔体细流从喷丝板挤出后，立即受到冷却吹风的冷却，此时要求冷却的速度较快为好，目的是要使丝束冷却到凝固点以下。冷却的推动力就是冷却风与被冷却丝条间的温差，冷却吹风和聚合物丝条间的温差至少在10℃以上，才能较好地保证丝条的均匀冷却。根据聚丙烯、聚酯、聚酰胺各自不同的 Tg，控制聚酯的冷却吹风温度要比聚酰胺66和聚丙烯的高些。对聚丙烯纺丝成网来说，采用骤冷的方式进行冷却，以形成更多的准结晶结构，有利于拉伸的顺利进行。在不影响冷却效果的前提下，随风温的适当提高，初生丝断裂强度有所提高，还可减少骤冷风系统的能耗。聚酯和聚烯烃类的冷却吹风温度在8~30℃范围内，生产上一般风温控制在20±2℃。

随着冷却吹风相对湿度的提高，它的比热和热容量将会增加，热吸收量随之增加。从而使冷却吹风在吸收同样的热量时温度降低，能保证冷却吹风温度的相对稳定，提高冷却效果。同时高的含湿量会减少丝条在纺丝中产生静电和飘荡，改善成网质量。由于 PP、PET 回潮率非常低，风湿影响不太显著，一般控制在65%±5%即可。

大多数熔纺高聚物当其被加热至熔融温度时，都会生成一些不可见的烟雾状的气态产物或单体，这些单体如不除去，就会影响环境和产品质量。如单体累计较多时，会沉积在喷丝板板面上，从而缩短喷丝板的有效使用周期，因此在喷丝板下方设有排烟装置和过滤装置，可有效地将气态分解物吸去。排烟系统的抽吸作用需要有另外气流补给，以使工艺气流平衡，否则排烟装置就会从冷却系统吸走一部分空气，因而扰乱冷却室的空气流谱，严重时会扰乱冷却气流流场，造成纤维均匀性不佳。

（五）高聚物质量对牵伸的影响

高聚物质量指高聚物的分子量及分布情况，分子量过高的高聚物拉伸取向困难，需较高的熔体温度和牵伸力；分子量太小受到外力作用时拉伸取向容易，但所得纤维强度不够。同时，分子量分布不宜过宽，否则也会造成拉伸工艺不稳定，应选用分子量分布系数小的树脂。

（六）高聚物灰分、杂质的影响

由于纺黏法非织造材料采用气流牵伸，丙纶牵伸速度在3000~10000 m/min 之间，涤纶牵伸速度在5000~10000 m/min 之间，速度相当的高，拉伸倍数相当大，稍有灰分、杂质都会影响纺丝质量，并出现断头、毛丝等不良现象。因此，所选用的高聚物含灰分、杂质量要低，同时还要求过滤系统有较好的过滤性。

（七）喷丝板的清洗质量对牵伸质量的影响

如果清洗质量不好，存在堵塞或不规则的孔径，从喷丝孔中吐出的初生纤维就会发生变形或弯曲，牵伸时易产生断丝或与相邻纤维粘结，发生并丝现象。此外，若初生纤维太细，在牵伸时易断裂，形成断头，也会影响牵伸质量。

（八）塑化效果对牵伸的影响

如果高聚物挤出后塑化效果不好，熔体存在僵块、晶点及粘度不均，挤出喷丝孔后就会发生不同的胀大变形，给牵伸带来困难。粘度不均的熔体流动性差异大，粘度低的熔体流动性好，牵伸倍数高，粘度高的熔体流动性差，拉伸倍数低，从而造成丝条强度不均。

（九）牵伸段长度

在牵伸器其他结构几何参数固定的情况下，对于一定的喷射气体压力，牵伸段有一个最佳长度。牵伸段长度过短，单丝受力小，丝束在气流中容易滑脱；牵伸段长度过长，气流摩擦阻力增加，气流速度下降，也会使单丝受力减小。

（十）材质和野风的影响

牵伸管道内外表面要光滑，以免造成挂丝，材质本身要耐磨，强度要高。同时还要避免野风的干扰。

五、提高牵伸丝质量的途径

初生纤维经过气流拉伸后形成强伸度较好的纤维，其质量直接决定了纺丝成网法非织造材料的质量。因此牵伸纤维怎样才能具有较好的物理-机械性能是整个纺丝成网法生产工艺的关键。

（一）选用质量较好的高聚物切片

生产 PP 纺黏非织造材料时，要选用等规度≥95%，MI 在30～40 g/10 min，平均分子量12万～30万之间，熔点158～165℃，分子量分布指数<4的切片，而且所用切片外观均匀，粉末较少，尽可能选用一个生产厂家的切片。

生产 PET 纺黏非织造材料时，要严格控制六大指标，即特性粘度、二甘醇含量、羟基含量、熔点、凝聚粒子含量和灰分，而且切片含水率要严格控制在30 ppm 以内。

（二）控制好纺丝速度和温度

传统的合成纤维生产纺丝速度（VL）通常是指纺丝卷绕速度，而纺丝成网气流拉伸工艺中的纺丝速度可根据 $Vf=Q\times 10\ 000/Tt$ 公式进行推算，Vf 值远远小于拉伸气流速度，公式中 Vf 是气流拉伸工艺中的纺丝速度（m/min），Q 是喷丝孔挤出量 Q（g/（孔·min）），Tt 是所纺单丝的线密度（dtex）。

随着纺丝速度的提高，纤维线密度减小，纺丝线上丝束的张力增大，成网长丝分子取向度提高。

PP 纺丝成网的纺丝速度控制在2500 m/min 以上，纺丝温度控制在熔点偏上的区域，这是由于 PP 等规度高，非牛顿行为更为突出，纺丝温度比其熔点更高才能具有较好的流变性能，有降温母粒时，一般控制在235℃左右。

PET 纺丝成网的纺丝速度控制在4000 m/min 以上，纺丝温度控制在265℃左右。

（三）泵供量（Pump delivery）

1. 泵供量与初生纤维直径的关系

泵供量是计量泵单位时间输出的熔体质量克数。在不影响纺丝的前提下，减少泵供量，纺程上纤维直径急剧下降，直至线密度不再变化，这一现象称为细颈现象。如图3-13所示为聚丙烯纺丝成网工艺中，聚合物挤出量与线密度的关系。这是由于喷丝孔挤出量下降，纺程上凝固点处所受的张应力上升，增加到足以克服屈服点应力，此时发生细颈拉伸。这与恒定熔体流量即挤出量时，提高纺丝成网的纺丝速度到一定工艺值，纺程上出现的细颈现象相同。

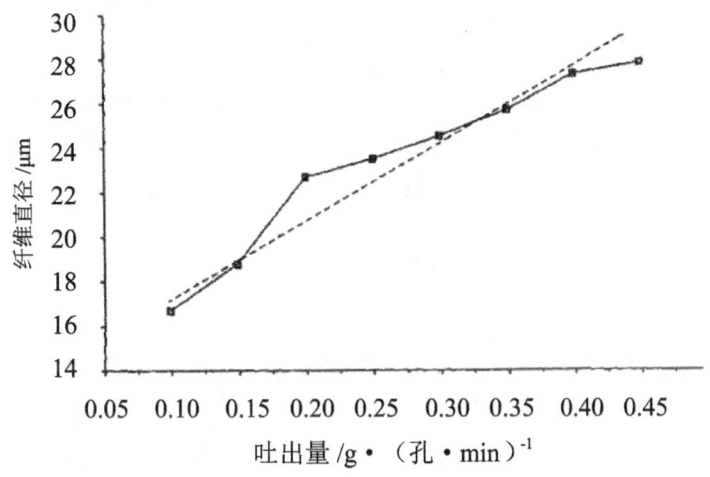

图 3-13 喷丝孔挤出量与纤维直径的关系

2. 泵供量与拉伸纤维和纤网的关系

纺丝成网中纤维的力学性能在相同纺丝速度工艺条件下，随着喷丝孔熔体挤出量的降低，熔体细流的细颈拉伸部分逐渐缩短，即自然拉伸比 N 逐渐降低，预取向度增加，有利于提高拉伸纤维的取向和结晶。这是因为纺丝成网工艺中纺丝速度相同时，若喷丝孔的挤出量下降，则丝条在纺程上所受张力相对增加。表现在纤网强度上的提高。

由此可知，纺丝成网过程中，纤维结构的形成不仅与纺丝速度、气流速度有关，而且与喷丝孔熔体挤出量有关。纤维结构的形成是纺丝应力与冷却效果的结合反映。

（四）采用异形喷丝孔

在纺丝工艺中采用异形喷丝孔是改善、提高非织造材料性能的有效途径。纤维的比表面积直接影响作用在纤维上的 F_{drag} 的大小，在其他条件相同的情况下，提高纤维的比表面积，将提高 Fdrag，从而提高牵伸效果。生产中，采用异形截面纺丝时，在相同线密度情况下，可大大增大丝条的表面积，改善牵伸效果。此外，采用异形喷丝孔还可以改善纤维的弹性、光泽、抗起球性、耐磨性等。

（五）严格控制好冷却条件

冷却条件直接影响初生丝条凝固点的位置，即直接影响纤维线密度的均匀性，必须严格控制风温、风速、风量、风压、风湿等工艺参数，同时避免野风的干扰。这一点在前面已详细讨论。

（六）提高牵伸气流速度和密度

提高气流速度，丝条的速度也会增大，但气流速度的增大值远大于丝条速度的增大值。在 Recofil 工艺上，减小狭缝宽度将提高气流速度，提高牵伸作用，反之则降低牵伸作用。另外，在狭缝宽度和压力不变的条件下，增加抽吸风量将会提高牵伸气流的速度，改善牵伸效果。

气流密度越大，Fdrag 也越大，因此提高牵伸气流的压力也有利于改善牵伸效果，提高纤维的取向程度和结晶度，从而改善纤维的性能。气流密度与气压成正比，Recofil 工艺中采用了负压牵伸，牵伸气流压力较低，这也是造成牵伸作用不充分的一个原因。有些纺黏工艺采用正压牵伸，牵伸气流压力较高，所得的纤维强度较好，如 Docan 工艺。

提高牵伸风速度的方法：一是提高牵伸风风量和风压；二是减少牵伸风的流动阻力，使气流运行畅通。

生产中通过改进牵伸机的结构，对提高牵伸风速度有重大影响。如将管式牵伸机的牵伸风道直径缩小，在同样风量和风压下，流经牵伸机风道的气流速度将得到提高。同时，牵伸机的牵伸风道缩小后，牵伸气流和纤维束能够进一步集中在风道中心流动，更大程度地提高了牵伸气流对纤维束的握持作用，使纤维牵伸速度加快，牵伸倍数增加，牵伸效率提高。

为了生产超细纤维非织造材料，各大制造厂商都在探讨进一步提高牵伸气流速度的办法，如改进牵伸机的设计结构、提高加工精度、研制高速拉伸工艺、降低纤维线密度。如莱芬豪舍公司开发的 PP 长丝非织造材料和三菱公司开发的 PET 长丝非织造材料的纤维线密度均低于 1 dtex。

第六节　成网

在纺黏非织造布生产技术中，成网就是将聚合物经熔融挤出、纺丝、冷却、牵伸后形成的连续长丝均匀分散开，并铺置在成网帘上，形成均匀纤网。它包括分丝、铺网和网下吸风系统。

成网是纺黏法非织造材料生产中的一个重要工序,技术难度高,因为在纺丝牵伸后形成的长丝必须在很短的时间内分丝铺成网。由于长丝运动速度高,而牵伸气流速度更高,控制气流运动的难度更大。因此,在纺黏法非织造材料生产过程中,纺丝成网均匀度很难进行有效控制。特别是生产薄型产品,纤网的均匀度就更难控制。

一、分丝

所谓分丝,就是指经过拉伸后的丝束分离成单根丝条状态,以防止成网时纤维相互粘连,保证铺网的均匀。

(一)静电分丝法

又分为强制带电法和摩擦带电法。强制带电法就是纤维在拉伸时,给丝束一个上万伏静电电压,这个强电场使长丝带上同性电荷(根据聚合物的特性,可以是正电荷或负电荷),因电荷同性相斥而达到分丝的目的。摩擦带电法是利用长丝在拉伸过程中相互摩擦产生的静电而分丝的方法,如美国的泰帕尔法。为了保证有充分的静电荷产生分丝作用,纺丝时,可在聚合物熔体中加入一些增加静电作用的添加剂,以提高静电产生效果,使长丝相互排斥达到分丝的目的,如图3-14所示。

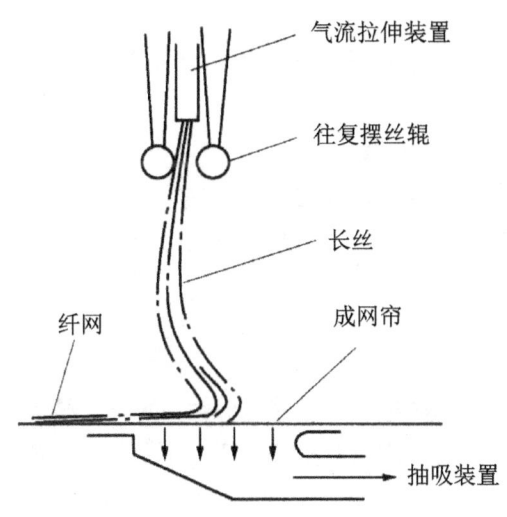

图3-14 摩擦带电法分丝

静电分丝的优点是成网较为均匀,缺点是纺黏布的横向拉力下降。

(二)机械分丝法

利用挡板、摆片、摆辊或振动板等机械手段,使丝束在拉伸后经过撞击、振动等机械作用达到纤维互相分离的目的。这种方法制成的非织造布常有并丝现象出现,但因拉力较大，布的强力较高，如图3-15所示。

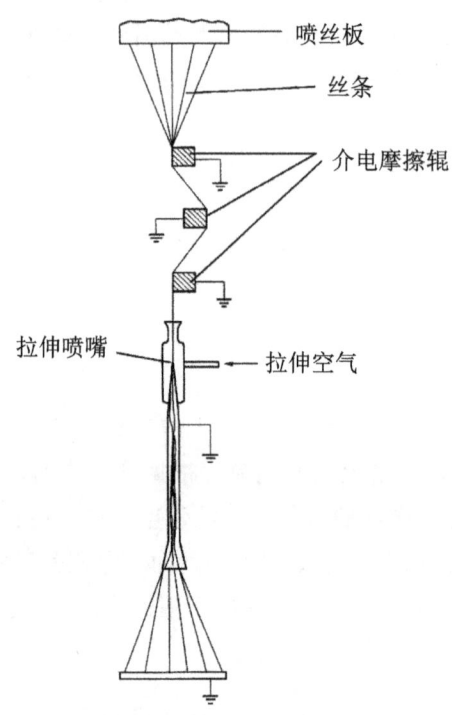

图 3-15　摆丝成网装置示意图

（三）气流分丝法

利用长丝牵伸过程中高压气流在管道中产生的空气动力学效应，形成紊流或经气流扩散减速方法，使丝束中的纤维分离。这种方法铺网比较均匀，但纺黏布的横向拉力低。

二、铺网

铺网就是将经过冷却、气流牵伸、分丝后的长丝均匀地铺在成网帘上，形成均匀纤维网，并使铺置的纤网不因外界因素而产生波动或丝束转移。一般采用凝网和吸网相互结合的成网方式。成网是非织造布生产过程中的一个非常重要的工艺过程，对成网的可能性，纤网均匀度，产品在不同方向的性能差异，产品的手感都有重要影响。成网的关键是对牵伸后的纤维运动进行有效控制。目前有机械控制和气流控制两种，机械控制有排笔式铺网和打散式铺网等；气流控制则有喷射式铺网和流道式铺网等。

（一）排笔式铺网

以意大利 NWT 系列为代表，采用狭缝牵伸，圆辊式摆丝器，利用气流的附壁效应进行摆丝铺网。

这种方式的优点是布的纵横向强力差别较小，但由于摆辊和附壁效应，气流裹挟丝束经过摆丝器后，会形成一束宽度很窄的气流射到成网帘上，由于气流比较集中，流速很快，网下吸风不完全，从而把纤网上部的丝吹散、吹乱，产生并丝。

（二）打散式铺网

以意大利 STP 系列为代表，采用管式牵伸器和摆片式摆丝器进行打散铺网。丝束从比较细的牵伸管喷出，比较集中，使用一般摆丝器很难把丝束分散均匀。采用打散方法，先打在一个摆片上，再折到另一个摆片上，且气流速度较大，丝束经打散后铺网，就像一块泥巴打在板上四处飞溅，飞溅出的块大小不一，分散不匀。因此采用打散方法分丝铺网，布面易产生"云斑"。为了减少云斑，可以通过提高摆丝器摆动频率来减小"云斑"现象。

（三）喷射式铺网

这种方式是利用高速气体出牵伸器后，随着喷射气流截面宽度的扩大，气流速度下降，在气流速度与纺丝速度相等点以后，丝条在气流中呈螺旋状向下运动，最后呈椭圆形落到网帘上。这种铺网方式并丝极少，没有云斑，柔软性好，延伸度高。由于椭圆的长短轴比不同，纵横向强力差别较大。

（四）流道式铺网

以德国莱芬为代表，采用横式整体牵伸器和压布辊技术，牵伸器出口就是成网帘，纺丝甬道全部密封。随着牵伸器甬道宽度的扩大，气流速度下降，丝在气流中呈螺旋状向下运动，最后落到网帘上。这种方式成网效果好，没有气体射流，但要减小系统内部的紊流和涡流。

三、网下吸风系统

为了使从牵伸、铺网装置出来的纤维能全部可靠地附着在成型网带上，要求网带的下方要形成一个足够大的负压区，将随纤维吹下的牵伸气流及冷却气流（对开放式系统则还包括周边环境一定范围内的空气）抽走，使纤网留下，并紧贴在网带上定型，这样才能避免布面出现折皱或发生"翻网"现象。

成网机的网下吸风系统就是实现这一功能的装置，根据生产线的规模不同，网下吸风系统包括：主抽吸风箱、溢流风箱、吸网风箱等。

因成网区的抽吸风机压力很高，流量也较大，在工作时会通过抽吸风箱将成网区上、下游的两股环境气流的气流吸走，其中流向与网带运动方向相同的气流对成网过程的影响不大，但另一股与网带运动方向相反的气流对成网过程就会有较大的影响。与此同时，抽吸风机还会将 CD 方向两侧的气流也吸走，使成网宽度变窄。由于牵伸气流的着网速度很高，在流向网带的过程中还会向周边溢散，干扰成网。

为了有效地控制这些气流，在一般的纺黏系统成网机中，都设有一个主抽吸区，对应的系统叫做主抽吸系统。另外还可能在主抽吸区的上游设置辅助成网区，对应的系统叫作上游溢流系统。或在主抽吸区的下游设置辅助成网区，对应的系统叫作下游溢流系统。

　　由于采用封闭式通道的纺黏系统隔离了环境气流，因此成网机就仅有一个抽吸区，而在开放式系统，除了这个主抽吸区外，一般都要设置辅助成网区，但独立的纺黏系统一般都没有上游溢流系统。配置溢流系统的目的是对溢散到成网区前、后的气流作有效的控制，并能减少环境气流对成网过程的干扰。在一些生产线中，常将成网机的网下区域（或抽吸风箱）分隔成几个流量和压力都不同的负压区，用同一台风机来处理成网气流和溢散的气流，而并不一定要配置独立的溢流风机来处理各种干扰气流，保证稳定成网。

　　由于在成网区上游的网带面上还没有纤网覆盖，阻力较小，因而透过网带的气流量较大，要求这一区域的风机要有较大流量。而在成网区下游的网带面上已覆盖有纤网，透气阻力较大。为了使已定型的纤网吸附在网带面上，要求这一区域的风机要有较大的压力。所以成网机上、下游溢流风机的性能是有差异的。为了使纤网在高速输送过程中保持稳定，就必须紧贴在网带面上才能与网带同步前进，并能抵御其他的气流干扰，保持良好的成网状态。吸网风箱就是实现这一功能的设备，吸网风箱的特点是流量较大、压力低，吸入口大，以便尽可能控制较大的面积。因为在这个区域，纤网已基本定型，对气流的均匀性要求较低，因此结构也较简单。

　　网下吸风在纺黏法非织造材料生产中有两种形式，一种是在负压法拉伸工艺中，利用网下吸风，对纤维进行气流牵伸，例如：莱芬豪斯系列1、系列2就是如此。这种负压法牵伸的优点是噪音低、耗电量低，但要达到很高速的牵伸，单纯依靠网下吸风还不够，还需要适量增加一些正压吹风，最近莱芬4型的新技术就有了这种改进。另一种是采用正压牵伸的设备，如管式牵伸，用以吸收牵伸带下的大量气流。这部分气流若不排除，风在网上会造成飞散，使纤维在网上"飞舞"，从而使成网难以进行，纤网均匀度较差。因此，必须将网下吸风与牵伸风配合好。

四、输送网帘的主要指标

　　输送网帘常起到输送纤网、托持纤网、分离气流等作用，一般用高强低伸聚酯、聚酰胺长丝或金属丝织造而成，对其要求如下：

（一）透气率

　　透气率（也称透气量）是网带的主要性能指标，决定网带透气量的主要因素是编织方法。由于纺丝系统所产生的纤维的直径很细，若网带的透气量太大或开孔率太大，纤维就容易被吸入网带结构内，导致难与网带分离，并堵塞网带。若网眼较小时，气流通过阻力大，影响丝条的冷却。建立了足够的拉伸速度梯度，使纤维得不到充分拉伸。因此，输送网帘的孔眼大小（即目数）要严格控制。

一般所选用网带的透气量还与所使用的纺丝工艺有关。当采用封闭式铺网工艺时，由于需要处理的气流量较小，网带的透气量大多在8000～12000 m³/m².h左右，这是在标准测试条件（100 Pa）下的流量。而采用开放式铺网工艺时，由于不仅需要处理冷却、牵伸气流，还要处理周边的环境气流，总的气流量较大。因此，网带的透气量要比采用封闭式铺网工艺网带大，一般≥12 000，最大可达17 000 m³/m².h。就是同一工艺类型而制造厂家不同的生产线，所选用的网带规格也是有差别的。

某年产量2000 t、幅宽2.4 m生产线的输送网帘目数如下：

透气量：7500～8000 m³/m²·h。

经密：20～21根/cm。

纬密：7.6～7.8根/cm。

经线：0.3 mm～0.52 mm。

纬线：直径0.6 mm。

（二）承受张力

输送网帘起到分离气固（气流和纤网）和承受输送纤网的作用。要避免因网帘的透气性及被抽吸时的下挠程度，防止出现"兜布"现象。要根据产品的产量和纤网的定重来调整网帘的张力。纤网定重越小，张力也相应较小，但张力应能保证网帘不会产生打滑而造成速度不稳定；定重较大时，张力也相应增大，以保证网帘在通过抽吸区时处于平整状态，从而消除或改善纤网表面沿幅宽方向出现的不规则波浪状"裂纹"，但张力不能过大，否则会对网帘造成损害。

（三）网帘幅宽

网帘幅宽是根据产品的名义幅宽而定的，而产品的名义幅宽则是决定铺网宽度的主要依据，网带的宽度必须比铺网宽度更宽。生产中一般存在以下关系：成网机工作面宽度＞网带宽度＞铺网宽度＞产品名义幅宽。

最大铺网宽度决定了生产线的规格，虽然产品的幅宽并没有强制的标准，但在市场上通行的还是以800 mm为间隔的系列幅宽机型较多，如：800、1600、2400、3200等。此外还有4200和5000 mm等规格，目前，生产线的最大幅宽为7000 mm。

在生产过程中，实际的铺网宽度除了与产品定量值的大小有关外，还与抽吸气流的大小等工艺因素有关。在同一生产线，产品的定量越大，实际铺网宽度越宽。同样规格的产品，成网机运行速度越快，成网宽度越小。抽吸气流越大，实际成网宽度越小。如同是3.2 m幅宽的生产线，当速度为150～250 m/min时，网带的宽度为3600 mm，当速度为400～600 m/min时，网带的宽度增大为3800～3900 mm。

对一般只有一至两个纺丝系统的生产线而言，成形网带的宽度要比产成品的幅宽大300～400 mm。而成网机的工作面或各种辊筒的工作面宽度又要比网带的宽度大100 mm左右。

（四）抗静电性

由于纤维在牵伸铺网过程中的高速运动和相互摩擦，将不可避免地产生大量的静电。静电不仅会影响铺网的质量，还影响纤网与网带的分离，使其易出现翻网现象。因此，有的网帘在制造过程中，混入电阻率较低的碳纤维材料或少量导电纤维，以使积聚的电荷得到释放，提高网帘的抗静电性能。

（五）密封装置

由于网帘起到气固分离的作用，必须保证纤网较好地附着在网帘上并随着网帘运动。一般在网帘的下方与拉伸通道相对应的位置，设置了一个密封的抽吸通道，其通道与一个流量大于冷却及辅助风流量总和的离心风机吸入口相连接。使网帘处保持负压状态，通道上下形成足够大的压力差，使气流产生高速运动，从而使丝条拉伸后达到良好的铺网状态。

生产中采用网下的支承辊和网上的压辊对压网帘实现压丝和密封。支承辊一般采用外表胶辊，网上压辊则采用外镀陶瓷或镀铬后经特殊的喷砂处理，以免出现运转过程中粘丝现象。

此外，成网工艺还要满足以下条件：
（1）表面结构均匀，孔隙大小一致。
（2）足够的耐冲击强度。
（3）网帘的接缝处要与主体结构一致。
（4）网帘两边带区强度要高，以防止网帘使用后变形（兜布现象）。
（5）网帘的使用寿命要长。

常见的网帘组织结构为：平纹组织或斜纹组织，目数一般为70~100个/英寸。

第七节　加固

在纺黏法非织造布生产线中，成网机上形成的纤网还只是半制品，纤维相互之间主要是在平面重叠在一起，在垂直方向相互之间的结合力非常低，几乎不能承受来自任何方向的外力作用，并不具备实际应用价值。因此，必须采取适当的纤网固结工艺来加强纤维之间的联系，使纤网成为一张具有一定纵（MD）横（CD）方向强力的非织造布。

纤网的固结方式有多种，纺黏法纤网常用的基本固结方式有：热轧法、针刺法、水刺法三种，或其中的两种组合。其中单一针刺加固和传统的针刺加固并没有太大区别，在此不再讨论。

热轧法和针刺法加固是纺黏法生产线最常用的两种传统加固工艺，绝大多数生产轻薄型产品的生产线都是采用热轧法。而生产中厚型产品的PET生产线则多采用针刺法，当产品定量在150~200 g/m^2以上时，基本都是采用针刺加固。

我国在20世纪90年代引进水刺技术，而采用射流喷网（水刺）技术加固纺黏法纤网是近年来才开发的新工艺。到目前为止，世界上仅有少数国家能掌握用水刺法处理双组分纺黏纤网的技术。

"汽刺"法是一种最新型的纤网固结工艺，目前在纺黏法生产线上已取得了实用性进展，但还没有推广应用。

在实际应用中，一条生产线可配置多种固结设备，以便根据需要选用不同的固结工艺。另外，还可以在纺黏法生产线采用针刺加固和热轧加固相结合的固结工艺，如在生产中厚型的PET产品时，采用先热轧、后针刺的固结工艺。在PP纺黏法生产线，除了使用传统的热轧方法固结纤网外，还可以使用所配置的水刺系统用水刺法固结纤网，而且还可以同时采用两种不同的固结方法，如先热轧、后水刺的两步固结工艺。

不同的固结方式对产品的性能，特别是机械力学性能有重大的影响。对定量相同的纺黏法非织造布，当采用针刺方法固结时，由于在针刺过程中，有部分的纤维被刺针刺断，因此断裂强力较低。在采用水刺固结时，由于纤维保持完好，加上水流是连续的，纤网的缠结点会比针刺法多很多，因此其断裂强度也会高很多。同样，当采用热轧固结时，纤网在压点周围的纤维存在应力集中现象，而且因为受高温的作用，纤维也存在一定程度的脆化。因此，热轧法纺黏布的断裂强力也比水刺布低，而断裂伸长率则比水刺布小。

在针刺或水刺固结过程中，由于纤网没有受到高强度的轧压，产品仍较为蓬松，手感及透气性也比热轧法纺黏布好。

当同时使用两种工艺固结纤网时，产品会综合两种工艺的优点，具备与众不同的特性。如使用先热轧、后水刺的两步固结工艺时，既可以使产品有较高的强力，又可利用水刺将部分热轧点刺开，可以使产品具有超柔软的手感。

一、热轧加固

热轧加固是纺丝成网法非织造材料最主要的加固手段，纤网的热轧固结是利用热轧机进行的。目前，以生产轻薄型产品（6~200 g/m^2）为主的生产线，大多是采用热轧固结工艺。它是利用热塑性高聚物的特性，纤网在热轧机中受到压力和热量时，会发生软化和熔融，在轧点位置被"熔接"在一起，从而形成一定强度的非织造材料。

热轧机是纺黏法非织造布生产线中的重要设备，对产品的物理、机械性能，透气性能，感官指标等有关键性影响。热轧机的性能决定了生产线可以生产的产品定量范围，也决定了产品的使用领域，如图3-16、17所示。

图 3-16　德国 Kusters 公司三辊式热轧机

图 3-17　意大利考曼利奥（Comerio）公司热轧机

（一）对热轧机的工艺要求

（1）速度可调，范围大，以生产不同克重的产品，一般为5～300 m/min 之间。

（2）热辊表面温度应能满足不同的生产工艺要求，表面温度要分布相当均匀，控制要精确，辊的温度偏差值为 ±1℃，建议采用电磁感应加热。对生产 PP 非织造材料，温度控制在135～165℃；生产 PET 非织造材料，温度控制在235～250℃。

（3）线压力可调且均匀一致，要避免中鼓度的产生，生产不同克重时的线压力如下：

① 15～25 g/m^2 60～90 N/mm。

② 25～80 g/m^2 70～110 N/mm。

③ 80～200 g/m^2 90～150 N/mm。

（4）要有强制冷却装置，以保证加固速度与卷取速度同步，冷却辊温度一般为50～60℃。

（5）使用刻花辊筒热轧加固时，刻花辊筒上的花纹图案要丰富，以满足不同客户的要求。

（6）热轧机上必须有安全保护装置，设有急停开关和安全绳索。

（二）热轧机的配置方式

对于纺丝成网产品，一般使用点粘合和面粘合，表面粘合则很少使用。

1. 点粘合

点粘合热轧是通过对纤网的局部融熔热粘合而达到加固纤网的目的，在纺丝成网中应用广泛。点粘合热轧加固通常适合中低克重的非织造产品，最高面密度通常不大于 100 g/m²，适合于生产于即弃卫生产品、包覆材料、服装衬基布、鞋衬、家用装饰材料、台布、擦布、地板革基布等。

点粘合热轧工艺采用一对钢辊进行热轧，如图3-18所示。其中一辊为刻花辊，另一辊为光辊，热轧后纤网中仅有局部区域被粘合加固，未粘合区域仍保持较好的蓬松性，产品的手感较好。生产中，粘合面积比例一般控制在8%～30%。

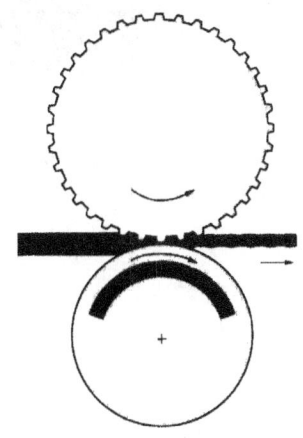

图3-18　点粘合热轧示意图

2. 面粘合

面粘合热轧适合于生产婴儿尿片和妇女卫生巾包覆材料、药膏基布、胶带基布及其他薄型非织造材料，纤网的克重通常为18～25 g/m²，所得产品表面结构比较光滑。

面粘合热轧采用了两台热轧机。纤网通过输网帘送至第一台热轧机，第一台热轧机加热钢辊在上，弹性辊在下，纤网通过轧辊钳口后，上表面发生了热轧粘合，然后再由一对牵拉辊将纤网从弹性辊上剥下，经过补偿装置后再送至第二台热轧机。第二台热轧机的加热钢辊在下，弹性辊在上，对纤网的下表面进行粘合加固。经过两台热轧机粘合加固后，纤网通过一对水冷却辊冷却，然后再送至卷绕装置卷绕。

（三）刻花辊（Engraving roll）的工艺控制

为了满足产品和用户的某些特殊要求，有时要使用刻花辊进行热轧加固。

花辊的结构要适应热轧工艺要求，经过热轧加固后的纤网，只在纤维相互堆叠的交叉点和对应花辊的轧点处被热轧粘合连接在一起，属于点粘合加固，而其他位置的纤网仅受到加热和压缩，厚度缩小，而未发生粘合，仍保持着原来的柔软手感和蓬松透气性。因此花辊的图案、轧点形状、密度对非织布的强力影响很大。

当生产不同面密度或不同性能要求的热轧非织造材料时，应选择不同轧辊轧点花纹和不同轧点高度的轧辊。如图3-19所示为热轧非织造工艺常用刻花辊的轧点形状，如图3-20所示为非织造复合用刻花辊花纹和产品外观。

图3-19　常用轧点形状　　　　图3-20　复合用轧辊花纹（上）和产品（下）外观

轧点密度是指花辊外圆单位面积内所有轧点的面积总和所占的百分比。

生产中，常用的刻花辊工艺如下：

轧点尺寸：0.75 mm×0.75 mm。

轧点面积：0.56 mm^2。

轧点总高度：0.66 mm。

轧点间距：1.72 mm。

轧点密度：33.8个/cm^2。

轧点面积百分比：19%。

轧点中心线与辊轴线交角：45°。

二、水刺加固

我国在20世纪90年代引进了水刺技术，主要用于以短纤维为原料的非织造布生产。将水刺技术用于固结纺黏纤网是近年新开发的新技术，而将水刺技术用于固结双组分纺黏纤网则还是少数国家能掌握的新技术。

水刺缠结可提高许多纺黏法非织造材料的特性，使它们更柔软、强力更高，还可提高生产速度和单线能力，有利于开发更多性能卓越的功能材料．但同时还要加强水刺理论的研究，如水刺非织造工艺中射流冲击理论的分析，纤维网内部结构特征的分析等。

若"纺黏＋水刺"技术推向市场后，会带来如下变革。

（1）纺黏成网和水刺缠结的生产速度可达到500 m/min以上，降低了生产成本，提高了生产效率。

（2）生产加工中不需要或很少需要化学粘合剂，这对加工医疗和卫生用品尤为有利。

（3）纺黏产品本身强度就大（不需要切断），水刺缠结程度和缠结点更多，纺丝成网水刺材料强度高，纵横向强度比好，柔性和透气性好，而且不会损伤纤维，产品手感好。

（4）可用来按设计的产品性能加工不同层数的多层复合材料，如浆粕气流产品夹在两层水刺材料中间，从而赋予产品更大的吸湿性，拓展了产品的使用范围和空间。

（5）用水刺技术可分裂共轭纤维（超细纤维），促进了从聚合物到最终非织造产品一步法的实现。

目前，世界上仅有两条试生产线在运行，其中一条在我国江西。

（一）水刺原理

水刺加固是用直径100～180μm左右的水流，在2～20 MPa压力下，高速喷射到纤维网层，当水流射到纤维网下面的输送网上时，水流会反弹回到纤维网上，而后再垂落流下。纤维网中的纤维在水刺力和反弹力的双重作用下，由于水流的多方向性和强度不同，在不同方向上产生不同程度缠结，从而形成了手感丰软、强度较高的水刺法非织造材料。在将水分干燥后，便成为水刺布产品。水流在通过纤网后，进入过滤系统处理循环使用。水刺原理如图3-21所示。

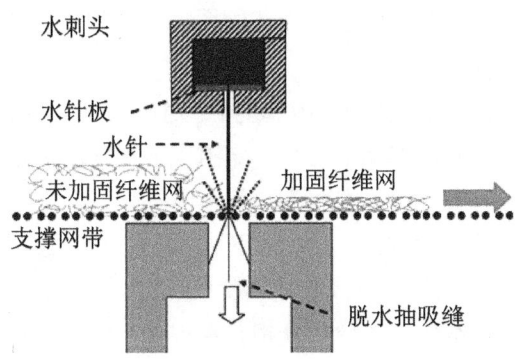

图3-21　水刺原理图

（二）水刺生产过程

如图3-22所示是一种平网式水刺法生产工艺流程示意图。

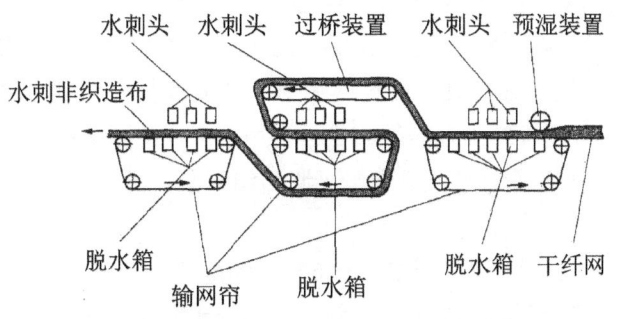

3-22　常规型的水刺法生产工艺流程示意图

切片→螺杆挤压机→纺丝箱体→纺丝细流→冷却→气流牵伸→分丝铺网→纤维网→预湿→正面水刺→反面水刺→烘干→卷取。
↓
水回收处理

（三）工艺控制

为了保证生产顺利进行，水刺头出水顺畅和节约水源，水的回收与过滤主要采用滤袋法、砂滤法、气浮法，一般要经过3～4次过滤，并由粗过滤到精过滤的过程。

由于纺黏法非织造材料是高速生产，其生产速度一般可达80～200 m/min，水刺机对如此的高速度是完全可以适应的。因为水刺有4～12台水刺板，每台有几千根水针，而纺黏法生产的是长丝，强力很高。不同于短纤维梳理成网，完全要依靠水刺来构成布的强力。因此，纺黏法水刺头也可少于短纤维梳理成网的台数。

纺丝成网＋水刺加固，纤网定重一般可为10～400 g/m^2，如生产平纹布，则仅用滚筒式水刺机即可，若生产花纹布，则需配有平台式水刺机，以刺出花纹图案来。由于纺黏法可以生产出各种有色纤维网，若再配上各种花纹图形，则制成的非织造材料十分美丽，且强力高。

水刺的水压力，第一道一般为2～4 MPa，第二道一般为7～10 MPa。水的压力和水刺次数依据产品平方克重的不同而有相应变化，定重大的产品，水压应较高些，使用的水刺头数也应多些，反之，水压应低些，水刺头数可适当减少。

水刺非织材料必须烘干才能卷取，对于PP纺黏非织材料，则烘干温度一般为80～110℃，对于PET纺黏非织材料，烘干温度可达120～150℃。

连续长丝纤网经水刺固结后，长丝的受损几率很低，纤网没有像热轧工艺所形成的强轧点或强压区，也不会像针刺那样损伤纤维，非织造布具有近似纺织品的手感和柔软度，透气性好，而且强力高，表面平整，各向同性好，利用水刺固结还可以加工平纹、打孔和提花产品，因此有很好的发展前景。

目前已有采用水刺技术对（PP或PET）纺黏纤网进行加固处理的生产线，一般其适合加工的非织造布定量范围为90～300 g/m^2，能加工的产品最小定量为30 g/m^2，最大定量达500 g/m^2。生产线的最大幅宽为6.6 m，年生产能力为1.9万吨。

在国内，已有企业利用水刺工艺来实现双组分纤维的"开纤"（如将桔瓣形纤维分散为纤度在0.15～0.05旦的超细纤维）和纤网缠结，制造双组分纺黏法水刺超细纤维非织造布。纺黏法水刺双组分超细纤维非织造布是一种用途广泛的新产品，拉伸强力高、不散边，可用超声波缝合。可制作运动服、工作服、遮阳纺织品、汽车用布、合成革基布、床单、台布等。

目前水刺设备的运行速度已达500～600 m/min，产品幅宽可达6000 mm，工作水压可达600 bar，产品的定量范围在18～600 g/m^2，一般为40～150 g/m^2，产品的密度在0.10～0.25 g/cm^3。水刺系统的单位幅宽产量可达180 kg/m，已能很好地与新一代的高速度纺黏法生产线配套，在生产小定量纺黏水刺产品时，德国 Fleissner 公司水刺生产线的运行速度已达900 m/min。

（四）水刺法纺黏非织造布的特点

（1）纤维网未被破坏。如图3-23（a）所示是在显微镜下观察到的用水刺方法固结的纤网结构，固结点是由纤维的弯曲缠绕形成，纤维保持连续，而纤维网未被破坏。而如图3-23（b）所示是用热轧固结的纤网结构，固结点是由纤维和纤维网的部分塑化形成的，纤网已成不透气的薄片状。

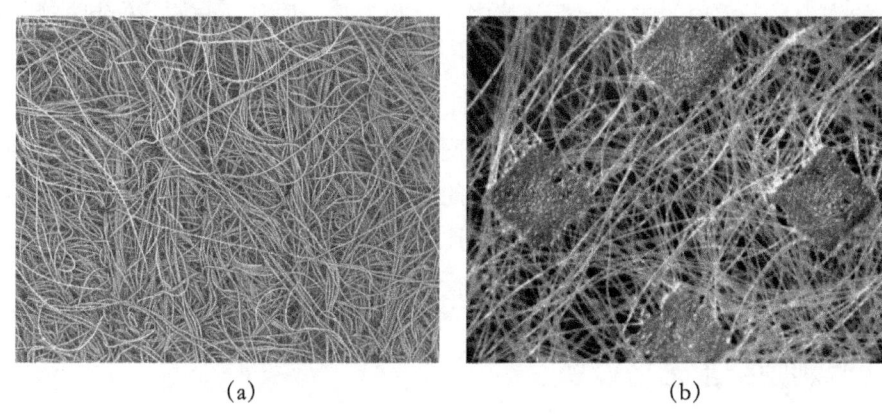

(a) 水刺方法固结的纤网结构　　　　(b) 热轧方法固结的纤网结构

图3-23　用水刺固结的纤网结构

与针刺固结的纤网比较，水刺纤网不会被水针损坏，纤维保持连续，具有较高的强力。而用针刺固结时，纤维会被刺针卡断，使连续的长纤维变为短纤维，其强力出现下降。水针是连续的，可以实现纤网的高效缠结，而刺针是断续作用的，缠结效果不如水针，如图3-24所示。

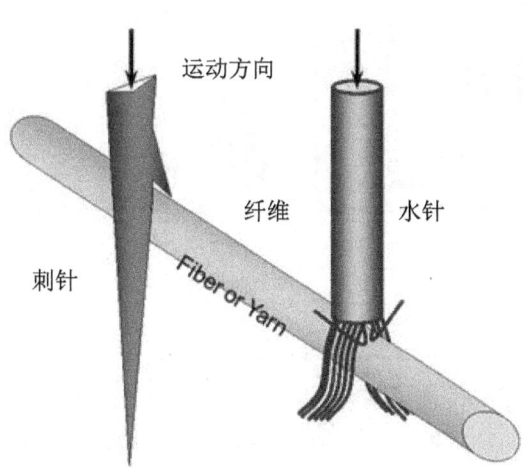

图3-24　分别用水刺和针刺固结纤网的示意图

（2）结构蓬松，手感良好。由于纤网没有受到类似轧辊的压制，规格相同的产品，水刺布的厚度比纺黏布增加30%～50%，因此手感较为蓬松，透气性也较好。

（3）强力较大。由于纤维没有受到损伤，水刺布的断裂强力要比纺黏布大，撕破强度要高50%～75%。

三、复合固结工艺

复合固结就是在生产过程中，同时使用两种或多种不同的工艺固结纤网的工艺。目前主要有纺黏热轧+水刺，纺黏针刺+水刺等。利用复合固结工艺能明显改善产品的特性，提高产品的附加值。如生产涤纶土工布或油毡基布时，传统的工艺是使用针刺固结。由于这类产品的强力是最重要的实用指标，其中的针刺工艺，如刺针结构、针刺频率（密度）、步进量等对强度影响很大。

当采用纺黏纤网预针刺+水刺工艺时，针刺过程仅是起预固结作用，使纤网初步成布，便于传输加工，而主要还是利用水刺完成纤网的最终固结。采用这种工艺时，针刺对纤网的损坏较少，而水刺则可以使纤网得到充分的缠结。有试验证明，可以使产品的MD强力提高30%以上，CD强力提高20%以上，并且还能提高布面平整性。但这种工艺要增加一套水刺系统和干燥系统，系统的配置复杂，投资较大，产品的成本也较高。

四、汽刺固结工艺与设备

汽刺固结工艺（SteamJet）是德国福来司拿（Fleissner）公司与德国STFI合作开发出的一种全新固结工艺，利用过热蒸汽的冲击力固结非织造布纤网，它综合了水刺与针刺优点，而又避免了其缺点，因此具有较好的前景，是水刺固结工艺的补充和扩展，如图3-25所示。

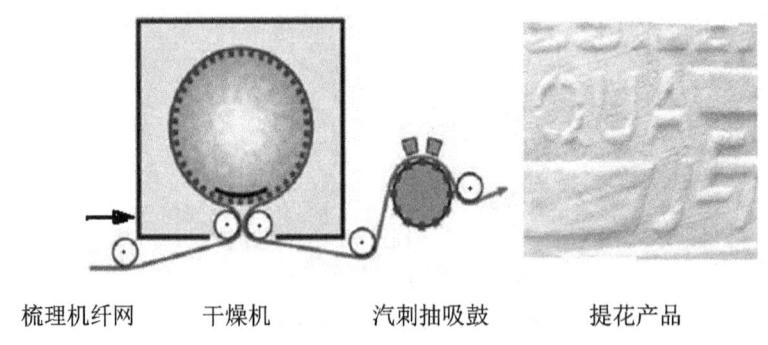

梳理机纤网　　干燥机　　汽刺抽吸鼓　　提花产品

图3-25　汽刺工艺及提花产品

汽刺固结首先是用气流代替了刺针，实现了对纤网的固结，避免了加工过程对纤维的损伤，使产品具有较好的物理性能。而用过热蒸气流代替水流，可避免产生冷凝水，使纤网在加工过程不会受潮、增湿，免除了产品要进行干燥处理的工序，节省了干燥成本，其主要特点如下：

（1）汽刺的热空气可以使纤网熔融固结，同时还可打孔或提花。

（2）在网带或转鼓上可做单面或两面固结。

（3）高温蒸气具有杀菌、消毒作用。

（4）适于缠结各种纤维。

（5）适用加工的产品定量范围由15～100 g/m²。

（6）由于不用水流加工，尤其适用于加工水敏感性纤维，如超吸水性纤维和聚乙烯醇PVA（是制造水溶性非织造布的纤维原料）等。

第八节 热处理

一、热定型

热定型可使某些链间的联结得到舒解和重建，因为定型所经历的时间较长，与大分子链段松弛时间有相同的数量级，所以来得及进行纤维重建。在这个过程中，内应力大部分可消除，大分子链的联结点得以加固，也能生成一些新的联结点，无定型区的平均序态也有所提高。这样就在很大程度上改善了纤维的品质。

（一）热定型的目的

热定型是纺丝成网法生产中一个重要工序。特别是造纸、毛毯、防水卷材基布、地板革基布、鞋和服装衬及土工布的纺黏法生产线中，热定型工艺是必须采用的工艺。

通过热定型可以使纺黏非织材料的物理-机械性能得到改善和提高，使纤维结构和尺寸稳定以及染色性能得到改善。同时，纤维的结晶度、结晶结构均可得到较大的改善，从而达到提高纺黏产品物理-机械性能的目标，特别是强度、模量和收缩率等性能方面的改进。

（二）热定型设备

纺丝成网法热定型设备有两种：热风穿透式和接触传导式，其中用热风穿透式更为广泛。热风穿透式热定型设备的结构示意图如图3-26所示。

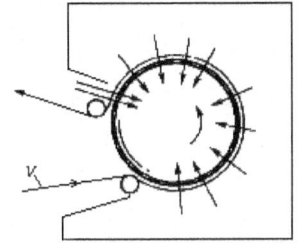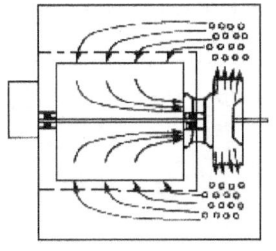

图3-26 热风穿透式热定型设备结构简图

该设备是以一个或多个直径为2 m左右的回转圆网筒为主体，滚筒表面开有许多小孔，辊筒内部有专门的均风装置，辊筒的一侧（或两侧）连接风机。滚筒外面是热风供给和保温层，热源一般为热油加热的空气或过热水蒸汽，热空气或过热蒸气强制穿透纺黏非织材料，并通过滚筒表面的小孔被其内部风机吸走，从而实现对纺黏非织材料的热定型。

（三）热定型的工艺

由于纺黏法具有生产速度高的特点，而热定型大多又要求在线实施，因此，纺黏法中的热定型不同于化纤中的热定型，对于易结晶的PP纺黏产品无须热定型，而对于PET、PA长丝产品唯有当气流牵伸速度（是指丝条的行进速度）达6000 m/min以上时才可以不进行热定型。

定型温度一般在玻璃化温度与纤维的熔点之间，通过辊筒速度的调节并辅以拉幅以改善横向性能参数等手段，以适应不同产品生产的需要。

在热定型中要控制好温度和风量，温度包括热风穿透温度、循环热油或过热蒸气的温度，风量包括了穿透的风量和吸风量。此外还要注意热风的均匀性即热风要分配均匀，使纺黏布在单位时间内能得到温度、风量一致的热定型。热定型后纤网还要通过几对冷却张紧辊，它们可以将热定型后较为蓬松的纺黏布迅速冷却张紧，这个张力对热定型工艺有重要作用。

经过热定型后，纤维强度有一定的下降，密度有一定的升高，热定型结晶度可以达到20%～30%。

生产还表明，适当的热定型温度可以使PET纺黏非织材料的强度和初始模量增加，剩余收缩率下降。该温度一般在200～300℃之间。

二、后处理

后处理是纺黏法生产能够得以迅速扩大市场的重要原因，通过对最基本的坯布进行在线后处理和离线处理，以满足市场各种各样的需求。其中在线后处理包括烧毛、浸渍、烘干、染色、冷轧等。

（一）烧毛

该工艺用于针刺加固的纺黏材料，目前有两种方法，一种是直接利用明火将纺黏布表层的部分纤维熔融；另一种则是利用明火将一块不锈钢板加热，纺黏材料通过不锈钢板，从而使纤维部分熔融。该方法能使纺黏材料表面达到非常理想的表面光洁度，适合于做过滤材料使用。

（二）浸渍

这种工艺也用于针刺加固的纺黏材料，工艺流程图如图3-27所示，通过控制上胶量，可开发各种胎基布，例如防水基布、沥青油毡基布等。

第三章 纺丝成网法的生产工艺与质量控制

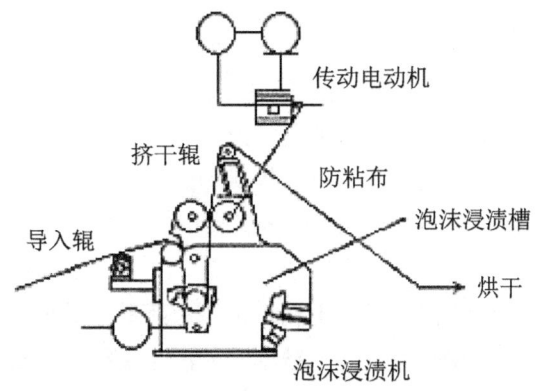

图 3-27 浸渍设备

（三）泡沫染色

该工序适用于水刺加固的纺黏产品，即纤网经过正反两面水刺后，通过发泡装置对非织材料实施在线泡沫染色，然后再烘干和卷取，本方法环保、高速，可赋予产品更多附加值。

（四）冷轧

利用一对直径800 mm左右的内部通冷却水的压辊对烘干后的温度尚在 T_g 以上的纺黏材料进行强压，使产品在厚度上满足用户要求，冷轧后的产品具有较好的光洁度和平整度。

第九节 卷取

非织造材料的出厂状态一般是卷状的，又称卷材。表征卷材规格的几何尺寸主要是卷长、幅宽。卷长即非织造材料的展开长度，单位为米；幅宽是指非织造材料的横向宽度，其与生产方向相垂直，其最大值等于生产线的宽度，一般生产中要有切边，故幅宽小于生产线的宽度。目前国内设备的规格以3.2 m为多。

一、卷绕机

卷绕机是实现对已定形的非织造布进行收卷的设备，是在生产线的所有主体设备中处于最下游端的设备。它的作用是对已定型的非织造材料进行定宽、定长、分切、卷绕。它是纺黏生产线中机构最多、动作最复杂的机器。一台卷绕机一般由卷绕装置、张力控制系统、自动换卷系统、计量检测装置、分切机构、扩幅装置、切边回收系统、辅助设备和控制系统组成。

（一）卷绕装置

这是卷绕机的主要工作机构，卷绕装置的形式有很多，根据驱动卷绕装置的辊筒数量来分，有单辊、两辊及三辊三类，其中以单辊最为通用。不管是哪一类型，其最终的目的都是利用卷绕装置来驱动卷绕芯轴转动，将非织造布收卷成卷状的产品。驱动辊筒也称"接触辊"或"摩擦辊"。

卷绕的动力可由直流电动机或交流电动机提供。随着变频调速技术的日益发展，在交流电动机的速度调节、转矩控制等方面的技术已能满足卷绕机的工作特性要求，用交流电动机作为驱动电机对提高设备的可靠性，降低运行管理成本都有明显的优势。目前，卷绕机已普遍采用交流电动机作为驱动电机。

（二）张力控制系统

在非织造布生产线上，卷绕机是以恒张力卷绕方式工作的，也就是说在生产过程中，产品所受的卷绕张力是恒定不变的。张力控制系统包括：张力辊、张力检测装置（传感器）、张力控制装置、测速装置（编码器或测速发电机）等。

张力控制的目的就是保持非织造布在卷绕过程中的张力恒定，张力控制系统的最终控制对象是卷绕装置的电动机运行速度或输出转矩，因此电动机调速装置也是张力控制系统的一个组成部分。

（三）自动换卷系统

这是保证卷绕机能连续运行的重要系统，也是卷绕机中结构及动作最复杂的系统。自动换卷系统包括：备用卷绕杆库、卷绕杆输送机构、卷绕位置变换机构、横切断机构、产品布卷移出机构、产品布卷卸下装置、控制系统等。

自动换卷系统的动作过程可以由电动机、气缸或液压油缸驱动，或是由几种动力相结合的方式进行的。

（四）计量检测装置

计量检测装置主要用于检测产品布卷的直径、卷长等参数，为自动换卷绕杆系统提供换卷动作触发信号。常用的检测装置有：滚轮式卷长计数器、接近开关、脉冲发生器、位移传感器、线性电位器等。

不同的卷绕机具体配置的检测装置是不一样的，但卷长测量是最基本的检测项目，是不可或缺的。

目前，大部分卷绕机仅有产品长度计量功能，而没有布卷直径检测功能，因而在生产一些对布卷直径要求较准确的特殊用途（如卫生材料）产品时，只能是不断用人工测量的方法来检查布卷的直径，并换算为相对应的卷长进行重复生产。

由于布卷的直径与卷绕张力、压辊的压力有关，调整其中任意一个参数都会影响产品的直径，因此这种方法没有比直接测量卷径更为方便、直观和准确。

（五）分切机构

分切机构是指将产品沿纵向分切开的机构。分切机构包括用于将产品两侧不符合要求的边料切除的切边装置及将全幅宽产品分切为幅宽更小的产品的分切装置，实际上这两种装置的结构与功能都是一样的，仅是安装位置及分切的对象不同而已。

并不是每一台卷绕机都配置有分切机构，或同时配置这两种装置。分切机构由数量较多的分切刀具及相应的调整、定位机构，支承导轨等组成。由于不同的卷绕机所使用的分切方式也不一样，其分切机构的形式、技术含量会有很大的差异。

（六）扩幅装置

扩幅装置是用来消除在卷绕张力作用下产品出现的横向收缩现象及皱褶，使布面在横向适度张紧，有利于分切和准确控制幅宽，保证分切断面的平整性。

常用的扩幅装置有：扩幅器、固定的弯辊、表面带双向螺纹或螺旋槽的扩幅辊等，弯曲弧度或弯曲方向均可调的展开辊等。扩幅器一般装在卷绕机与上游设备之间的入口端，而其他扩幅装置则多装在分切装置与卷绕驱动辊之间。

（七）切边回收系统

切边回收系统的功能是将生产过程中切除出来的边料集中、收集并输送至指定地点。切边回收系统除了可防止边料干扰设备正常运行外，对保证布卷两个分切端面的平整度，保持机台现场工作环境的清洁卫生有很大的作用。

切边回收系统普遍采用气力吸边及输送，主要包括：高压风机、文丘里式负压发生器、吸入口、管道等。回收的边料可以通过管道直接送至回收螺杆挤压机，也可以输送到指定场所。

通常，切边回收系统的吸入口都布置在切边装置的外侧，以便将切下的边料吸入并吹走。

（八）辅助设备

为了提高卷绕机的自动化水平或降低操作者的劳动强度，有的卷绕机配置了起重装置，用于吊装卷绕杆和产品；有的配置了下线产品自动移位装置；有的配置了自动拔卷绕杆装置和自动套纸筒管装置等。

（九）控制系统

控制系统能对卷绕机的运行过程实施有效的控制，保障动作的准确性和协调性，包括：电气控制系统、气动控制系统、液压控制系统等。由于卷绕机较为复杂，为了提高可靠性，控制系统已普遍采用PLC作为核心控制原件，并以触摸屏为人机界面，操作较为方便。

卷绕机一般都有一个独立的操作站（或控制台），可在其上完成卷绕机的全部运行管理工作。每一台卷绕机所配置的设备与其使用要求、技术性能、造价有关，会存在很大的差异。

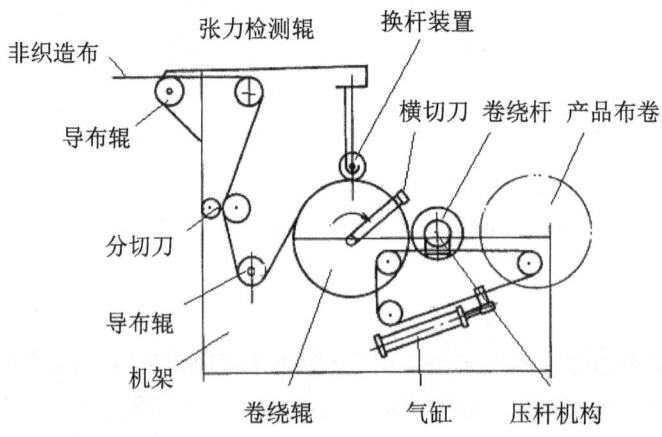

图3-28 全幅垂直切割收卷机结构图

目前，纺黏非织造材料卷取设备按卷绕机所配置的驱动辊筒数量来分，有单驱动辊筒式卷绕机、双辊筒式卷绕机、三辊筒式卷绕机三种。这里仅介绍单接触辊式收卷机，其结构示意图如图3-28所示。

单接触辊卷绕是靠摩擦辊来进行卷取的，卷芯轴是靠汽缸的推动力来实现转动的。推动力越大，摩擦力就越大，卷芯轴的线速度与辊筒线速度同步。当生产中存在打滑现象时，卷绕机的线速度可比铺网机快5%～10%。

机型不同，布卷的工作位置与驱动辊的相对位置也不一样。对于单驱动辊式卷绕机（如大部分意大利机型、国产机型），产品布卷可在驱动辊的垂直正上方（在自动换卷期间）或水平方向的一侧位置由驱动辊带动收卷（在正常工作期间），这种机型的驱动辊直径一般都较大（≥450 mm，并与产品的幅宽相关），是目前大型卷绕机的主流结构形式之一。

由于单驱动辊式卷绕机的产品布卷是在驱动辊的水平方向的一侧位置收卷的，布卷的重量全部由机架的导轨支承。在卷绕过程中，产品的重量变化对张力的影响较小，也不会造成驱动辊轴线的挠曲变形，因此这种机型的幅宽可较宽。如意大利Acelli公司已有切边后有效幅宽为7000 mm的卷绕机，产品布卷的直径一般都较大（≥3500 mm），对3.2 m机型，布卷的重量可达6000～7000 kg。

为了防止在布卷重量较大的情形下，卷绕杆出现过大的挠曲，有的卷绕机设置了布卷支撑机构，在布卷的直径增大到设定值时，支撑机构会自动升起，承托布卷的部分重量，避免卷绕杆发生过大的变形而影响卷绕质量。

布卷支撑机构应能根据卷径的变化（越来越大），自动调整支撑距离，并使支撑力保持在设定值范围，以免将布卷顶离工作位置。产品的最小卷径主要受卷绕杆换卷机构的限制，在没有完全脱离机构的约束前，产品是无法下卷的。

生产中，布卷的直径受到卷长或机器结构的限制，在卷长到达设定值或卷径已接近卷绕机允许的最大尺寸时，必须将非织造材料切断，并开始卷绕到另一个后备的卷绕杆上，这一动作由自动换卷系统来实现。它一般有以下3个功能：

（1）可以自动切断非织造材料，切割分为快速横向切割、慢速横向切割、快速全幅垂直切割等。在快速横向切割收卷机中，以Reicofil型生产线配套的收卷机性能优良，自动化程度高，使用方便。

（2）能将切割后的非织造材料迅速卷绕到新的卷芯轴上。

（3）切刀自动返回原位而不损伤非织造材料。

卷取工艺流程如下：

布卷从正常卷绕位置退出→布卷继续卷绕→备用卷绕杆进入工作位置→横向切断并由备用杆做正常卷绕→成品布卷下线→复位→贮存新的备用卷杆。

在非织造材料生产过程中，还要对非织造材料进行计长，以满足用户的使用要求。可通过装在停动轴上的传感器来计量辊子的转数，并将转数转化后直接在数字表或计算机显示屏上读出。

卷绕机的主要特点可总结为：

（1）气电自动控制，卷绕均匀。

（2）具有切边、纵切、横切功能。

（3）配备自动计长装置。

二、卷绕机的工作原理

大部分卷绕机是以恒张力卷绕方式工作的，即对一定规格、定量的非织造布，从开始卷绕直到换卷下线为止，要求其在收卷全过程的张力都要保持在设定值范围内。卷绕过程是以表面驱动收卷方式工作的，即驱动辊通过表面的摩擦力传递电动机的机械能收卷产品。以这种方式运行时，卷绕机以恒转矩的特性工作。也有人将这种卷绕方式称为被动收卷，意思是布卷的卷绕心轴在工作过程中是被动的，而且其转动速度会随着布卷直径的增大而变慢。

随着收卷时间的增加，产品布卷的直径会越来越大，为了保持卷绕张力恒定，卷绕芯轴（又称卷绕杆）在外力（一般为气缸）的推动下，一方面与由电动机驱动的驱动辊筒表面保持接触，依靠两者之间的摩擦力带动卷绕杆旋转，将产品卷取到装在芯轴的纸筒管上（特殊情况下，也可直接卷绕在没装纸管的卷绕轴上），另一方面，还会自动向远离驱动辊的方向移动，以适应布卷直径的变化。卷绕过程都是以摩擦传动的方式进行的。

三、卷取中的工艺计算

卷长是纺黏产品规格的一个主要指标，一般由卷长控制计数器来实现卷取的循环操作。由于大多数计量装置都是靠摩擦传动的，不可避免存在着打滑现象，同时传动件的磨损也会影响计量的准确性。此外，计量装置的安装位置对计量精度也会产生很大影响，如果计量装置所检测的是张力异常部位的非织造材料，必然会产生很大的系统误差。因此，在实际生产中，除了要注意卷长计量装置的准确度外，还采取在不展开布卷的情况下，根据下线产品的实际卷重、定量、幅宽来验算产品的卷长。

$L = 1000 W/G \cdot b$

式中：L—理论卷长，m。

W—实际卷重，kg。

G—实测定重，g/m^2。

b—实测幅宽，m。

也可以根据连续两卷产品在两次横向切断动作之间的时间间隔 t 及当时卷绕机的运行速度 V 计算出理论卷长。

$L = Vt$

式中：V—卷绕速度，m/min。

t—时间间隔，min。

另一种方法是在卷取辊卷取期间，将手持式计长仪直接靠在产品布卷上，读取在一定时间间隔（如1 min）的测量结果，将其与机器上的计长仪读数进行比较，从而判断卷长计量装置的准确度是否符合要求。

四、边料回收

边料的形成与很多工艺因素及设备因素有关，而且是不可避免的，主要的因素有如下几个方面：

（1）正常切边产生的边料，这是不可避免要产生的。

（2）生产线启动、停机及设备故障时产生的废布、废丝，这也是不可避免的，但通过合理安排生产，加强管理，可减少这一类废品的产生量。

（3）调试阶段的调试品，过渡性产品，通过合理安排生产，加强管理，开拓销售渠道，可减少或避免这一类废品的产生。

（4）设备故障或操作不当所形成的不合格产品，这是应该杜绝产生的，但不可能没有。

（5）离线加工后产生的废料、余料。

（6）更换熔体过滤器过滤装置，更换纺丝组件或刮板时产生的废熔体，这类废料未经处理很难回收。

（7）通过其他途径，如在社会上收购取得的废布等。

（8）为了盘活资金，加强资金的流动性，有的企业常将一些滞销的过渡产品，超保存期的积压产品也进行回收处理。

目前非织造布生产企业实际应用的回收方案有三种：①用回收螺杆挤压机在线回收；

②用压片机压片后回收；③用离线造粒方法回收。

其中后两种方法均是先将边废料在生产线外处理后，再与常规的原料混合使用或卖给其他企业使用。边、废料的处理回收工作既可以在非织造布生产企业内进行，也可以由社会上的专业回收企业实施，其最终用途是在非织造布生产线上循环使用，这也符合"低碳"经济的发展趋势。

国外有的大型非织造布企业，由于产品质量要求严格，生产线的运行速度很高，并不适合进行在线回收，也不宜在内部进行直接回收，而是将生产过程产生的边、废料送至自动打包机，集中打包后售给社会上的专业回收机构处理。

第四章　熔喷法非织造材料的生产工艺与质量控制

熔喷法非织造材料的生产工艺原理与纺丝成网法非常相似，它们都是将成纤高聚物在熔融状态下由喷丝孔挤出，但在纤维形成过程中二者是有本质区别的。在纺丝成网法非织造材料工艺中，采用骤冷空气对挤出的熔体细流进行冷却，并进行高速气流拉伸，形成的连续长丝被铺放到成网帘上，形成长丝纤维网。而在熔喷法非织造材料生产中，离开模头的熔体在高速热空气作用下吹成超细的短纤维，以极高速率飞向凝网帘或滚筒上形成超细短纤维网。二者的线密度差异很大，纺丝成网法为15～40μm，且为长丝，而熔喷法仅有1～5μm，属于超细短纤维。纤网加固的方式上两者既有相似之处，又有不同的地方，前者纤维网加固方式有热粘合、针刺、水刺、复合加固法等，后者则常采用热粘合或自身粘合的方式进行加固。

第一节　生产工艺流程

熔喷生产工艺是将聚合物切片加入到螺杆挤压机中形成均一的熔体并从模头喷丝孔中挤出，得到熔体细流，加热的拉伸空气从模头喷丝孔两侧风道中高速吹出，对熔体细流进行热拉伸。冷却空气在模头下方一定位置从两侧补入，使纤维冷却和结晶，另外在冷却空气装置下方也可设置喷雾装置，进一步对纤维进行快速冷却。在接收装置的成网帘下方设有真空抽吸装置，使经过高速气流拉伸成形的超细纤维均匀地收集在接收装置的成网帘（或滚筒）上，依靠自身粘合或其他加固方法而成为熔喷非织造材料。其工艺示意图如图4-1所示。

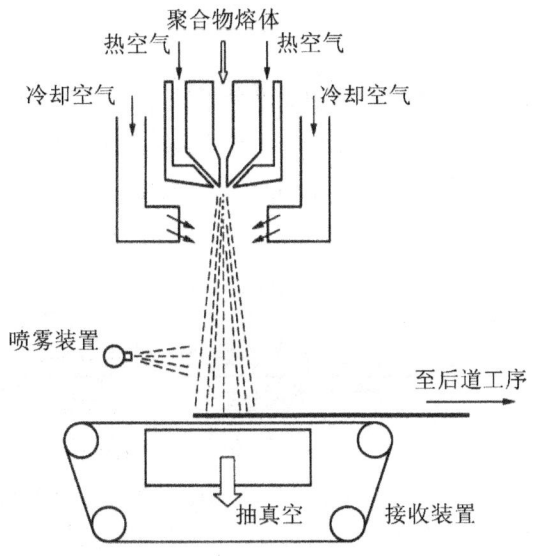

图 4-1　熔喷非织造布生产工艺流程图

第二节　主要设备介绍

一条完整的熔喷生产线包括主机、加热系统、润滑系统、液压系统、冷却系统、电气控制系统等几部分。其中主机主要由喂入系统、螺杆挤出机、过滤装置、计量泵、熔喷模头组合件、接收装置、卷取系统组成。生产聚酯及聚酰胺等熔喷非织造材料时，还需要进行切片干燥、预结晶。

一、喂入系统（Feeding system）

喂入系统包括主料喂入和功能切片喂入两部分。其喂入系统的主要作用是对切片实行定时定量的喂料，以满足挤出量的要求。

条件好的企业，功能切片和常规切片分别通过计量装置来实现比例喂入，在每个集料箱内都有一个螺旋搅拌器，通过搅拌使各种粒料混合均匀。小企业则直接将两者混合后喂入。

在喂入中要注意保持输送管道的畅通，一般采用脉冲式输送，可有效地减少粉末量。

二、螺杆挤压机（Screw extruder）

目前，大多数企业仍选用单螺杆挤压机，但随着对产品质量的更高要求，应选用一些新型螺杆，以提高加料段输送物料的效率，提高混炼的效果，减少挤出时熔体的压力、温度、挤出量的波动。这些新型螺杆主要有：

（一）分离型螺杆

分离型螺杆是在螺杆的压缩段设有主副两条螺纹，使少量未熔融的物料在经过附加螺纹的螺棱时受到强烈的剪切作用，从而使两相物料受热均匀，熔融完全，并减少挤出脉冲，排出固体物料中的气体。其结构示意图如图4-2所示。

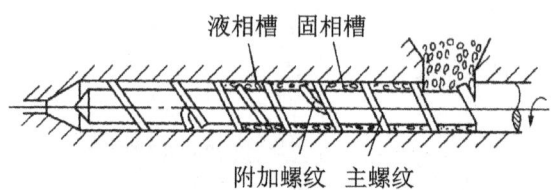

图4-2　分离型螺杆

（二）分流型螺杆

分流型螺杆是利用螺杆上的销钉或通孔将含有固体未熔物的料流进行多次分流、多次汇合，以改变物料的流动状况，促进熔融，增强混炼和均化的一种螺杆。

销钉式混炼螺杆是利用许多销钉分流元件，将含有固体料和未彻底熔化的料流分成许多细小的料流，然后细小的料流又汇合在一起，经这样多次的作用，料流中的固相被分成细小的碎块，从而有利于物料的搅拌，提高了物料的混合能力，增加了摩擦热，促进了高温液相向低温固相的传热。

此外，还有屏障型螺杆、双螺杆挤出机和排气式挤出机。

三、过滤装置（Filter equipment）

在生产过程中，如果高聚物熔体中含杂太多，易堵塞喷丝头，影响正常纺丝。因此，熔体从螺杆挤压机挤出后，在进入熔喷模头组合件之前需经过过滤装置。常采用双活塞过滤装置，这种装置可以保证在生产过程中在线更换滤网。当工作一段时间后因过滤元件阻塞，使过滤装置内的压力增大到一定值时，就需要更换滤网。此时液压系统将其中一个活塞杆缓慢移出，而另一个活塞杆仍正常工作，移出的活塞杆更换滤网后复位，再切换另一个滤网。在更换过程中，设备始终保持正常的工作状态。

滤网一般采用的是复合金属滤网，共由4~6层组成，表面层目数较低，中间层目数较高，滤网的更换周期取决于使用原料的含杂情况。

四、计量泵（Metering pump）

计量泵的作用是精确计量，连续输送高聚物熔体到纺丝模头，并产生一定的压力，以保证熔体能克服纺丝模头的阻力,从纺丝模头喷出熔体细流。计量泵由1对精确啮合的齿轮、3块泵板、2个轮轴和1幅联轴器组成。

五、熔喷模头组合件

模头组合件是熔喷生产线中最关键的设备,它由聚合物熔体分配系统、模头系统、拉伸热空气管路通道以及加热保温元件等组成,也有人称其为纺丝组件。

聚合物熔体分配系统的作用是保证聚合物熔体在整个熔喷模头长度方向上均匀流动。一般要满足两个条件,一是熔体流动时间上尽可能短且相同;二是熔体在流动中压力降尽可能小且相同,以避免产生过多热降解。同时还要避免因熔体流动死角造成聚合物的过度热降解,以提高纤网克重的均匀度和物理-机械性能的均匀性。目前主要采用衣架型聚合物熔体分配系统,如图4-3所示。

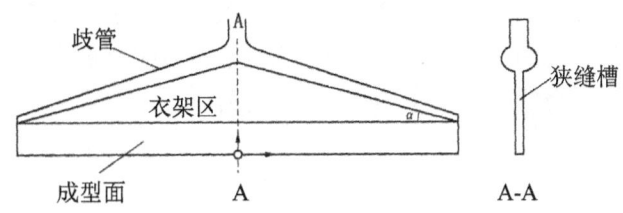

图4-3 衣架型聚合物熔体分配系统示意图

在熔体分配过程中,影响分配均匀度主要有两个因素:一是歧管倾斜角度,随着歧管倾斜角度的增加,聚合物熔体在分配系统中央处的流动速率趋于减小,而两边的流动速率明显增加,另一个是高聚物熔体本身,成纤高聚物熔体一般表现为非牛顿行为,应通过对高聚物的分子量及其分布进行并选用较高的温度,以改善其流变性能。

模头系统一般由底板、喷丝头、气板、加热元件等组成,典型的结构如图4-4所示。喷丝头喷丝孔呈单排或双排(很少)排列,常用直径为0.2~0.4 mm,长径比大于10,孔距为0.6~1.0 mm。加工精度要求较高,光洁度大于10,以保证整个工作宽度上每个喷丝孔挤出的聚合物流量相等。常用的拉伸热空气风道夹角θ为30°、60°、90°,其中60°最为常见。

此外,在熔喷生产中,要求熔喷模头在整个工作宽度上保持热空气流喷出速度和流量一致,以获得对聚合物熔体细流均匀的拉伸效果。

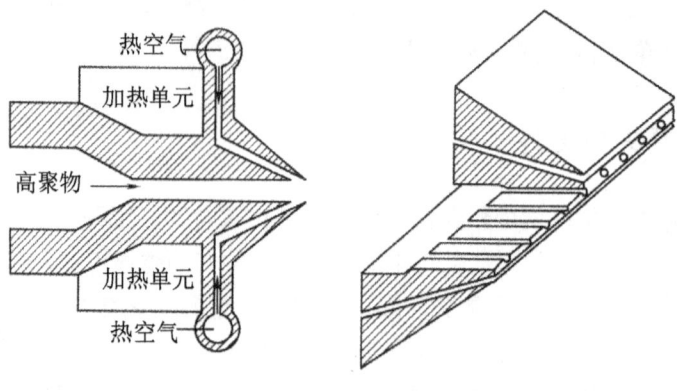

图 4-4　模头结构

六、成网方法

熔喷生产中，经热空气拉伸和冷却固化后的超细纤维在拉伸气流的作用下，吹向凝网帘或带有网孔的滚筒，凝网帘下部或滚筒内部由真空抽吸装置形成负压，纤维被收集在凝网帘或滚筒上，依靠自身热粘合成为熔喷法非织造材料。

七、卷取

切边卷取是熔喷非织造材料生产的最后一道工序，切边卷取后才成为产品。在通常的情况下，将切下的边料直接喂入回收装置，进行适当的处理后与合格切片一起喂入挤压机再加工，也有的直接将其作为半成品原料加工成最终产品，这样有利于环保。

第三节　常见熔喷生产线

目前，世界上比较著名的熔喷法非织造材料制造商有美国的埃克森公司、德国的莱芬豪斯公司、美国的贝阿克斯（Biax）公司和中国的宏大研究院等。

一、美国埃克森（Accurate）公司熔喷生产设备

如图4-5所示为美国埃克森公司熔喷法的工艺流程。切片喂入螺杆挤压机，经加热熔融后从喷丝头挤出，在喷丝头出口处，聚合物受到高速热气流拉伸。同时，冷却空气从喷丝头两侧补充过来，使纤维冷却、固化，形成超细、不连续的丝条，并在气流作用下凝集到多孔滚筒上形成纤网。

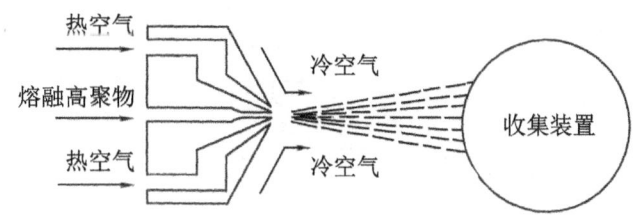

图 4-5　埃克森公司熔喷法工艺流程

二、德国莱芬豪舍公司熔喷生产设备

莱芬豪舍公司熔喷法非织造布生产线有单组份和双组份两种机型，其基本工艺属 Exxon 工艺，双组分系统采用美国 Hills 公司双组分技术。

莱芬豪舍公司的熔喷法非织造布生产线采用成网机接收方式，利用网带的上表面作为接收工作面，其成网机可绕 CD 方向的水平轴线回转，使牵伸气流与网带工作面的夹角由 90°直角变为锐角，这种调节能改变纤网的结构，进而调整产品的物理性能。

DCD 调节方式：纺丝系统做升降运动。

特色：可以调节成网机的工作面与水平面的夹角。

牵伸方式：牵伸气流从熔体的两侧成一定角度喷出。

使用的原料及规格：PP，MFI＝1400～1500。

PE，MFI＝20～200。

生产线的最大幅宽：3200 mm。

喷丝孔排列数：单排。

喷丝孔布置密度：1378 个/m。

生产能力：60 kg/h.m。

德国的莱芬豪斯公司生产的 MB2400 型全自动熔喷生产线，如图 4-6 所示。该生产线以聚丙烯为原料，可根据产品要求，分别添加色母粒和抗静电剂。设备的各个部分都可由电脑控制，自动化程度高。产品定量范围为 10～500 g/m²，有效幅宽为 2400 mm，年生产能力为 1500 t。整套设备由主机、加热系统、润滑系统、液压系统、冷却系统、电气控制系统等几部分组成。主机是整套设备的核心，它包括喂料系统螺杆挤压机、滤网、纺丝组件、喷丝模头、接收网系统和卷绕系统。

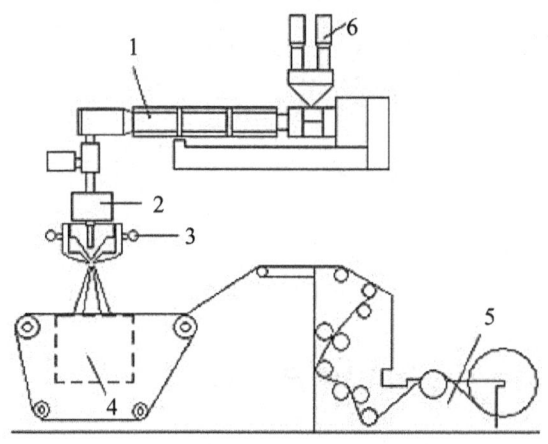

1—螺杆挤出机 2—计量泵 3—熔喷装置 4—接收网 5—切片卷绕装置 6—喂料装置
图4-6 莱芬豪舍尔公司熔喷法非织造布生产工艺流程

三、美国Biax fiber film公司熔喷生产设备

美国Biax fiber film公司开发出一种具有多排喷丝孔并列排列的熔喷设备。牵伸方式：牵伸气流环绕熔体喷出，环形气流通道与喷丝孔同心布置。特色为具有多排喷丝孔，喷丝板采用模块式结构，标准模块的长度为25.4~38.1 mm，可根据产品要求的幅宽进行组合，相邻模块间可达到无缝连接；高生产能力，熔体压力可达2.0~12.4 MPa；采用双筒接收时，接收点可以由下滚筒调节到上下滚筒之间。

Biax 公司有8排同心圆喷丝孔的熔喷模头，如图4-7所示。

Biax 公司有9排喷丝孔的喷丝板，如图4-8所示。

Biax 公司由四段模块的组合喷丝板组件，如图4-9所示。

 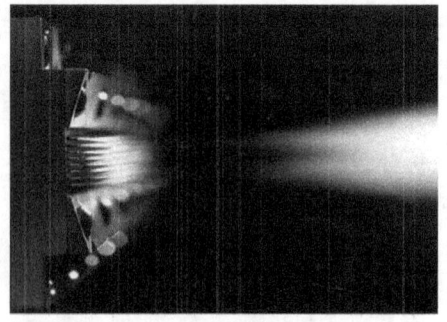

图4-7 Biax公司有8排同心圆喷丝孔的熔喷模头　　图4-8 Biax公司有9排喷丝孔的喷丝板

图 4-9　Biax 公司由四段模块的组合喷丝板组件

主要技术参数如下：

使用的原料：PP（MFI25～1800）、PE、PET、PBT、NA6、PLA 等。

生产线的最大幅宽：3500 mm。

喷丝孔排列数：16排。

喷丝孔布置密度：9843个/m（相当于 hpi＝250）。

生产能力：约等于同幅宽的其他生产线1.2～3倍。当纤维较细时，产量可增加20%；当纤维较粗时，产量可增加100%～500%。

接收方式：单筒、双筒垂直接收（牵伸气流以水平方向喷出）。

DCD 调节方式：纺丝系统作水平运动。

产品均匀度：±4%。

如图4-10所示是该系统的熔喷模头示意图，聚合物熔体1从毛细管3中挤出，热空气腔2中的拉伸热空气4从筛网5与毛细管3组成的缝隙中喷出，并将从毛细管3中挤出的聚合物熔体拉伸成超细纤维7。当纤维的直径为1～3 μm 时，用作过滤介质；当纤维的直径为3～15 μm 时，用作吸收及阻隔材料。

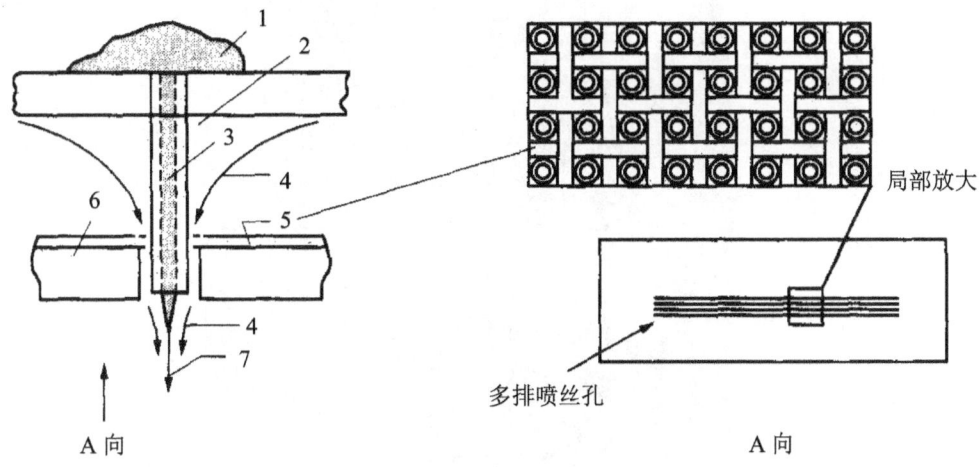

图 4-10　Biax 熔喷原理及喷头结构

四、意大利STP公司熔喷生产设备

STP公司的熔喷法非织造布生产技术采用Exxon工艺，纺丝箱体采用多泵、多衣架式熔体分配流道，热牵伸气流为低压式，喷丝板组件有快装式和现场组装式两种，成网机使用叶轮角度可调的轴流风机为抽吸风机。

主要技术参数如下：

喷丝孔布置密度：1250个孔/米/每个模头。

产品定量范围：10~500 g/m^2。

纤维细度：2~10 μm。

运行速度：2~200 m/min。

生产能力：最大约50 kg/m/每个模头（在SMS生产线中）；最大约60 kg/m/每个模头（独立熔喷系统）。

原料：PP、MFI＝700~1500DCD。

调节方式：成网系统作升降运动。

牵伸气源压力：≈0.1 MPa。

能耗：2000~2500 kwh/t。

五、瑞士Rieter（立达）公司熔喷生产设备

Rieter公司的熔喷法非织造布生产技术采用Exxon工艺，喷丝板组件为快装式，而且是目前仅有的一个采用上装式喷丝板组件的机型，即喷丝板是由上向下的方向安装的。上装式喷丝板组件，如图4-11所示。

图4-11　上装式喷丝板组件

立达公司的熔喷系统主要用于SMS生产线配套。立达公司的熔喷技术在2009年已被德国安德里兹公司收购。立达熔喷系统的纺丝箱体采用多纺丝泵（如2.6 m幅宽的系统配4个纺丝泵，3.6 m幅宽的系统配6个纺丝泵），对应多个小衣架的两级熔体分流方案，在喷丝板内部的熔体通道中设置有静态熔体混合器，进一步改善了熔体分配的均匀性。

主要技术参数如下：

生产线幅宽：3200 mm。

纺丝箱体结构：上装式，多泵、多衣架两级分流式。

纤维直径分布范围：与生产能力有关。

纤维直径均匀度：CV＜2.5%。

生产能力：最大50 kg/h.m（在牵伸气流量为1000 m^3/h.m 时）。

最大约60 kg/m/每个模头（独立熔喷系统）。

原料：PP，MFI＝PET，PET，PBT，PA6等。

DCD调节方式：作升降运动。

六、日本卡森（Kasen）公司熔喷生产设备

卡森（Kasen）公司的熔喷系统采用Exxon工艺和传统的现场组装式喷丝板组件，熔喷纤维的细度可达1.2～1.9 μm，纺丝系统适用的原料有：PP、PET、NY6、PE等。国外一些制造商曾将其应用在SMS生产线的熔喷系统，一些国产的SMS生产线也配用Kasen公司的熔喷纺丝箱体及喷丝板组件。Kasen熔喷系统流程图，如图4-12所示。Kasen熔喷生产线生产能力，如表4-1所示。

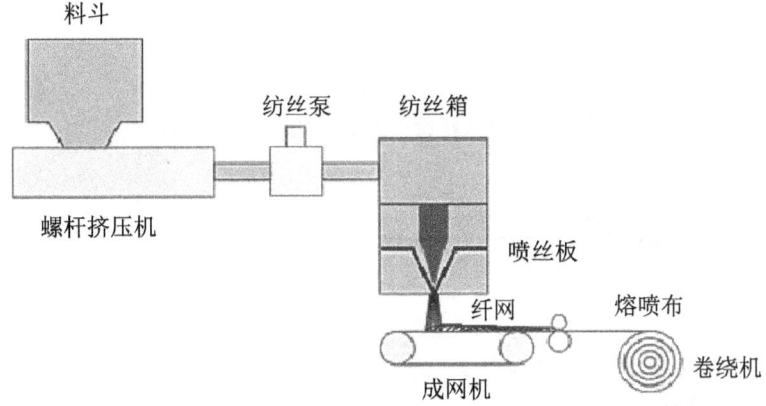

图4-12　Kasen熔喷系统流程图

表 4-1 Kasen 熔喷生产线生产能力

序号	系统名义幅宽（mm）	产品定量范围（g/m²）	产品幅宽（mm）	生产能力（kg/h）
1	1600	3～400	1600	130～160
2	2400	3～400	2400	200～240
3	3200	3～400	3200	260～320
4	4200	3～400	4200	350～420

主要技术参数如下：

生产线最大幅宽：3 200 mm。

纺丝箱体结构：上装式，多泵、多衣架两级分流式。

纤维直径分布范围：与生产能力有关。

纤维直径均匀度：CV＜2.5%。

喷丝孔布置密度：1 378～1 654个孔/米/每个模头。

七、宏大研究院的熔喷生产设备

宏大研究院有限公司是目前国内的主要熔喷法非织造布设备供应商，其熔喷法非织造布生产线的特点有：

（1）牵伸方式：牵伸气流从熔体的两侧成一定角度喷出。

（2）采用成网机网带接收，用调整成网机高度的方式调节DCD。

（3）成网机做离线运动。

（4）生产线的纺丝组件有现场安装式或快装式两种类型。

（5）带冷却侧吹风装置，温度12～16℃。

成网机接收的熔喷法非织造布生产线工艺流程图如图4-13所示。

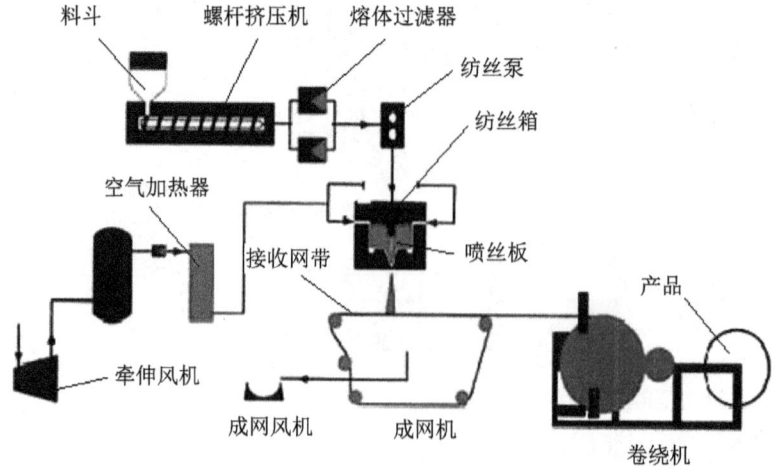

图 4-13　成网机接收的熔喷法非织造布生产线工艺流程图

生产线的主要性能：
（1）使用的原料：PP、MFI＝900～1500。
（2）产品定量范围：10～200 g/m²。
（3）产品幅宽系列：1000、1600、2400、3200 mm。
（4）生产线运行速度：10～100 m/min。
（5）最高生产能力：60 kg/h·m 模头。
（6）纤维细度：2～5 μm。
（7）产品定量变异系数 CV 值：≤3（%）。
（8）单位产量平均能耗：3000～4000 kW.h/t。
（9）装机容量：1200 kW（3200型）。

第四节　工艺控制

熔喷非织造材料的生产过程较短，但整个工艺过程则较为复杂，它涉及聚合物性质、纺丝工艺和空气流动学等诸多知识。

影响熔喷非织造材料最终产品质量和性能的工艺参数很多，如高聚物性质和结构、切片的熔融指数、聚合物熔体的挤出量、热气流速度、螺杆挤压机的温度、纤网结构、喷丝板的结构与喷丝孔的形状、热空气的温度、喷丝孔与成网帘的距离、加固方式等。这些参数不仅变量多，而且彼此之间有交互作用，因此熔喷法非织造材料的生产工艺参数控制比较复杂，需要综合考虑，现以 PP 为原料来讨论主要工艺参数的影响。

一、PP 切片

PP 切片的自身结构直接影响可纺性，由于 PP 树脂更多地表现为非牛顿行为，生产中要严格控制分子量及其分布，分子量分布系数一般小于4，同时切片的含杂要小于0.025%，才能减少毛丝、注头丝等不良现象。为了保证切片在螺杆中熔融均匀，切片的外观大小要均一。

二、功能添加剂

功能添加剂可有效改善 PP 的可纺性，增加产品的功能性，提高产品的附加值。目前，常用的功能添加剂有阻燃改性剂、抗静电改性剂、抗老化改性剂、降温母粒、着色母粒、增白母粒等。但这些功能添加剂的混入比例要严格控制，因为这些添加剂大多含有无机物质。

事实表明，生产中加入的所有非主体物质都会影响正常的纺丝，这些功能切片的混入量一般不超过5%。

三、熔融指数

由于聚丙烯的分子量是不易测得的，生产中常用熔融指数 MI 来表征熔体流变性能。MI 的大小反映了 PP 树脂的分子量大小，及其分布，一般熔体流动速率越高，熔体的粘度就越低，就更易于拉伸成细且纤维，用于熔喷法非织造材料的 MI 为400～1000 g/10 min。由于熔喷工艺得到的是超细短纤维网，因此，在熔喷法生产中所用的原料中首推高熔融指数的聚丙烯树脂，因为它具有良好的流动性。MI 较大的聚丙烯树脂，其相对分子质量较小，熔喷的纺丝温度可相应下降。

如图4-14所示反映了聚丙烯熔体指数与熔喷非织造材料纵向强力和顶破强度的关系。低熔体指数的聚丙烯树脂熔喷时，其聚合物熔体流动速率低，通常需要比较高的纺丝温度和拉伸空气温度，由此聚合物熔体细流不易发生结晶和取向，初生纤维预取向度较低，且会形成拟六方变体，这是一种准晶或近晶结构的碟状液晶，非常适合熔喷热空气的后续拉伸，以提高纤维的取向度，从而制得强度较高的纤维和纤网。如图4-15所示为聚丙烯熔体指数与熔喷非织造材料断裂伸长的关系，随着聚丙烯熔体指数的增加，熔喷非织造材料的纵向强力、顶破强度和断裂伸长均呈下降趋势。

因此生产中要严格控制熔融指数，使其在以下两个条件中获取一个平衡点。

（1）利于纺丝，降低能耗。

（2）提高纤网的物理－机械性能。

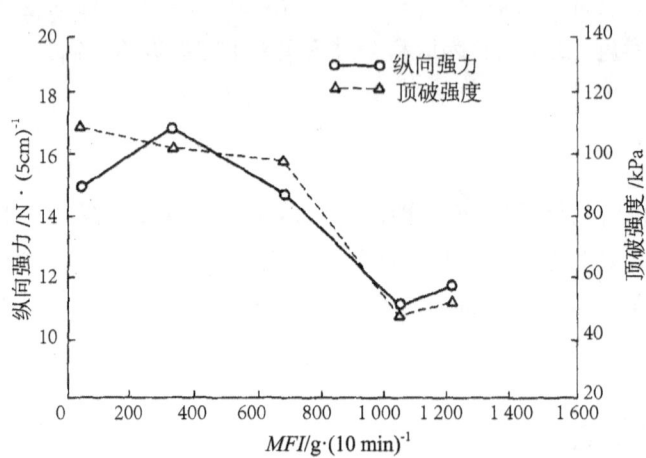

图4-14　聚丙烯 MI 与熔喷非织造材料纵向强力和顶破强度的关系

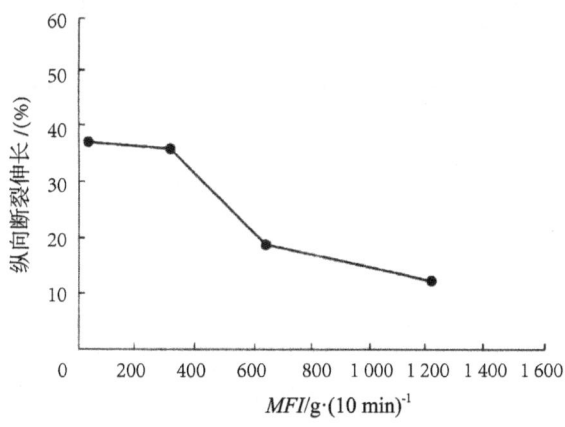

图4-15 聚丙烯MI与熔喷非织造材料断裂伸长的关系

不同产品的克重与熔融指数的关系如表4-2所示。

表4-2 不同产品与熔融指数、定量的关系

产品	A	B	C	D
PP树脂切片的熔融指数	1000	500	400	110
定量/(g·m²)	130	120	120	100

四、螺杆挤压机的挤出量和挤出速度

螺杆挤压机的挤出量和挤出速度直接影响到模头的喷丝速度和喷丝量,在其他工艺条件不变的前提下,随着螺杆转速的提高,其挤出量和挤出速度也相应提高,则从模头中喷出的细流就越多,形成的纤维直径就较细,在相同克重下,单位面积内的纤维根数较多,彼此间粘结机会增加,在纤网加固后,纤维间粘合和缠结较牢固。但当挤出速度达到一个峰值后便趋于减小,原因可能是熔喷工艺本身的牵伸速率不足,导致布面粘结纤维数量的减少和并丝的出现。生产中随着螺杆挤压机的挤出量和挤出速度的提高,产品的纵横向强度、撕破强力、断裂伸长率和弯曲刚度均相应增加。

五、螺杆挤压机各区的温度控制

螺杆挤压机是形成均匀熔体的关键,根据切片在挤出机各区域的状态不同,其温度设置非常重要,直接影响到纺丝过程的顺利与否和产品的物理—机械性能。若温度偏低,流变性能不好,粘度偏大,会堵塞喷丝头出现注头丝,布面疵点增加;若温度偏高会出现较大的热氧分降解,影响纤网的均匀度,如表4-3所示为不同产品螺杆挤压机各区的温度设置的例子。

表4-3 不同产品螺杆挤压机各区温度的设置

产品	进料段 /℃	压缩段 /℃	计量段 /℃
A	165	260	270
B	170	270	275
C	175	275	280
D	180	280	290

A，B，C，D均为聚丙烯，分子量从低到高。

六、热气流速度和温度

在熔喷法非织造材料生产过程中，热气流速度是一项重要的工艺参数，其速度的大小直接影响到纤维的线密度和产品的物理－机械性能。在其他工艺不变的情况下，纤维的直径会随着气流速度的增加而变细，如图4-16所示。

因此，热气流速度的提高可以生产出超细纤维网，所得产品手感较好，纤维网中纤维缠结点增多，布面光滑、密实，但热气流速度也不宜过高，当超过某一临界值时就会出现"飞花"现象，严重地影响了布面的外观。一般热气流速度应控制在400～600 m/s。

热气流的温度要使熔体细流处于粘流状态，一般高于熔点，通常在110℃～130℃之间，常用120℃。

熔喷法非织造材料生产中，拉伸热空气速度除了影响纤维细度之外，还影响到纤网中纤维之间的热粘合效果。通常，提高拉伸热空气速度，有利于提高纤维强度并改善纤网中纤维之间的热粘合程度。每孔每分钟熔体挤出量为0.35 g。

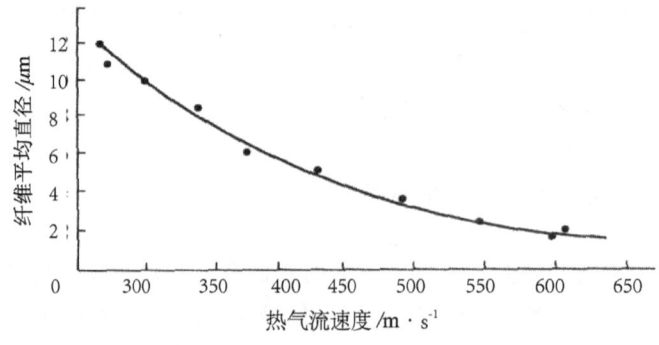

图4-16 拉伸热空气速度与纤维平均直径的关系

七、热空气的喷射角度大小

热空气的喷射角度大小也同样影响纤维的拉伸效果和纤维在凝网帘上的分布。当热空气的喷射角接近90°时，将产生高度分散而湍动的气流，使纤维在成网帘上形成无规则的杂乱分布。当拉伸气流风道夹角为60°时，在喷丝孔附近的气流比较紊乱，在喷丝孔轴线上和邻近区域，气流速度较高，沿喷丝孔轴线方向平行分布，有利于熔体细流的拉伸，形成超细纤维，而角度越小时，则越容易形成平行的纤维束。

因此，拉伸气流风道夹角越小，喷丝孔附近的气流紊乱减弱，气流在喷丝孔轴线方向的分量越大，越有利于拉伸，生产中一般控制在60°左右。

八、接收距离

模头喷丝孔出口处到接收帘网或滚筒的垂直距离称为熔喷工艺接收距离。

熔喷工艺中的接收装置主要有滚筒式、平网式和立体成型（芯轴）式等。滚筒式接收器其内部吸风通道分多层，以保证滚筒在整个工作宽度上吸风量一致。平网式接收器成网帘的周长固定，当成网帘传动辊左右移动时，可调节帘网成网工作面的水平位置，从而达到改变熔喷工艺接收距离的目的。目前，熔喷生产线的模头系统以及螺杆挤出机等设计在一个升降平台上，通过升降平台来调节熔喷工艺接收距离。

在其他工艺条件不变时，聚丙烯熔喷非织造材料透气率与接收距离呈近似正比关系，如图4-17所示。原因是随熔喷工艺接收距离的增大，熔喷纤维运行速度趋缓，在成网帘上形成了蓬松的纤网结构。同时由于纤网蓬松度增加，将造成PP非织造材料的最大外径和平均孔径变大，如图4-18所示。

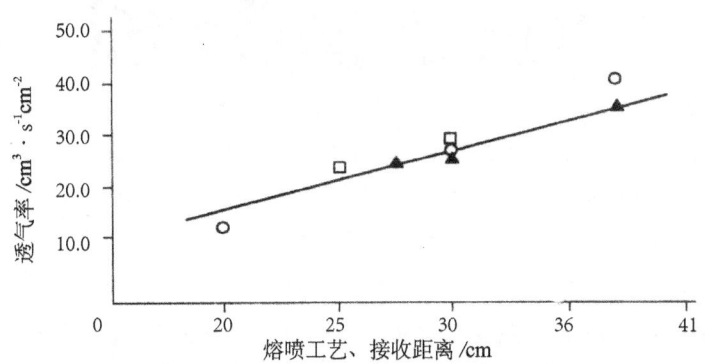

□—MI 为1 400，拉伸空气控制阀打开率为90%。
○—MI 为35，拉伸空气控制阀打开率为90%。
▲—MI 为1400，拉伸空气控制阀打开率为95%。

图 4-17 接收距离与聚丙烯熔喷非织造材料透气率的关系

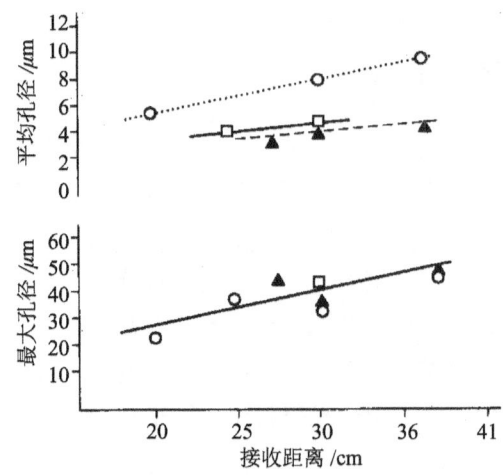

图4-18 接收距离与聚丙烯熔喷非织造材料平均孔径和最大孔径的关系

接收距离增加时,纤维飞向成网帘的速率降低,纤维网的蓬松度增加,厚度增加。接收距离减少时,拉伸热空气冷却和扩散不充分,熔喷纤维之间的热粘合效率得到改善,造成产品的蓬松度下降,纤网体积密度增加,此时纤网中的纤维多数卷曲,并呈团聚结构,如图4-19所示。

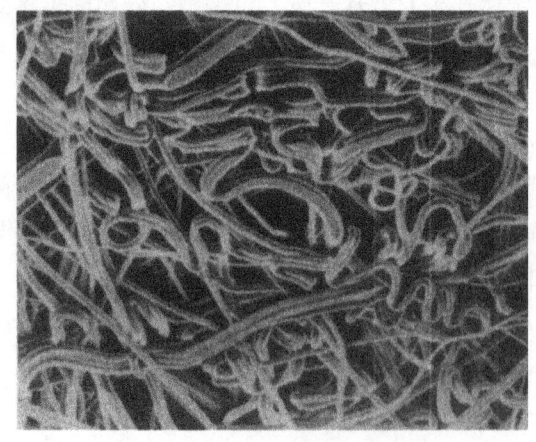

图4-19 团聚状排列的熔喷纤维

纤网强力取决于纤维之间的缠结和抱合,随着熔喷接收距离的增大,熔喷非织造材料的纵横向断裂强力和弯曲刚度均呈下降趋势。如图4-20、21所示,随着熔喷接收距离的增大,熔喷非织造材料的撕破强力下降趋势快于顶破强力。

接收距离的大小直接影响丝条牵伸的程度和纤维在成网帘的铺置范围,随着接收距离的增加,非织造材料的纵横向强度与弯曲刚度均有所降低,纤维直径变细,其结果导致所得非织造材料的手感变得蓬松、柔软,过滤效率和过滤阻力下降。

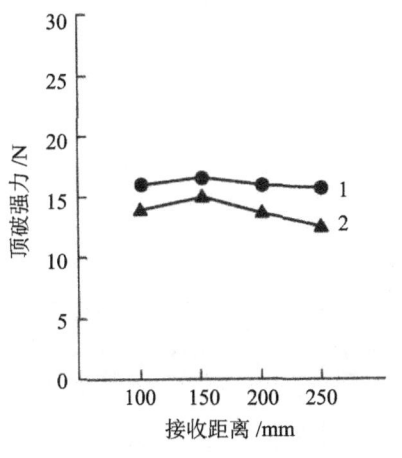 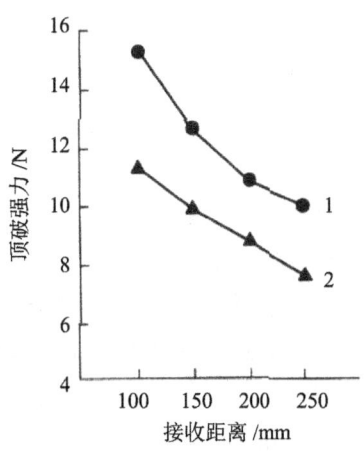

1—螺杆转速12 r/min 时顶破强力　　1—螺杆转速12 r/min 时顶破强力
2—螺杆转速8 r/min 时顶破强力　　2—螺杆转速8 r/min 时顶破强力

图 4-20　接收距离与顶破强力的关系　　图 4-21　接收距离与撕破强力的关系

生产中,可根据以上规律通过改变或调节接收距离,生产不同性能的产品,如改变接收距离,可生产具有密度梯度的滤芯。

九、纺丝工艺

纺丝工艺包括单孔挤出量,纺丝温度以及熔体粘度。聚合物熔体挤出量影响纤维的线密度和产量,挤出量越大,熔喷产量越高,但得到的纤维则较粗。如图4-22所示,为挤出量与纤维直径的关系。

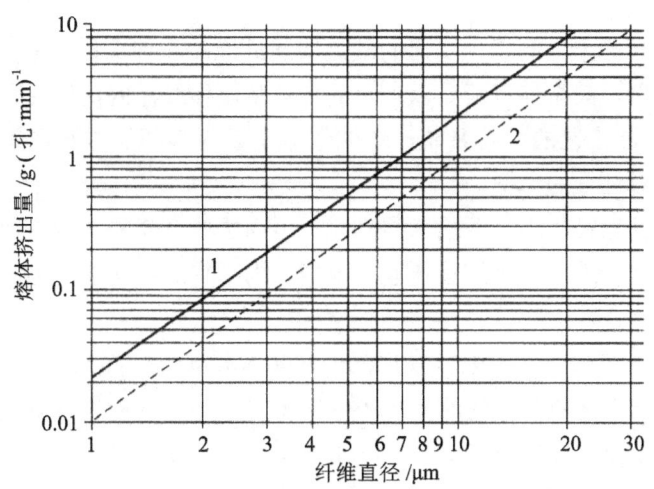

1—拉伸热空气速度为500 m/s
2—拉伸热空气速度为200 m/s

图 4-22　熔喷纤维直径与聚合物熔体挤出量的关系

纺丝速度与纤维直径的关系可由下式表示。

$$V_F = \frac{1.273 \times 10^6 Q}{\rho \bullet d^2}$$

式中：VF—纺丝速度，m/min。

Q—喷丝孔吐出量，g/（孔·min）。

ρ—纤维密度，g/cm^3。

d—纤维直径，μm。

熔喷喷丝头喷丝孔每分钟挤出的聚合物熔体克数越高，则纤维越粗。因此，在保证熔喷非织造材料产品纤维细度的前提下，要提高熔喷产量，必须增加熔喷模头喷丝孔的数量。

拉伸空气速度是熔喷工艺中主要的工艺参数，直接影响到熔喷纤维细度。对于一定的聚合物熔体挤出量及一定的熔体粘度，拉伸空气速度越大，则纺丝线上聚合物熔体细流受到的拉伸作用越大，纤维越易变细。

在工业化生产中，通常采取高流速的拉伸热空气来补偿因聚合物挤出量增加而引起的纤维直径变化，即拉伸热空气速度与聚合物挤出量必须相匹配。

熔喷温度是指熔喷模头的工作温度，可用以调节聚合物熔体的粘度。熔喷温度一般高于 PP 树脂的熔点，使之处于粘流状态。在其他工艺条件不变时，聚合物熔体粘度越低，熔体细流可拉伸得越细。因此熔喷工艺中采用高 MI 的聚合物切片原料，较易得到超细纤维。但是，熔体粘度过小会造成熔体细流的过度拉伸，形成的超短、超细的纤维会飞散到空中而无法收集，在熔喷工艺中也称"飞花"现象。因此，为了防止熔体在剪切力的作用下产生破裂，熔喷常用聚丙烯原料的熔体粘度范围为50～300 Pa·s。

十、牵伸

熔喷法非织造布是采用高温、高速的气流实现纤维的牵伸。以目前广泛使用的 Exxon 工艺的熔喷系统为例，其牵伸气流是以一定的夹角从熔体细流的两侧对称吹出，实现纤维的牵伸。在使用 Biax 工艺的熔喷系统，牵伸气流是以同心环的方式在熔体细流的外围环绕熔体吹出，实现对纤维的牵伸。

由于熔喷纤维的直径很小，要求牵伸气流有很高的速度才能实现有效的牵伸，其速度一般在亚音速或接近音速，甚至超过音速的范围。为了克服系统的阻力，要求牵伸气流有较高的压力。

熔喷系统牵伸气流的流量一般仅在1000～2000 Nm^3/h·m 左右，相对常见的宽狭缝抽吸式牵伸纺黏法生产工艺所需要的流量7000～12000 Nm^3/h·m 而言，则要小很多。但比有些正压牵伸纺黏系统所需的流量（1100～1600 Nm^3/h·m）则稍大。

与纺黏法系统的工艺流程不一样，在熔喷系统的熔体细流是先牵伸、后自然冷却（或强制冷却）固结成布的，牵伸气流是高温的气流，没有独立的牵伸装置。而在纺黏法系统，熔体细流是先冷却、后牵伸，牵伸气流是常温空气，要设置独立的牵伸装置。

（一）牵伸气流系统技术指标

1. 牵伸速度

为了使纤维得到牵伸，熔喷系统的牵伸速度要比纺黏系统高很多。一般要求气流的速度能达到亚音速（约20 000 m/min）或甚至超过音速（≥20 000 m/min）。

2. 气流速度与牵伸速度的比例

这是衡量牵伸系统效率的重要经济性能指标，这个比例值越大说明系统的效率越低。

与其他比例值较小的系统相比较，在同样的牵伸速度下，气流的消耗量也就越多，经济性就较差。由于牵伸气流与熔体细流是成一个角度喷出的，目前这个比例值都大于2。

3. 工作压力

由于熔喷系统的牵伸气流管道、压力平衡装置、喷丝板组件气隙等的阻力较大，牵伸气流要有足够的压力才能产生工艺所需的速度和流量。根据所采用的喷丝板结构，实际使用的压力差异很大。

当系统的阻力较小时，牵伸气流的压力较低，一般都小于0.1 Mpa；当系统的阻力大时，牵伸气流的压力就较高，一般在0.4～0.6 Mpa之间，这是熔喷法非织造布生产线所常用的两个牵伸气流压力等级范围。目前，国内主流熔喷法非织造布生产线所用牵伸气流压力一般趋向低压。

系统的阻力是指：管道阻力，均流、稳压装置阻力，喷丝板组件阻力的总和。其中以均流、稳压装置，喷丝板组件两项的阻力影响最明显。因此，气流到达喷丝板时的压力要比气源的压力低，如有的系统的压力≤0.08 MPa。

工作压力的高低牵涉到设备的选型，还会影响产品的风格、用途和能耗。牵伸气流压力的高、低影响到压力源的选型。目前常用的牵伸气流压力在104～106 Pa这个数量级范围，即从10 kPa～1 MPa。

当压力低于0.15 Mpa时可选用普通的离心式鼓风机、罗茨风机或螺旋风机；当压力高于0.15 Mpa时，选择的余地就不多，通常都是选用螺杆式空气压缩机。

显然，不仅设备的购置费用会有较大的差异，对运行管理成本，如耗能、维护费用也有很大的影响。由于在生产同一数量产品时，所需的（标准状态）牵伸气流量不会相差太远，因此，气流的压力越高，消耗的能量也越多，单位产品的能耗也越大。

同样的生产设备，当所要求的纤维直径不一样时，所需的牵伸气流压力也是不一样的。如当牵伸气流压力为0.04 MPa时，纤维直径约为3～7 μm；当牵伸气流压力为0.08 MPa时，纤维纤度约2～5 μm。显然，牵伸气流压力提高后，流量也跟着增加，风机消耗的功率，空气加热器消耗的功率都会加大，可见牵伸气流压力的高低对生产成本影响是很大的。这是熔喷系统在生产不同用途的产品（如：过滤材料与吸收材料）时，生产成本有较大差异的一个原因。

4. 流量

在熔喷系统，牵伸气流除了为纤维的牵伸提供动能外，还要为被牵伸的纤维提供热量。

牵伸气流的流量是与熔体的挤出量相关的，挤出量越多所需的牵伸气流流量也越大，也就是说不同的产量要有不同的牵伸气流流量相对应。另外，牵伸气流的消耗量还与纤维的细度有关，在产量相同情形下，相对较粗的纤维而言，生产较细纤度的产品要消耗更多的牵伸气流，这是导致这类产品能耗偏高的一个主要原因。

一般情况下，牵伸气流压力高，所需的流量较小；牵伸气流压力低，所需的流量较大。按生产线的单位幅宽计算，牵伸气流的流量约在1000~1800 m³/h.m范围。

如有的机型在产量为50 kg/h时，所需的热牵伸气流量为1000 m³/h.m，这个生产能力是目前熔喷系统的中上水平。各种熔喷系统的牵伸气流消耗及产能，如表4-4所示。

表4-4 各种熔喷系统的牵伸气流消耗及产能（摘录）

项 目	普通熔喷系统	细纤度熔喷系统	Biax熔喷系统
孔密度（hpm）	600/1200	600/1200	4000/6000
纤维直径（um）	5~10	2~5	3~10
单孔流量（ghm）	0.4~1.3	0.05~0.4	0.1~0.8
产量（kg/h.m）	60~120	40~60	80~190
耗气量/熔体（kg/kg）	5~40	30~150	18~23
能耗（kwh/kg）	1~3	4~10	0.6~14

注：资料来源：Luder Gerking《NanovalTM技术—从熔喷到纺黏》

5. 温度

牵伸气流的温度对纤维的牵伸有很大的影响，除了与工艺或设备机型有关外，主要取决于原料聚合物的品种，牵伸气流的温度一定要高于聚合物的熔点。以PP原料为例，牵伸气流的温度通常都比纺黏法工艺所用的温度高30~80℃，一般在250~300℃这个范围。而实际所设定的牵伸气流温度必须比熔体温度更高。一般国内的生产工艺习惯使用较低的温度，而国外则使用较高的温度。

牵伸气流的速度、流量、温度是熔喷系统在运行中要重点测控的工艺参数，对产品的质量，如纤维细度、过滤性能、静水压等有关键性的影响。

6. 洁净度

熔喷产品经常用做医疗、卫生、保健用品材料，因此，要求牵伸气流要保持洁净，对灰尘及油分的含量有相应的要求。由于熔喷系统经常选用容积式风机或压缩机作为气源设备，因此，要合理选择这些设备吸入口空气过滤器的过滤精度（如3 μm），并尽量选择无油型的设备。

（二）熔喷系统中的牵伸气流系统

熔喷系统中的牵伸气流产生设备主要包括：牵伸风机、空气加热器、气流的平衡、分配装置、控制系统等。

1. 牵伸风机

熔喷系统的牵伸气流压力较高，因此，需用输出压力较高的风机。罗茨风机，螺旋式风机，螺杆式压缩机等都是较常用的牵伸气源设备。此外，牵伸风机的选择也要考虑气体输出流量和输出的质量。

罗茨风机为容积式风机，通过一对相互啮合、转向相反的转子使气体加压，输出的风量与转速成正比，常用罗茨风机的转子叶轮为两叶。常用型罗茨风机的结构较为简单，价格较低，是早期熔喷系统用得较多的气源设备，但在低速状态压力脉动明显，设备的震动也较大，因此必须合理选择风机的规格，避免风机的工作转速区域处于或接近低速范围。AR系列罗茨风机，如图4-23所示。

螺旋式风机是因转子的形状为螺旋形而得名，其工作原理与螺杆式空气压缩机相类似，具有能耗低（比罗茨式风机节能8%～15%）、噪音小（比罗茨式风机低5～1 dBA）、压力高（通用型可达138 kPa、高压机型可达2.5 bar）、无须水冷却、输送的气体绝对不含油等突出的优点，特别是输出的气体压力无波动、对提高产品的质量有很大的好处，较为适合用作熔喷系统的高速牵伸气流发生设备。

图4-23　AR系列罗茨风机

螺杆式压缩机输出压力为0.7 Mpa，这个压力等级已能满足现有的阻力较大的牵伸系统的要求。其技术日趋成熟，系统完善，运行平稳，自动化程度较高，对安装基础要求很低，甚至可以在楼层上使用，是阻力较大的熔喷系统较为常用的机型。由于其一般用途是提供低温的干净压缩空气，因此，在其成套设备中除了包括气液分离装置外，还常配套有后冷却器使压缩空气冷却降温来保证排气质量。

2. 牵伸气流分配装置

在熔喷法纺丝系统，牵伸气流的对称性，均匀性，稳定性对产品的质量有关键性的影响。

因此，要合理分配牵伸气流。气流分配系统包括两个部分，一个是纺丝箱体外的管道分配系统，使箱体上的各个分支管路能得到均匀一致的气流；另一个是纺丝箱体上的气流分配箱，使牵伸气流沿CD方向全长均匀分配、并进入喷丝组件。

3. 空气加热器的结构

在熔喷系统中，一般都是使用由电能加热的空气加热器。在由不锈钢制造的加热器壳体内，装有大量不锈钢材质的电热管。在给电热管供电后，管子升温发热，与由风机送来气流换热，把热量传给气流，便成为工艺所需的高温牵伸气流。选用带翅片的电热管可提高换热效率。

十一、冷却

在2000年以前制造的大部分熔喷系统中，熔喷法非织造布的纤维都是直接利用环境气流自然冷却的。目前，有研究表明：冷却过程对熔喷布的机械性能有明显的影响。故在近年制造的独立熔喷生产线、双组分熔喷系统及配套在SMS生产线上使用的熔喷系统，有不少都配置了独立的冷却装置，用于提高产品的质量。

熔喷系统的冷却装置主要是用制冷空气作为冷却介质。熔喷系统的冷却侧吹风装置包括：制冷设备、冷冻水泵、空气调节器、管道、侧吹风装置等。

冷却介质除了用制冷风以外，还可以用水雾或冷冻水雾。由于水的热容量远比空气大，因此用水雾或冷冻水雾作冷却介质会有更好的冷却效果，而用水量也大为减少。但使用喷水雾这种冷却方法时，要考虑水分和湿度对产品的影响，如果产品还要进行驻极处理，则不适宜采用水冷却方案。同时还要考虑设备长期在高湿度环境下运行所带来的新问题，如结垢和生锈对电气绝缘的影响等。目前，在熔喷系统中设置冷却装置的做法有进一步推广、应用的趋势。

冷却侧吹风的性能与特点：

（1）压力。由于熔喷系统的冷却侧吹风仅起冷却作用，而熔喷纤维又以单行形式排列，冷却气流无需很高的压力（或速度）就能穿透；由于熔喷系统的冷却装置不像纺黏系统那样需要较高的均匀度，不需要复杂的阻尼均压装置，系统的阻力很小，因此，气流的压力一般小于2 kPa。

（2）温度。目前在各种机型中使用的冷却侧吹风温度约在10～16℃，因此为了适应不同的环境条件，冷却侧吹风系统同样要设置制冷及空气调节设备，制冷系统较多选用水冷机组。

（3）流量。但由于熔喷系统熔体的温度较高，冷却过程短，需要交换的热量较多，具体所需的流量与温度相关，当冷却气流温度较高时，所需的流量就会较大，一般单位幅宽所需的冷却气流的流量在4000～10 000 Nm^3/h.m，有的机型可能会更多。

（4）速度。相对纺黏而言，在冷却段范围，熔喷纤维及牵伸气流的速度很高，为了使纤维及气流有效冷却降温，要求冷却气流要有较高的速度，在侧吹风装置的出风口，气流的速度可在10 m/s以上。

（5）吹风方式。熔喷系统的冷却侧吹风采用双面对称吹风方式，以较近的距离（可贴紧在喷丝板上）布置在喷丝板组件的正下方或两侧，出风口间的相互间距一般在100～160 m左右。熔喷系统的冷却侧吹风箱出风口如图4-24所示。

图 4-24　熔喷系统的冷却侧吹风箱出风口

（6）侧吹风箱的结构。由于对熔喷系统的侧吹风要求较低，因此其侧吹风箱的结构较为简单，内部一般不设置阻尼、导流装置，仅在出口装上多孔板。虽然如此，但并不意味着侧吹风仅起冷却作用。实际上，当侧吹风出现较为明显的不均匀时，如出风口的多孔板被局部堵塞时，相应位置的产品也会出现明显的缺陷。

第五节　熔喷法非织造布生产技术的发展趋势

熔喷法非织造布生产技术无论是材料、设备还是工艺，近年来都有创新和发展。

一、制造熔喷法非织造布的新原料

（一）原料多样化

目前，90%以上的熔喷法非织造布都是使用PP原料制造的，但熔喷法非织造布所用的原料已不限于PP，现在国外已开始使用聚酯、聚酯基PBT、PE、弹性PU、聚三氟氯乙烯、尼龙6等原料生产高性能产品，并已有双组份熔喷设备投入使用。据报道，日本NKK公司熔喷系统的原料使用面较宽，能使用PP、PET、PE、PLA原料，纤维的细度可达1μm，纤网定量为3～300 g/m²，纤网的均匀度也达到了很高的水平。

（二）耐高温原料

最近，非织造布行业开始重视"PPS（聚苯硫醚）"高性能聚合物的应用。由这种聚合物制造的熔喷布具有很高的强度，在200℃温度以下还没有溶剂能溶解它，在400℃时还能保持稳定而不降解，这是一种在高温空气过滤，除尘领域有广阔应用前景的新材料。Ticona公司还推出了一种"PBT"的材料，这是一种称为"聚对苯二甲酸丁二醇酯类"聚合物，能生产细度为1μm的高性能纤维。

(三) 高弹性原料

针对一般熔喷产品断裂伸长率小的缺点，Exxon—Mobil 公司利用茂金属催化剂技术，开发了一种牌号为 Vistamaxx 的特种弹性体聚烯烃树脂，用这种树脂制造的熔喷布具有很宽的弹性性能，而且可直接在常规的 PP 设备上加工。如表4-5所示，用这种弹性体制造的熔喷布具有很大的拉伸伸长率，如 VM2320 的 MD 方向伸长率可达225%，CD 方向伸长率可达300%，拉伸后的伸长形变仅有14%～16%；VM2330 的 MD 方向伸长率可达168%，CD 方向伸长率可达180%，拉伸后的伸长形变仅有18%。形变较小，表示产品在拉伸后有较好的回弹性能。

表 4-5 Vistamaxx 的特种弹性熔喷布性能及工艺参数表

序号	测试项目	测试方法	单 位	弹性体牌号 VM2320	VM2330
1	熔体流动速率	ASTMD1238	g/10 min	200	300
2	密 度	ExxonMobil	g/cm^3	0.866	0.867
3	MD 方向强力	ASTMD5035	N（lb）	6.2（1.4）	4.2（0.94）
4	CD 方向强力	ASTMD5035	N（lb）	2.7（0.6）	3（0.67）
5	MD 伸长率	ASTMD5035	%	225	168
6	CD 伸长率	ASTMD5035	%	300	180
7	MD 方向形变	ExxonMobil	%	14	18
8	CD 方向形变	ExxonMobil	%	16	18
9	纺丝温度		℃	232	232
10	DCD 值		mm	630	380
11	单孔熔体流量		ghm	0.41	0.61

注：试样为在 Reicofil 设备上生产的100 g/m^2 熔喷法非织造布；拉伸形变是将宽度25.4 mm 的试样拉伸100%，然后以254 mm/min 的速度复原，在复原循环中，对应力没有进一步变化时的应变视为拉伸形变。

(四) 高性能原料

日本的东洋纺公司（Toyobo）开发了一种名为"Tsunooga"高强度熔喷 PE 纤维，这种纤维质量轻，抗切割能力优于对位芳纶，耐光、耐水，化学性能稳定。美国 Biax-Fiberfilm 开发了一种超高强熔喷材料，其强度是常规熔喷材料的十倍，用这种材料在一个纺丝系统就能生产出具有 SMS 性能的产品，除了可以大幅度降低生产成本外，在拉伸强力、阻隔性能、过滤性能等方面与 SMS 产品相同。

二、熔喷新工艺和新技术

（一）高孔密度熔喷喷丝板

美国 Hills（希尔思）公司的熔喷技术专利使用了孔距较密（100孔/每英寸）的喷丝板，最小孔径为0.125 mm，喷丝孔的长径比为 L/D=60（最大可达100），能在1 500 psi（约相当于103 bar）的压力下使用，喷丝孔两端的压力差可从标准的40 psi 增加到几百 psi。目前希尔思公司100 hpi 的单组份高密度喷丝板已投入了商业运行，而孔距更密（达200孔/每英寸）的喷丝板也已完成了测试。经测试，用这种喷丝板制造的定量为7.75 g/m² 的熔喷布，纤维的平均直径为750 nm，阻隔性能优异，其静水压可高达700 mm，相当于普通的15～20 g/m² 的熔喷布的静水压值，具有很好的实用前景。

（二）双组份熔喷技术

Hills 的双组份熔喷设备能生产皮心型、并列型、尖端三叶型、尖端十字型、菊瓣型的双组份纤维，纤维的直径约2 μm，喷丝孔的直径在0.10～0.15 mm，已有孔密度为35 hpi 双组分喷丝板进入市场。由于喷丝孔的直径很小，要求聚合物原料要有较好的流动性，其MFI 要大于1000，而且要非常干净。

双组份熔喷布能克服一般的熔喷法非织造布强力偏低，不耐磨的缺点。该技术已用来生产纳米纤维，纤维的平均细度为250 nm，而分布范围在25～400 nm 之间。这种熔喷布产品的平均孔径很小，具有很好的过滤、阻隔性能，已用于血液过滤。Hills1.7 m 双组分熔喷生产线，如图4-25所示。纳米熔喷纤维用于血液过滤，如图4-26所示。

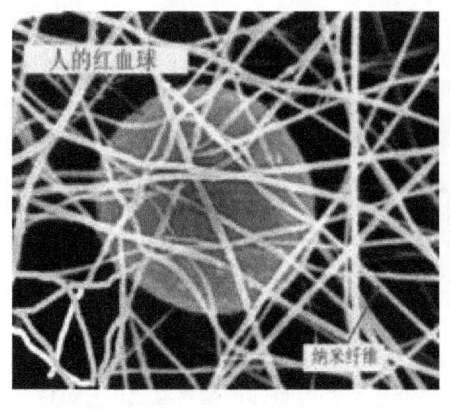

图 4-25　Hills1.7 m 双组分熔喷生产线

图 4-26　纳米熔喷纤维用于血液过滤

（三）纳米熔喷纤维的工艺和技术

NTI（Nonwoven Technologies）也开发了生产纳米熔喷纤维的工艺和技术。NTI 用于纺制纳米熔喷纤维的组合式薄型喷丝板组件已取得专利。纳米熔喷纤维用作过滤材料时，能显著提高过滤效率；用作 SMS 中的熔喷层，可比普通材料承受更高的静水压，或在同样的静水压下，可减少熔喷层的用量，从而达到降低成本的目的。NTI 用于纺制纳米熔喷纤维的组合式薄型喷丝板组件的结构如图4-27所示，其中"3"为带有喷丝孔"6"的喷丝薄板单元，"5"为阻隔薄板单元，将两者以一个隔着一个的方式叠合在一起，并采用特殊的方法将其组合起来，就形成垂直排列的喷丝板组件，喷丝板组件的总长度可大于3 m。各单元的缺口"9"即为熔体的进入口，内腔"8"是容纳和传输熔体的通道，因而熔体可依次通过内腔传输给各喷丝薄板的喷丝孔，在纺丝泵产生的压力下，将熔体挤出喷丝孔，与此同时，分布在喷丝孔两侧的孔眼"2"沿纺丝组件的 CD 方向的全长是贯通的，热的牵伸气流在其中通过，并从喷丝孔两侧高速喷出，将挤出的熔体细流牵伸成为熔喷纤维。

为了纺制纳米纤维，喷丝孔的孔径比普通熔喷设备的喷丝孔细小得多，NTI 可采用的最细孔径为0.0635 mm 或63.5 μm（注：一般熔喷系统的喷丝孔孔径为0.3 mm），用这种喷丝板纺出的纤维直径大约为500 nm，最细直径可为200 nm。

由于喷丝孔孔径小，单孔的熔体流量很少，只有采用增加喷丝孔数量的方法才能提高产量。因此 NTI 的喷丝板有3排或更多排的喷丝孔如图4-28所示，有4排喷丝孔的喷丝薄板单元。当喷丝孔的孔径为0.0635 mm 时，如用有3排孔的喷丝板，则单排每一米长度有喷丝孔2880个，如用3排则每一米长度有喷丝孔8640个（即 hpi=220），系统在这时的产量就与普通的熔喷系统相当。

由于孔密度很高的薄型喷丝板价格昂贵，而其结构又较为薄弱，容易在高熔体压力下受热裂开而损坏，为此目前都在开发新的粘结技术，以增强组合起来的喷丝板强度，并在高压下不发生熔体渗漏。

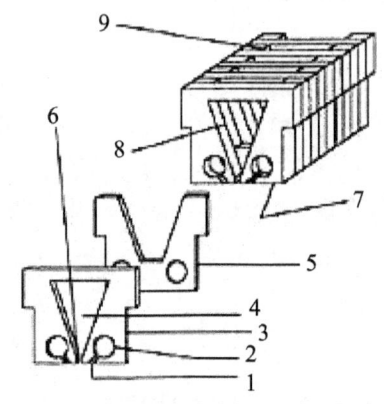
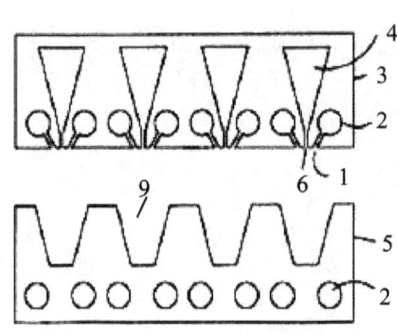

图4-27　NTI 的组合式薄型喷丝板组件　　图4-28　有4排喷丝孔的 NTI 薄型喷丝板单元组件

（四）Biax 公司熔喷系统

为了改变原来熔喷法工艺采用单排喷丝孔，产量难以提高的状况，美国的 Biax 公司开发了在同一喷丝板上有多排喷丝孔，及与喷丝孔同心的牵伸气流孔的熔喷布生产技术，既提高了产量,也降低了产品的能耗。

目前在Biax工艺的一块喷丝板上,最多可有18排孔径约为0.23～0.51 mm喷丝孔,每单位长度纺丝板的孔密度达200个/英寸,是普通纺丝板孔密度的4～10倍。因此,在单孔熔体挤出量相同的条件下,生产效率是传统技术的5倍,纤维的细度可在1.4～1.5 μm,而且波动很小。每吨产品的能耗仅在1000～3000 kwh之间,仅为传统的熔喷系统能耗的80%(吸收类产品)或75%(过滤类产品)。

Biax公司还开发了纤维素熔喷非织造布生产技术。纤维素纤维来自各种木材和植物,将其溶解在NMMO(N-MethylMorpholine Oxide)水化合物中,形成纤维素/NMMO溶液,NMMO纤维素溶液在室温下为固态,随着温度的升高而变成粘性的流体,其物理性能与普通的热塑性树脂非常相似,可用类似的熔喷工艺生产纤维素熔喷非织造布。Biax公司熔喷技术原理图,如图4-29所示。

纤维素熔喷非织造布具有可生物降解性、耐高温、强度高、抗静电、易染色,是一种环保型材料,可用于医疗、卫生、保健、过滤、擦拭、电池隔板、即弃内衣等,有广阔的市场前景。

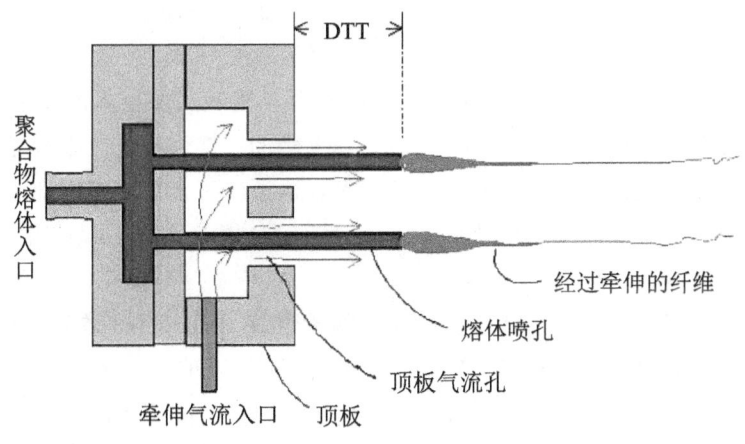

图4-29　Biax公司熔喷技术原理图

(五)NANOVAL纺丝技术

德国的纽马格—苏拉公司(Neumag—Saurer,现又改为"纽马格—欧瑞康"Oerlikon—Neumag)原来使用日本Kasen的熔喷技术,2006年收购并拥有了Nordson的熔喷技术。后来还买断了德国Nanoval公司近年开发的一种类似熔喷,但又与传统的熔喷技术不一样的"NANOVAL"纺丝技术。"NANOVAL"纺丝技术示意图,如图4-30所示。

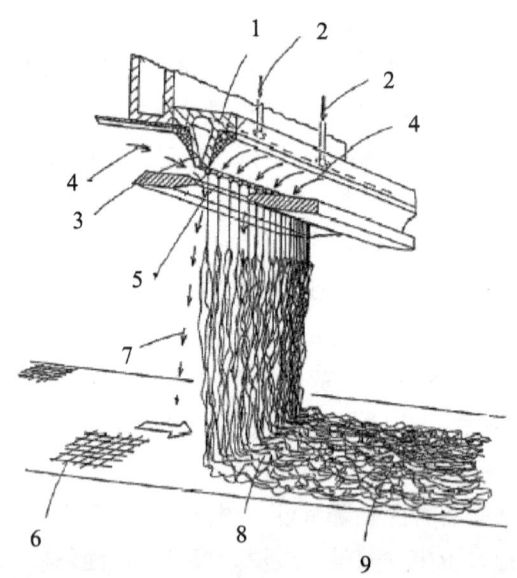

1-喷丝板 2-熔体入口 3-喷丝孔 4-牵伸气流 5-拉伐尔喷嘴
6-网带 7-溢散气流 8-纤网 9-熔喷布

图4-30 "NANOVAL"纺丝技术示意图

在"Nanoval"纺纺丝系统，熔体从喷丝孔喷出后，被从两侧导入的冷的牵伸气流进入先收缩、后扩散的特殊设计拉伐尔（LAVAL）喷嘴牵伸，熔体刚进入喷嘴时被冷空气牵伸并迅速固化，而纤维的内层仍处于液态，当气流到达喉口时，其速度达到亚音速，随着气流的迅速扩散，气流压力急剧下降到负压状态，使纤维的内部与表层间产生很大的压力差，纤维就像爆炸一样分裂成众多的小纤维。

Nanoval工艺用冷空气能将MFR小于30的聚合物熔体牵伸为平均直径仅2～8μm（最细可达0.7μm）的纤维，其产量可达70～140kg/h.m。由于使用冷风牵伸，能耗也低于传统的熔喷法，纤维也是利用余热粘结成布的，而生产出的产品强度高，平均纤度与熔喷工艺相近，有很好的发展前景。Nanoval工艺与普通熔喷工艺比较，如表4-6所示。

表4-6 Nanoval工艺与普通熔喷工艺比较

项目	常规熔喷	细旦熔喷 非纳米级	Biax熔喷 非纳米级	标准 Nanoval	纳米级 Nanoval
孔密度 hpm	600/1200	600/1200	4000/6000	250/400	——
丝径 um	5～10	(2) 3～5	3～10	D50=(2) 3～10	D50=(2) 0.8～3
单孔流量 ghm	0.4～1.3	0.05～0.4	0.1～0.8	3～20	<3
产量 kg/h.m	60～120	40～60	80～190	70～250	8～20
耗气量/熔体 kg/kg	5～40	30～50	18～23	15～45	5～70
能耗 kwh/kg	1～3	4～10	0.6～14	0.2～0.8	2～4

注：表中的"D50"表示纤维的平均直径。

（六）熔喷工艺纺黏化

熔喷工艺纺黏化也是不同成网工艺间互相渗透的一个方向。就是在熔喷系统中，改变原来用高温热空气牵伸的方法，而是仿照纺黏法工艺，通过聚冷装置（如喷水冷却）使纤维聚冷成型，提高了纤维的结晶度和取向度，改变了以往熔喷布强度低的弱点，纤维也具备了长丝的属性，纤网仍可采用自粘合，成品蓬松性好，外观及悬挂性均较佳，断裂伸长可达到30%～40%，其性能已经和纺黏法的产品相近。

三、新型结构

在机器的结构方面，原美国诺信（Nordson）公司已开发了一种纺丝箱体能在水平面旋转一定角度的双组分熔喷生产系统。箱体可根据需要回转，从而可在不改变产量的条件下方便地改变成网宽度，这样不仅能大幅降低边料消耗，而且能提高均匀度，调整MD/CD方向的性能。由于纺丝箱体旋转时，相应的熔体管道、牵伸气流管道、冷却风管道成网机的成网风箱与成网风机的连接等一系列设备也要跟着旋转，因此，系统的结构十分复杂。

四、熔喷布与其他材料复合

除了通常的SM，SMS型复合产品外，熔喷布可与其他材料复合，主要包括：熔喷布与机（针）织布复合，熔喷布与其他非织造布复合，熔喷布与其他纤网复合等。复合产品是使用水刺方法固结的。

熔喷布在与其他材料复合后，熔喷纤维被分散到其他材料的纤维结构中，并互相缠结在一起成为一种新的结构体，在布面的柔软度、强度、均匀性、摩擦系数、手感等方面呈现出新的特性。熔喷复合产品主要用作擦拭材料、过滤材料、卫生材料等。

第六节　SMS复合非织造布生产技术

一、SMS型复合非织造布

熔喷布（简称M）具有均匀度好、过滤效率高或阻隔能力强的优点，但由于熔喷纤维的强度较低，纤维间的粘合强度不足，因而力学性能差，强力较低，延伸小，不耐磨，未经处理前，一般难以独立使用。而纺黏布（简称S）的强力大，耐磨性好，但均匀度较差，过滤精度低。如能将两者优点整合，便可达到优势互补的效果，使产品既具有较好的过滤、阻隔作用而又有良好的透气性。

如一般的纺黏法PP纤维的单丝强度为2.9~4.9 cN/dtex，而熔喷法PP纤维的单丝强度仅为1.5~2.0 cN/dtex，纺黏布的拉伸强力约为定量值的1.5~2.0倍，而熔喷布的拉伸强力仅为定量相同的纺黏布的1/4~1/5，甚至更低。

SMS非织造布就是使用复合技术将熔喷法非织造布与纺黏法非织造布复合在一起、而形成具有"三明治"式结构的新型非织造材料。SMS是泛指由两种纤网组成的具有"三层"结构的复合产品，是这一类产品的统称。而产品的真实层数可多于三层，如：四层的SMMS结构，五层的SMMMS结构，六层的SSMMMS结构等。SMS生产线工艺流程图，如图4-31所示。

由于SMS型产品整合了纺黏布及熔喷布的优点，具有强力高、耐磨性好、过滤效率高或阻隔能力强的性能，已在医疗、卫生、保健、防护制品领域得到了广泛的应用。而经过抗静电、拒水、拒酒精、拒血液功能处理的产品更是高端医疗、防护用品的首选材料。

SMS型复合非织造布也是采用熔体纺丝成网工艺制造的产品，产品由多层不同性能的纤网组成，其面层（可为多层）与底层（可为多层）均为纺黏纤网（S），中间层（可为多层）为熔喷纤网（M），以"三明治"方式复合而成。

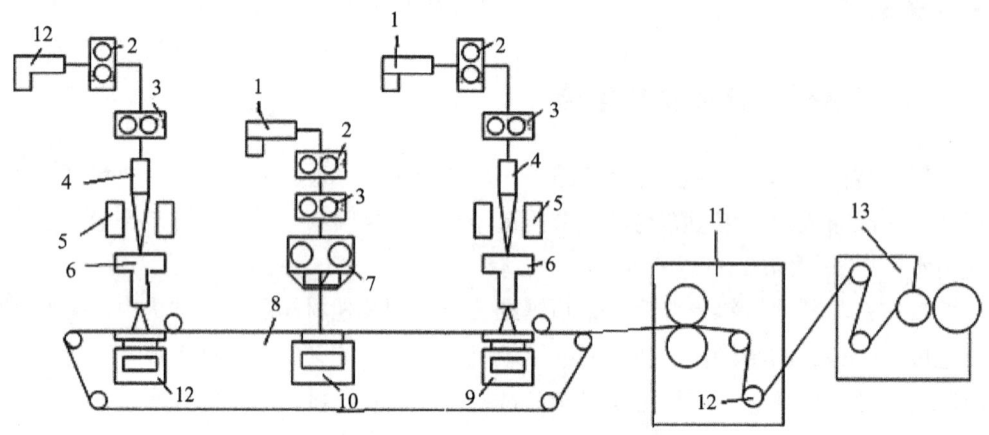

1-螺杆挤压机 2-熔体过滤器 3-纺丝泵 4-纺黏系统纺丝箱 5-冷却侧吹风
6-牵伸装置 7-熔喷系统纺丝箱体 8-成网机 9-纺黏成网风箱
10-熔喷系统成网风箱 11-热轧机 12-冷却辊 13-卷绕机

图4-31 SMS生产线工艺流程图

美国金百利（Kimbely—Clark）公司在20世纪80年代初率先开发了将纺黏布与熔喷布相复合的专利技术，至1994年专利保护期满以后，各国都陆续利用这种技术来生产SM、SMS、SMMS型复合非织造布，并进一步开发出了纺黏布与熔喷布，纺黏法与气流成网工艺相复合，纺黏布、熔喷布与短纤非织造布相复合等工艺。

纺黏布、熔喷布、SMS复合非织造布截面如图4-32所示。其中（a）为纺黏纤网的表面，纤维的粗细均匀，相互间的空隙很大，左侧为轧点；（b）为纺黏纤网的截面，纤维的粗细均匀，相互间的空隙很大，中部为轧点；（c）为熔喷纤网的表面，纤维的细度比纺黏纤维小，但粗细不一，相互间的空隙很小；(d) 为 SMS 纤网的表面，熔喷层纤维把纺黏纤维网中的大空隙填充了；(e) SMMS 纤网的截面，较多的熔喷层纤维形成了具有良好阻隔能力的结构，右侧的扁平状纤网为由热轧机加工所形成的轧点。

SMS 复合非织造布生产线中的纺黏法系统和熔喷法系统是按照一定的顺序组合、排列，并将纤维顺次铺放在共用的成网机网带上，下游纺丝系统的纤网相继将上游已形成的纤网覆盖、叠合在一起，形成"三明治"式结构，用热轧机固结后，便成为由多层纤网复合的 SMS 型产品。

从各种产品的结构与截面图可以看到，纺黏法非织造布的纤维较为粗大，纤网间的空隙较大，因而具有较好的机械性能，而熔喷法非织造布的纤维很细，纤网间的空隙很小，会有很好的过滤阻隔性能。而在由纺黏法纤网和熔喷布组成的 SMS 型复合产品中可以明显看到：产品的上、下两个表面为纺黏层纤网，具有较高的机械力学性能，中间层致密的熔喷纤网具有很好的阻隔能力，三层纤网用热轧的方法固结后便成为一个整体，并整合了两种非织造布的优点，互补了两者的弱点而成为一种性能良好的新产品。

图 4-32　纺黏布、熔喷布、SMS 复合非织造布截面比较图

SMS 复合非织造布生产线主要是由纺黏法纺丝系统和熔喷法纺丝系统组合而成的，因此兼具有纺黏法、熔喷法非织造布生产线的共性特点，也具有组合成的新系统的特点。产品主要用于医疗、卫生、保健、防护领域。

由于 SMS 复合型非织造布是由纺黏布和熔喷布组成，因为熔喷层的强力较低，与同样定量的纺黏布相比较，使产品的强力较低，断裂伸长也会变小而与 SMS 中熔喷层同样定量的单独熔喷布相比较，因为纺黏纤网的承托作用，所能耐受的静水压也较高，因而用较小定量的熔喷层就可以获得较高的阻隔能力。

SMS 生产线的纺黏法纺丝系统和熔喷法纺丝系统的运行状态与独立的系统相似，但由于受上游系统所形成的纤网影响，成网风机的运行参数会与独立的系统有较大差异。另外，SMS 生产线熔喷系统的"DCD"调节方式，"离线运动"方式也会与独立系统不一样的。

我国是在1998年左右才引进 SMS 生产线，除了 SMS 这个基本型号外，到2011年，已拥有 SMXS、SMMS、SMMXS、SMMMS、SMMMXS、SSMMXS、SSMMMS 等机型，生产线的幅宽规格有：1.6、2.4、3.2、4.2 m，生产线的总数量有44条，生产能力达30万吨/年。至2012年，我国引进了13条 SMS 型生产线，设备的制造商分别是德国 Reifenhauser 公司、意大利 STP 公司、美国 Nordson 公司、日本 NKK 公司、瑞士 Rieter 公司等。

我国现已具备设计、制造 SMS 型生产线的能力，2006年首条国产 SMS 生产线温州昌隆化纤设备公司通过了鉴定，温州昌隆3.2 m SMS 生产线（离线状态）如图4-33所示。

到2011年，国产 SMS 型生产线的数量已超过31条，并有设备出口到世界各地。北京宏大研究院有限公司、邵阳纺机公司、浙江温州昌隆化纤设备公司、北京量子金舟公司等十多家企业都成功开发出 SMS 生产线，已有商品化设备供应国内、外市场。

图4-33 温州昌隆 3.2 m SMS 生产线（离线状态）

目前已投入运行的国产 SMS 生产线的幅宽为1600 mm、2400 mm、3200 mm，最高运行速度约为350 m/min，虽然在生产能力、运行速度、产品均匀度、纤维细度等方面与国外先进水平仍有较大的差距，但这是一个良好的开端，必将为发展我国的 SMS 生产技术提供了一个良好的基础。

随着生产线中组合的系统数量和排列方式的不同，可以有多种形式的 SMS 型复合非织造布生产线，其产品性能、生产能力、设备购置价格会有较大的差异。SMS 型复合非织造布生产线是目前产能最大、运行速度最快、技术含量最高的非织造布生产设备，也将是各国竞相发展的一种主流非织造布生产技术。

制造 SMS 型非织造布的方法有多种，主要有："一步法" SMS 型复合非织造布生产工艺；"二步法" SMS 型复合非织造布生产工艺；"一步半法" SMS 型复合非织造布生产工艺等。

"一步法" SMS 型复合非织造布生产工艺也称作"在线复合"工艺，或直接纺丝成网复合工艺；"二步法" SMS 型复合非织造布生产工艺或"一步半法" SMS 型复合非织造布生产工艺属"离线复合"工艺。如果没有特别声明,一般所指的 SMS 工艺都是一步法 SMS 型复合非织造布生产工艺,而所指的 SMS 型非织造布产品则是泛指由三层及三层以上纤网复合而成的产品。

二、一步法 SMS 型复合非织造布生产工艺

(一) SMS 型非织造布的复合方法

用"一步法"工艺制造 SMS 产品时,是在生产线中按 S—M—S 的顺序配置纺丝系统,直接用聚合物纺丝成网,三层纤网在同一成网机的网带上叠合后,用相应的固结即成为 SMS 产品。

在技术上可供选择的固结方法较多,如热轧、针刺、水刺、超声波等,使用不同的固结方法,产品的性能也会有差异。而热轧机是目前最普遍使用的固结设备。

因为在成网机的网带上,已有一层 S 纤网铺垫,M 纤网落在第一层 S 网上后,便自行固结成布并与下层纤网紧密结合在一起。由于两者之间已基本成为一体,纤网既能附着在高速运动的网带上保持稳定,也不容易受环境气流的干扰,而在离开成网机进入热轧机时,又较容易与网带分离,纤网在运行过程中的可控性大为提高。

由于同样的原因,在独立的熔喷生产线是很难生产定量小于10 g/m^2 的产品,即使能生产出来,也难于退卷使用,但在 SMS 生产线就不存在这种情况,甚至可以纺制定量小于1 g/m^2 的纤网,这就意味着生产线可以以很高的速度运行。

当三层(或更多层)的纤网被热轧机固结成 SMS(或 SMMS)布时,强力会比单层 M 布大很多,因而可以承受较大的卷绕张力,能以比独立熔喷系统更高的生产速度(>300 m/min)运行,从而提高了产量。同时,由于 M 布是夹在二层(或多层)S 布里面,当生产对阻隔性能及过滤性能要求不高的产品时,有时纤维稍粗也不会影响其用途或外观和手感,因而可采用加大喷丝板的单孔挤出量的方法来提高生产线的产量。

同样的原因,还可选用性能(如 MFI 较小的)较低的原料,从而降低生产成本,取得更大的经济效益。因此,在 SMS 生产线中的 M 系统产量可比单独的熔喷生产线增加25%甚至更多。如一般3.2 m 熔喷线的生产能力为160 kg/h(相当于50 kg/h.m),而在 SMS 生产线中,M 系统的生产能力可以达到200~250 kg/h,甚至更高。

在生产 SMS 产品时,成形网带进入熔喷系统时,其上已有一层或多层纤网覆盖,增加了网带的透气阻力。因此在 SMS 型生产线中,M 系统以及其下游的 S 系统成网风机的工作能力(主要是压力)都要比独立系统更强。

在 SMS 产品结构中,M 层纤网(或布)所占的质(重)量一般不大于产品定量规格的1/3。SMS 产品常用于制作医疗、卫生、保健制品的材料,产品较为轻、薄,其总定量一般都比较低。如用作卫生材料时,定量常在30 g/m^2以下。在生产这种产品时,如生产线用小于300 m/min 的速度运行,各纺丝系统的挤出量均较低,限制了生产线的生产能力。

因此，为了提高生产线的产量，就必须使用较高的运行速度。目前SMS型生产线的设计速度一般都在400 m/min左右，国内已投入运行的生产线的最高运行速度已高于600 m/min，国产的生产线中，已有最高运行速度高于350 m/min的机型。

（二）SMS非织造布的性能和特点

产品的均匀度是SMS产品的基本性能指标，一般认为纺丝系统越多，均匀度也会越好。SMS产品的其他性能指标与产品的用途有关，也与对熔喷产品的要求相类似，主要是透气性能，阻隔性能（静水压）等。

一般情况下熔喷层的均匀度比纺黏层好，在里（中间）层较为均匀的熔喷层的衬托下，表面纺黏层的不均匀性会更为明显。由于两种纤网的纤维细度相差很大，在生产有颜色的产品时，因熔喷层的着色较难，熔喷层的色差会导致产品出现总体色差，而使纺黏层纤网的不均匀性会显得更为严重。定量大的位置颜色较深，定量小的位置颜色较浅，整体外观变差。因此生产有颜色SMS产品的工艺条件要求也比普通产品严格。

透气性或阻隔性是医疗卫生产品必须具备的基本功能。在SMS产品中，影响透气性或阻隔性的主要因素是M层产品的纤度、均匀性及M层纤网的定量，而M层产品的透气性或静水压将最终确定了SMS产品的透气性或阻隔性。

S层主要对M层起保护和加强作用，使M层避免在外力作用下被磨损、结构发生变形或破坏。当然，S层的均匀度越好、纤度越小则其对M层的支撑、保护作用也越明显，对提高SMS产品的静水压会有更好的效果。当S层纤网的纤维细度接近M层纤网的纤维细度时，甚至可以代替M层纤网使用。

在SMS产品中，M层的比重越大、定量越大或层数越多，其静水压或阻隔性能也越好。同样比例或定量的M层，配合纤度越细、均匀度越好的S层或定量越大的S层，其静水压或阻隔性能也越好。

实际生产中，在要求产品具有同样性能的条件下，有可能用细旦的较小定量S层来替代粗旦的较大定量的S层，从而节省原料的用量。或在使用同样定量的细旦S层时，可以适度减少M层的比例或定量，减少了价格较贵的熔喷原料的消耗量，从而达到降低生产成本的效果。如在实际应用中，可用15 g/m^{2}的SMMS产品代替17～23 g/m^{2}含有SAP（高吸收性物）的经亲水处理的纺黏布，节省了原料的用量，也降低了生产成本。

由于在"一步法"SMS（包括后面用"二步法"生产的复合产品）生产工艺中，纤网一般是通过用热轧工艺固结成布的，在轧点位置的纤网被轧成了不透气的薄膜，加上二层S布阻隔，因此其透气性能是低于一层M（熔喷）布的，但其强度则大于熔喷布，静水压也有较大的提高。轧点位置的纤网变为不透气的膜片状，如图4-34所示。

在一般生产卫生材料的SMS复合非织造布生产线中，所用的热轧机刻花辊的轧点面积百分比均小于20%，即不透气部分的面积小于20%。因此，一步法S—M—S布的透气面积为（100%－20%）≥80%（比同样定量规格的熔喷布小）。由于多层纤网仅经过一次热轧，产品的手感也比较柔软；由于产品是在生产线上一步成型，幅宽准确，卷长容易控制，损耗较低；由于是用熔体直接纺丝成网，不易受污染，产品的卫生条件也较好。

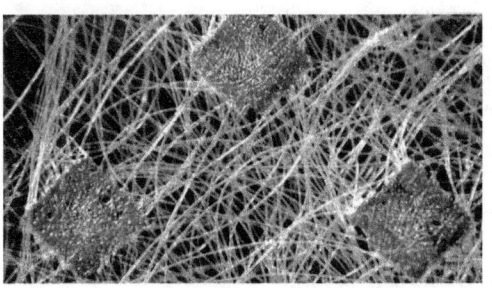

图 4-34　轧点位置的纤网变为不透气的膜片状

（三）SMMS 型产品

如果要增加 SMS 产品的阻隔性能，就要将 M 层纤网所占的比例提高，但由于技术上的原因，熔喷系统的生产能力远比纺黏系统低。如目前一般的生产能力水平是：熔喷系统为 50 kg/h·m，而纺黏系统为 200 kg/h·m。按不同的纺丝系统组合方案，只有在所有纺丝系统的生产能力都得到利用时，生产线才有最高的生产效率。

如表4-7所示，每一种纺丝系统组合方案，都有一个最高产量，及与其对应的熔喷层含量。最高产量就是所有的纺丝系统都按设计生产能力运行时的产量。

在生产阻隔能力更高的产品时，就必须增加熔喷层的含量比例。但由于熔喷系统已处于最大产能状态运行，已无法用提高熔喷系统产能的方法，而只能用降低纺黏系统产能的方法来相对提高熔喷纤网的比例，但这样做就把纺黏系统的产能，也就是全生产线的生产能力降低了。

表 4-7　各种组合状态下的熔喷层所占的最高比例

序号	项　目	纺丝系统组合形式				
		SMS	SMMS	SMMMS	SMMMMS	SMMMSS
1	纺黏系统产能	200 kg/h·m				
2	熔喷系统产能	50 kg/h·m				
3	生产线总产能	450	500	550	600	750
4	熔喷层占比例	11.1%	20.0%	27.3%	33.3%	20.0%

为了解决这个问题，就出现了有多个熔喷系统的复合型生产线，如：SMMS，SMMMS 等形式的生产线。从表中还可以看到，增加纺黏系统的数量只能降低熔喷层的相对含量，如 SMMMSS 生产线，其熔喷层的含量比例仅与 SMMS 生产线相当，但增加了 S 纤网的含量，可以提高对熔喷层的支撑作用，也能改善产品的静水压。

增加 M 系统的数量除了可以充分发挥生产线的产能，制造阻隔能力更好的产品以外，在生产熔喷层含量比例较低的产品时，由于熔喷系统处于生产能力较小也就是在喷丝孔的单孔挤出量较小的状态运行，纤维的直径会更细，所形成的纤网会有更高的静水压和更好的阻隔能力。这就是在定量相同的条件下，SMMS 产品比 SMS 产品质量更好的原因。

另一方面，在要求阻隔能力一样的条件下，就意味着可以用定量较低的SMMS产品来代替定量较高的SMS产品，使生产成本降低，这就是SMMS型生产线不仅受卷材生产企业而且也受下游制品企业青睐的原因。近年来，国外新增的复合型生产线都有向4个或更多纺丝系统发展的趋势。

虽然SMMS产品比SMS产品质量更好，但设备投资也较多，管理也较复杂，在产量相同的条件下，单位产品能源消耗也会较大。

三、SMS复合非织造布生产线

（一）宏大研究院有限公司SMS型非织造布生产线

宏大公司的SMS非织造布生产线中，纺黏系统采用宽狭缝牵伸技术，属HDS3机型。熔喷系统采用Exxon工艺，喷丝板组件是快装式，属HDM3机型。有SMS、SMMS两种机型，产品的幅宽有1600 mm和3200 mm两种。宏大公司的SMS非织造布生产线可用于PP复合非织造布产品的生产，是目前国产设备中运行速度较高的设备。纺黏原料PP：MFI，25～40；熔喷原料PP：MFI，800～1500。

（二）温州昌隆化纤公司SMS型非织造布生产线

温州昌隆化纤公司是我国较早从事SMS非织造布生产技术开发研究的企业。2006年建成了1600 mm SMS型非织造布生产线，目前拥有SMS、SMMS、SSMMS三个机型，生产线的幅宽有1600、2400、3200 mm三种。除了使用PP原料外，部分机型可以使用PET、PLA原料。

昌隆化纤公司3.2 m SMS非织造布生产线如图4-35所示。昌隆化纤公司SMS非织造布生产线技术性能如表4-8所示。

图4-35　昌隆化纤公司3.2 m SMS非织造布生产线

表 4-8 昌隆化纤公司 SMS 非织造布生产线技术性能

序号	项目	单位	性能指标			
1	机型		SMS			SMMS
2	幅宽	mm	1600	2400	3200	3200
3	纺丝系统数量	个	3			4
4	纺黏纤维细度	dtex	2.5			
5	熔喷纤维细度	um	2.0~5.0			
6	产品定量范围	g/m²	14~120			
7	生产线速度	m/min	160	200	300	300
8	纺黏喷丝板孔密度	个/m	约 5 000			
9	熔喷喷丝孔密度	孔/m				
10	纤网固结方式		热轧机			
11	生产能力	t/a	3000	4200	6000	5000
12	单产能耗	kwh/t	2000	~1500		
13	装机容量	kw	1600			
14	纺粘原料	MFI	25~40			
15	熔喷原料	MFI	800~1500			

（三）德国 Reifenhauser 公司 SMS 非织造布生产线

莱芬豪舍公司的 SMS 非织造布生产线，以使用 Reicofil 纺丝工艺的纺黏系统和熔喷系统为基础，共有 SMS、SMMS、SMMMS、SSMMMS 等组合形式的机型，是目前全球保有量最多，口碑最好的品牌。莱芬豪舍公司的 REICOFIL Ⅲ 型 SMS 生产线如图 4-36 所示。Reifenhaoser 公司 SMS 非织造布生产线技术性能如表 4-9 所示。

生产线主要是使用 PP 原料，有双组分机型，组分原料的配对有：PP/PE、PET/PBT、PET/PE、PET/PA6 等。产品幅宽：2400~5200 mm；生产线最高运行速度：750 m/min；产品最小定量：10 g/m²；纺黏系统生产能力：240 kg/hm；熔喷系统生产能力：60 kg/hm。

图 4-36　莱芬豪舍公司的 REICOFIL Ⅲ型 SMS 生产线

表 4-9 Reifenhaoser 公司 SMS 非织造布生产线技术性能

序号	项　目	单　位	性　能　指　标		
1	机　型		SMS	SMMS	SMMMS
2	幅　宽	mm	3200	3200	3200
3	纺丝系统数量	个	3	4	5
4	纺黏纤维细度	dtex	0.8～1.2		
5	熔喷纤维细度	um	2～5		
6	产品定量范围	g/m²	10～80		
7	生产线速度	m/min	400	500	600
8	纺黏喷丝板孔密度	个/m/模头	约 7000		
9	熔喷喷丝孔密度	孔/m/模头	1378		
10	生产能力	t/a	8000	10000	
11	装机容量	kw	3200	4200	
12	单产能耗	kwh/t	1500～1700		
13	纺粘原料	MFI	25～40		
14	熔喷原料	MFI	800～1500		

（四）意大利 STP 公司 SMS 非织造布生产线

意大利 STP 公司的 SMS 非织造布生产线中，纺黏系统采用管式牵伸技术，属 STP4 机型，可选用摆片或其拥有知识产权的静电分丝专利技术。熔喷系统采用 Exxon 工艺，早期熔喷系统的喷丝板组件是现场组装式，近年制造的生产线已开始使用快装式组件。有 SMS、SMMS 两种机型，产品的幅宽有 1600 mm 和 3200 mm 两种。STP 公司 SMS 非织造布生产线的纺丝系统如图 4-37 所示。

图 4-37　STP 公司 SMS 非织造布生产线的纺丝系统

（五）瑞士 Rieter 公司 SMS 非织造布生产线

瑞士 Rieter 公司的 SMS 型非织造布生产线是以 Perfobond 3000 纺黏法纺丝系统和 EMBLO 熔喷法纺丝系统组成。以下是型号为 Perfobong3200—SMS 生产线的主要性能：

纺丝系统数量：纺黏系统2个，熔喷系统1个。

适用原料：PP。

热轧机纤网宽度：3500 mm。

每个纺丝系统控制模块数量：6个。

产品定量范围：12～50 g/m²。

切边后产品幅宽：3200 mm。

纺黏系统生产能力：250 kg/h.m（模头）。

熔喷系统生产能力：60 kg/h.m（模头）。

生产线最高速度：700 m/min。

第五章 纺熔法非织产品性能和用途

第一节 纺丝成网法非织造材料的产品性能和用途

纺丝成网法（纺黏法）非织造材料的应用十分广泛，纺黏法非织造材料的主要市场是卫生材料包覆布、医疗用非织造布、土工布、农业用方面。

在习惯上，可以根据产品的使用特征分为即弃型产品和耐久型产品两大类。即弃型产品是指一次性的、经济价值较低、使用方便和效果满意，而且是人们经常需要而大量使用的产品，又称"短使用寿命产品"；耐久型产品则指用于工程、建筑和各种工业制品、生活用具中的部分材料，又称"长使用寿命产品"。

一、卫生材料

纺黏法非织造材料在卫生材料方面的应用，一般是婴儿尿布、妇女卫生巾和成人尿失禁用品，这类产品又可称为吸收性产品。它们都用于吸收人体排泄出的废物（液），具有良好的吸收性能且对人体皮肤无刺激。这类产品舒适、清洁卫生、轻薄且便于携带，给人们生活带来很大的方便。

吸收性产品一般使用非织造材料、超吸收性能的高分子材料、木浆绒、塑料薄膜等4种主要材料。婴儿尿布从上到下或者说从接触皮肤的一层开始到尿布的外层，其主要结构包括顶层包覆材料，接受（尿液）、转移或分配层，吸收芯子，背层。除此之外，还有3个次要的结构材料：阻断尿液渗出的"腿口"、弹性材料、热熔胶。

对于顶层包覆材料来说，最主要的要求是触觉性能。无论是它在被尿液润湿或干的状态，都不允许对皮肤有刺激，要求触觉柔软。由于包覆材料下面就是接受转移层，尿液迅速渗到下面，因此包覆材料还要具备对皮肤干爽的触觉。接受转移层在现代超薄型的尿布设计中显得十分重要，它的作用就是在使用过程中能将尿液迅速转移到吸收芯子中，同时保证接受转移层本身始终有足够的"空"容积，以便继续握持后来的尿液。这个作用主要是依靠接受转移层的毛细管效应获得的。吸收芯子是吸收性产品的关键功能层，目前吸收芯子主要是由木浆绒和具有超吸收性能的高聚物担任吸收材料。最初吸收芯子是完全用木浆绒做的，后来由于超吸收性能高聚物的加入，木浆绒使用的比重逐渐下降。最新的尿布设计中，超吸收性高聚物的用量超过木浆绒的用量，而对尿布的性能来说，其保液量却不断上升。最早的背层都是用塑料薄膜做的，其作用是防止尿布中剩余尿液漏出来。采用塑料薄膜的背层材料，其性能并不太令人满意，主要是柔软性较差。另外，早期的薄膜在使用中还有令人不悦的噪声。背层材料的发展主要有三种情况，首先是采用聚乙烯，特别是低密度聚乙烯和低密度线性聚乙烯共混挤出成膜，以得到柔软性和强度综合考虑并经过多层复合的背层材料；其次是采用透气性薄膜，在挤出过程中加入特种碳酸钙粉末，使获得的薄膜透气不透水；最后是所谓的"服装式"背层材料，是在背层材料中引入非织造材料（SMS纺黏布），这样不但具有良好的背层功能，而且更加美观，更主要的是这种背层和以前的塑料薄膜相比更具有纺织品的感觉，皮肤触感如同衣服的感觉，受到消费者欢迎。

二、土工布（Earthwork cloth）

纺黏法非织造材料在建筑方面的应用主要是指在土工布方面。土工布和其他土工合成材料一起被看做继钢材、水泥、木材之后的第四种新型岩土工程材料。在水利、电力、铁路、公路、海港、机场、建筑、围垦、环保、军事等工程中得到了应用。

所谓土工布，一般被定义为岩土工程中所使用的一种透水性纺织品，它应当和岩土直接接触并且构成工程的一部分，而这种纺织品可以是机织、针织或者非织造的。土工布除了在岩土工程中可以单独使用以外，在很多情况下也可以和其他土工合成材料组合应用。

早期的土工布主要是机织和针织，后来由于非织造材料生产技术的发展，非织造材料开始在土工布中广泛使用，由于其优良的性能而倍受欢迎。其中用聚酯生产的土工布对岩土工程更为适合。

土工布在很久以前已被使用，而且达到了相当的规模，如长江三峡工程围堰防渗、福建水口水电工程大坝上下游围堰、浙江秦山核电站围堤工程等一些较大的水利水电工程。电力能源系统方面，新建电厂粉煤灰库90%以上采用土工布修建库堤。在铁路方面，如京九铁路路基处理、京广铁路翻浆冒泥整治都使用了土工布。还有公路建设、港湾及海岸工程都开始使用这种新型土工合成材料。

三、农业方面

我国是一个农业大国，全国农业生产跨越的地域广阔，所遇到的自然气候和地理条件差异很大，利用纺黏法非织造材料以及和其他材料的组合来达到保温、遮阳、防雨、防虫害等目的，从而有可能创造出一个小环境，使得在不利于作物生长和栽培的自然条件下也能使作物获得良好的生长。

在水稻方面，辽宁省积极推广丙纶纺黏法非织造材料用于水稻育苗，这项技术特别适合于北方地区。辽宁省水稻育苗时间一般在3月末至5月初，这时室外温度不高，早晚温差也较大，要求暖棚的材料具有保温性、较高的强度、较好的防水性、适度的透气性和防老化性。试验表明，丙纶纺黏布（40 g/m²）与塑料薄膜对比，其抗拉强度、断裂伸长、撕破强度、顶破强度都较塑料薄膜为好。暖棚的透光率达到75%以上效果就很好，纺黏非织造材料的透光率完全符合这一要求。纺黏法非织造材料具有较好的透气性，受外部风压影响时，暖棚内压差较小，棚面波动小，呈基本平稳状态。育苗过程中苗棚经常需要掀盖，由于纺黏布强度高、不易破损，而且浇水时，纺黏布不用掀盖即可浇水，因而大大降低了劳动强度。

育苗暖棚最重要的是保持暖棚温度。丙纶纺黏布因有透气作用，使棚内温度更适于育苗，而塑料薄膜由于没有透气性，棚内的多余热量无法调节出去，使秧苗较长时间在高温下生长，会影响秧苗成活率。经对比，棚内最低温度采用纺黏非织造材料比塑料薄膜低1～2℃，不影响秧苗成长，而最高温度低于15℃，不致使有些秧苗被烧死，成活率显著提高。

纺黏法非织造材料在蔬菜种植上的应用也十分有前途，尤其是人们追求食用更有利于健康的"绿色"蔬菜，使蔬菜种植中的栽培设施发展速度加快。因此，利用纺黏法非织造材料来遮阳、覆盖、防虫、防雨、保温等市场需要量会不断扩大。根据已经进行的在江南一带冬季利用纺黏布对若干种蔬菜进行浮面覆盖所做的实验表明，纺黏法非织造材料对气温和土温有明显的保温、增温作用，薄型纺黏非织造材料的透光性与玻璃相似。例如，上海七宝园艺场让青菜在苗期浮面覆盖667 m²，产量增加240 kg，产值增加528元。而在蔬菜种植后浮面覆盖可以早熟7天，增加早期产量15%～30%，提高温度1℃～2℃。实验结果表明：纺黏法非织造材料在蔬菜栽培上的应用可以使幼苗更为茁壮，并可使冬季菜增产26.2%、芹菜增产12.2%、荠菜增产99%。这对于解决淡季蔬菜供应和缓解蔬菜长距离调运都是十分有意义的。

在经济作物方面，纺黏法非织造材料在人参栽培上的应用也是十分成功的。据统计，我国的人参种植面积大约为1.4亿平方米，主要分布在长白山脉一带。人参生长期一般为5～6年，由于人参是一种喜阴而怕阳光直晒的作物，因此每年5～10月都需要采取遮阳措施。过去传统的遮阳用具是用芦苇做成，需要把芦苇用绳子一根一根串成帘子，并从山脚下运到山上的人参园，这种芦苇帘子经风吹雨打和太阳直晒，很不耐用。采用一定定重和色泽的纺黏法非织造材料做成的遮阳帘子代替传统的芦苇帘子，不但方便使用，而且可以保证透光率、防雨和防止参园因滞留过多的水分而影响人参的生长和品质。实验表明，采用纺黏帘子的人参产量大约可比用芦苇帘子的增加6%左右，而且无论是新鲜人参的重量，还是干重都是用纺黏帘子的产量高于芦苇帘子。

在果园种植方面，对水果生长期中的果实采用"套袋"技术可以防止病虫害，起调节温湿度的作用，使水果生长得又大又美观。此外，用纺黏法非织造材料做"套袋"在茶叶、烟叶等方面也都有很多的应用。

四、纺黏法非织造材料的其他即弃产品

即弃非织造材料产品中主要包括医用产品、过滤材料和防护服等。

（一）医用产品市场

纺黏法非织造材料在医用产品方面主要有外科手术服、手术盖布、手术用具包布、蒸汽消毒包布、伤口护理用布以及医务人员的帽子、口罩、鞋罩等。

（二）过滤材料

非织造布过滤材料因具有三维结构，空隙小，分布均匀，总空隙率大，可满足于多种粒尘过滤要求，滤尘效率高，优点较传统纺织品更为突出。

过滤材料包括空气过滤和液体过滤。其中用于液体过滤的主要是湿法成网产品、熔喷材料和涤纶纺黏材料。在水的过滤方面，多用涤纶纺黏材料。

无论是空气过滤还是液体过滤，由于人们的环保意识增强，对人类生存的空间有更科学、更合理的要求。因此，无论是空气、水，还是其他介质，需要的过滤材料的数量都会不断增长。但是纺黏法非织造材料用于过滤产品需要降低其纤维的平均纤度，以得到更为均匀的纤维分布。

（三）工业防护服

非织造材料防护服主要用于化工、矿产等行业。防护服具有隔离作用，能保护操作工人的健康。用于这个市场的非织造材料主要是纺黏法产品，而且主要是美国杜邦公司的聚乙烯闪蒸法纺黏产品 TYVEK。其中丙纶纺黏和 SMS 产品在防护服中也有一定应用。

此外，用即弃非织造材料产品还有织物柔软布、包装材料、飞机上用的枕头套和靠头垫布等。

五、纺黏法非织造材料的其他耐久型产品

纺黏法非织造材料耐久型产品除了土工布、屋顶防水材料基布、农业用布以外，还有床和家具用布、地板覆盖产品、鞋用衬布、涂层和层压基布、电器工业用布、服装衬布和汽车用布。

（一）床和家具用布

纺黏法非织造材料在床和家具用布的应用主要有沙发、弹簧的隔离用布、底部防止灰尘散出的盖布、床罩的底布等。另外，在室内的软分割、窗户的处理等方面也有应用。

（二）电子工业用布

纺黏法非织造材料用在电子工业方面主要是做电池隔离布和少量其他绝缘材料。很显然，这个市场的非织造材料相对于其他产品来讲产值要高，这也意味着对产品的技术要求高，其技术难度更高。

用于电池中电极隔离的可以是纸、非织造材料和微孔膜等类似材料，但是在镍氢和镍镉电池中必须采用非织造材料，而且是热轧产品。碱性电池（非充电式）一般则采用湿法成网的非织造材料。

（三）鞋革、涂层和层压产品

纺黏法非织造材料在鞋革、箱包革、家具用革方面，作为各种基布而被广泛采用。除革制品以外，纺黏法非织造材料也适宜于涂层或和其他材质层压，用于装饰和包装等产品，例如手提袋、西服罩、空调罩、旅行帽等。

（四）地板覆盖市场

涤纶纺黏材料由于其力学性能好，具有各向同性和产品的均匀性等优良性能，在地板覆盖市场被广泛采用。

在地毯底布中，纺黏法非织造材料占主要部分，如汽车用地毯底布有80%～90%都是采用涤纶纺黏材料做成的。采用涤纶纺黏材料做成的汽车用簇绒地毯，无论是第一层或第二层底布，都会使汽车内装饰更为舒适。此外，涤纶纺黏法底布还被大量的宽幅簇绒地毯用于宾馆和各种高档建筑内。

纺黏法非织造布制品所用材料的规格和要求：

PP 纺黏布

尿布面层吸收材料：15～17 g/m^2，SS 亲水布。

普通防护服：40 g/m^2，SB。

淋膜防护服：40 g/m^2 SB ＋18 g/m^2 PE 膜复合。

淋膜防护服：40 g/m^2 SB ＋30 g/m^2 EVA 膜复合。

超声波防护服：65 g/m^2，SB ＋透气膜＋SB，超声波复合。

隔离衣：20～35 g/m^2。

隔离衣：SB ＋透气膜复合。

折叠式挂衣袋，婚纱套：100 g/m^2。

简易挂衣袋：50 g/m^2。

长礼服套，大挂衣袋：80 g/m^2。

枕巾：25～60 g/m^2（阻燃）。

家用纺织品（床上用品、家具、窗帘等）：25～80 g/m^2（阻燃）。

拉索袋：50 g/m^2。

快件袋（挎包袋）：100 g/m²。

手提袋：80～100 g/m²（印花、带子为 SB 或 NYLON）。

保温（冷）袋：复合材料，SB ＋ MB ＋铝膜。

储物架外层：储物盒、吊柜、壁橱：75 g/m²。

农用育苗覆盖：20～35 g/m²，原色、白色、银灰色。

露天蔬菜防冻、保温：30～40 g/m²。

大棚内侧保暖层：30～50 g/m²。

南方温室、大棚内保温幕：30 g/m²。

北方温室、大棚内保温幕：50 g/m²。

大棚顶面保暖层：50～100 g/m²。

茶叶反季节覆盖：40 g/m²，黄色。

柑橘果实防护（树冠包套）：40～50 g/m²。

栽培苗床基布：60～100 g/m²。

草地越冬保护：15～20 g/m²。

草坪覆盖：30～50 g/m²。

PET 纺黏布

包装材料、食品包装、滤材、茶叶袋：15～70 g/m²。

防寒衣类服装的衬布、帽子、鞋内衬，可多次使用的农用薄膜、果实套袋、厨房滤纸、擦桌布、一次性医疗用品：20～50 g/m²。

原色、白色、银灰色：农用育苗、农作物覆盖：20～35 g/m²。

露天蔬菜防冻、保温：30～40 g/m²。

大棚内侧保暖层：30～50 g/m²。

大棚顶面保暖层：50～100 g/m²。

工业用过滤材料，电缆托套，墙内装饰，可用四次的水泥包装袋，印刷地图及图画，邮袋，衣服内衬，一次性工作服，购物袋，座单，家具和室内用品内衬、强力增补材料：50～100 g/m²。

地毯基础衬垫，屋顶防水材料，要求硬挺的加剧内部隔板，地下水的土地改质布（排水、沙土分离），建筑物屋内装饰材料：25～60 g/m²。

油毡基布：100～200 g/m²。

道路改造，针刺纺黏土工布：150 g/m²。

垃圾填埋场，针刺纺黏土工布：200～500 g/m²。

铁路、高速公路，针刺纺黏土工布：200～400 g/m²。

水库大坝：300～350 g/m²。

针刺涤纶纺黏土工布：100～600（最大至800）g/m²。

双组分纺黏布

婴儿尿布、失禁用品、卫生巾面层：10～20 g/m²。

医用胶布、伤口绷带、手术帷帘、手术衣：30～45 g/m²。

运动服、工作服、鞋里衬、遮阳纺织品、汽车工业用布、合成革基布、床单、台布等。90～300 g/m²。

PLA 纺黏布

医用手术衣、防护服、手术覆盖布、病床床单等。

尿布、卫生巾面料、女性卫生用品。

生活用品，如：内衣、外套、袜子。

擦拭布、滤水、滤茶叶、滤药渣袋等。

农业、园艺方面的种子培植、育秧、施肥、防寒、除草。

第二节　熔喷法非织造材料的产品性能和用途

熔喷法非织造材料是非织造材料生产中发展较快，被誉为流程最短的聚合物一步法生产工艺。其产品具有过滤效率高、阻力低、柔软、自身编结和粘合等诸多优点而被广泛应用在过滤材料、医用材料、卫生用品、吸油材料、保暖材料、擦布、热熔粘合材料、电子专用材料（蓄电池、电池隔层等）、特殊纤维等方面。

一、过滤材料

熔喷法非织造布滤材由于纤维超细，比表面积大，空隙率高，高效的深层过滤性能，低空气阻力以及良好的加工性能，被认为是最具有前途的过滤材料，成为仅次于针刺法的第二大类非织造布滤材。

全世界目前使用熔喷法非织造材料滤材每年约2万吨，主要用于液体、气体过滤，其中液体过滤约占65%，气体过滤约占35%。使用熔喷法非织造材料作为滤材主要是利用其超细纤维结构。

过滤材料的应用范围很广，在气体过滤方面已大量推广应用，如医用防菌口罩、室内空调机过滤、水气分离过滤、净化室过滤等方面。其中医用防菌口罩采用熔喷法非织造材料作为过滤介质，可大大减少细菌的透过率，其阻菌率高达98%以上，而且戴用时并没有不舒服的感觉。

在液体过滤方面，熔喷法非织造材料的用途也很广泛，如饮料和食品过滤、水过滤、贵金属回收过滤、油漆及涂料等化学产品过滤。其中熔喷法非织造材料可制成调换式滤芯或滤袋用于各种过滤场合。

二、医用材料

目前熔喷法非织造材料第二大用途是医用材料，全世界每年的用量估计在1万吨以上。其中外科手术衣、手术室帷帘及消毒包扎布在医用材料上用量最大。此外，弹性绷带、胶带（用聚氨基甲酸酯为原料）及一些复合材料中的功能层（主要利用熔喷法非织造材料的分离、阻隔、适形等性能）中也有熔喷法非织造材料的应用。由于熔喷法非织造材料具有良好的阻隔性，无论被作为外科手术衣或手术室帷帘，都可有效防止医务人员受到病员所携病菌的感染。SMS复合材料中，上下层的聚丙烯纺丝成网非织造材料具有高强力、高耐磨性，并且其长丝结构保证无绒头产生。而夹在两层纺丝成网非织造材料中间的聚丙烯熔喷法非织造材料则可有效阻隔血液、体液、酒精及水等液体穿透，同时由于其超细纤维结构则又保证了水蒸气可透过这一阻隔层。

三、卫生材料

熔喷法非织造材料在卫生材料主要应用在妇女卫生巾与成人尿片（裤）的吸收材料方面。

熔喷法非织造材料在卫生巾方面应用有两种：一种是将熔喷法非织造材料插入卫生巾吸收芯的中间，起毛细管转移层作用，当液体渗入熔喷法非织造材料时，它的超细纤维结构起到了良好的毛细管作用，将液体迅速地输送至吸收层其他部位。这里的熔喷法非织造材料需经加湿处理，以赋予良好的毛细管作用，用来改进吸收芯的吸湿功能。

第二种应用是利用熔喷法非织造材料的阻隔作用，使之作为对液体渗透的阻隔层。在卫生巾中用两层熔喷法非织造材料来取代通常的聚乙烯防渗膜，由于聚丙烯超细纤维熔喷法非织造材料具有天然的良好拒水性，因此当液体透过吸收芯向外渗透时，两层熔喷法非织造材料就可以有效地防止了液体的渗漏。而人体的蒸汽仍能透过这一阻隔层向外逸出，从而使人体感觉舒适。

四、吸油材料

聚丙烯熔喷非织造材料的多微孔性与疏水性使其成为吸油材料与揩布的天生候选者，其吸油量可以达到本身重量的20～50倍，具有吸油速度快，吸油后能长期浮于水面不变形，水油置换性能好，可以反复使用长期存放等特点，受到这一领域的欢迎。许多国家已广泛利用熔喷吸油材料进行工厂设备泄油治理，海洋环境保护，污水治理以及其他油料溢出和油污治理等。

五、保暖材料

由于熔喷法非织造材料比表面积大，在材料中形成大量的微细空隙，空隙度高，贮藏大量空气，能有效阻止热量扩散，具有极好的保温效果，被广泛应用于服装生产中。保暖用熔喷法非织造材料的应用目前最成功的是美国3M公司开发的一种特殊熔喷法产品，它是在熔喷成纤过程中，另有一股气流混入聚酯短纤，使熔喷的超细纤维与普通的聚酯短纤充分混合，形成由弹性良好的聚酯短纤与聚丙烯超细纤维构成的空气保暖结构。这种保暖材料轻而暖，已被成功用于生产滑雪衫、手套、帽子、茄克等产品。

六、擦布

工业及家庭用揩布是目前发展最为迅速的市场，由于熔喷法非织造材料去污力强、手感柔软、不损坏被揩拭的表面，因此很有发展前景。有的企业用熔喷法非织造材料制作婴儿揩擦布、家庭用揩布、个人用揩拭布都很受欢迎，熔喷揩擦布也可用于汽车揩拭布、精密机床、精密仪器揩布等。

熔喷法非织造布制品所用材料的规格和要求：

吸音、隔热材料：200 g/m^2（厚13 mm），300 g/m^2（厚19 mm），400 g/m^2（厚25 mm）。

吸油材料：100～500 g/m^2，吸油倍数≥12。

汽车内饰、车门、后车盖、工具箱面板、行李盘、车顶织物内衬，建筑物：由35% PET，65% PP超细纤维组成，表面覆盖一层纺黏布加强，200～600 g/m^2。

空气滤材：70～185 g/m^2，经驻极处理，可打褶类产品则用PET布加强。用于制作中效、亚中效、高中效、亚高效、高效过滤器。

保温材料：35～200 g/m^2，厚度2.6～12.5 mm，克罗值0.65～2.65。由35% PET，65%PP超细纤维组成，表面覆盖一层或两层纺黏布加强。

医用口罩材料：15～25 g/m^2，厚度2.6～12.5 mm，细菌过滤层效率BFE90%～99.9%。

隔离材料（有静水压和透气性要求）：10～20 g/m^2。

劳动保护防尘口罩材料（有透气性和阻尘率要求）：50～120 g/m^2，厚度2.6～12.5 mm。

擦拭布（热轧熔喷布）：40～80 g/m^2，吸油倍数≥6，吸水倍数≥6。

第三节　SMS复合非织造布的产品性能和用途

目前，SMS复合型非织造布的应用领域分别与纺黏法、熔喷法非织造布相类似，但应用范围较窄，主要集中在医疗、卫生、个人护理、妇女卫生巾、婴幼儿尿片、成年人失禁用品等附加值较高的领域。

SMS 产品用于制作妇女卫生巾、婴幼儿尿片、成年人失禁用品时，根据所使用的部位，对产品有不同的要求。如用作婴幼儿尿片、成年人失禁用品的防漏隔边时，要求有较好防（拒）水性能，手感柔软、舒适，对皮肤无刺激、不会引起过敏，遮盖性好；用作包裹层时，要求有较好亲水效果和遮盖性。

SMS 产品用于制作妇女卫生巾防漏隔边时，要求有较好的防（拒）水性，手感柔软，耐磨不起毛；用作包膜复合材料时，要求柔软、易于印刷；用作底膜材料时，要求手感柔软、拒水。

SMS 非织造布制品所用材料的规格和要求：

卫生巾、尿片高吸水材料（SAP）包覆用料：$10\sim11$ g/m^2，亲水布。

纸尿片、卫生巾防侧漏边和底层（SMS 与透气膜复合底层）：$13\sim17$ g/m^2，拒水布。

纸尿片、卫生巾包裹材料：$24\sim30$ g/m^2，拒水布。

防护服：60 g/m^2。

医用口罩：20 g/m^2 SB ＋ 25 g/m^2 MB ＋ 20 g/m^2 SB 复合。

电子工厂、手术室用防护服面料：$40\sim200$ g/m^2，二步法抗静电布。$108\sim109$ Ω。

医用防护服面料、中高档手术衣、手术洞巾、器械包布：$40\sim200$ g/m^2，二步法整理，有拒酒精、拒血液、拒水、抗静电功能布。要求表面电阻在$108\sim109$ Ω 范围。

油漆、装潢、粉尘、油污作业防护服：$60\sim250$ g/m^2，二步法拒油、拒污、拒水、耐酸碱布。

沙滩服、遮阳伞、野外帐篷：$70\sim240$ g/m^2，二步法抗老化（UV）布。

服装、装饰、帐篷：$40\sim250$ g/m^2，二步法阻燃基布。

厨具、机械擦拭布：$70\sim300$ g/m^2，二步法高吸水、高吸油布。

第六章 纺熔法差别化纤维

化学纤维发展到二十世纪七八十年代进入一个新时期。一方面传统的涤纶、锦纶、丙纶等纤维的产量大量增加,价格降低,为解决人类衣着做出了巨大贡献。另一方面,随着科学技术的不断进步和人民生活水平的逐步提高,某些化学纤维的缺点逐渐暴露,如起毛起球、闷热、不透气透湿、手感差、静电大、染色困难、光泽不佳等。为了克服化学纤维本身固有的不足,适应人们在衣着、装饰及特殊领域的需要,得到更高附加价值的纤维,各厂家纷纷研究开发具有更好性能的纤维。而其重点,是对常规化学纤维进行改性。

化学纤维的改性,原则上是要在保持其原有优异性能的前提下,赋予新的性能。然而,由于纤维结构与性能的错综复杂关系,当采用某种方法改善某一种性能时,不可避免地会引起其他性能的变化。例如,用共聚合改进疏水性化学纤维的吸湿性或染色性时,往往伴随熔点降低或强度下降。因此,在改性实践中,必须防止纤维有价值的性质受到过多的影响,应在相互矛盾的效应中求得综合平衡,使纤维材料获得更高的使用价值和更广泛的用途。

目前化学纤维的改性方法主要有化学改性(chemical modification)和物理改性(physical modification)两种方法。化学改性是通过分子设计,改变已有成纤高聚物的结构,达到改善纤维性能的目的。物理改性则是在不改变成纤高聚物基本结构的情况下,通过改变纤维的形态结构而改善纤维的性能。

由于高分子材料在加工成纤维材料的过程中经历的加工步骤很多,因此具有较大的改性自由度。可以在成纤高聚物的合成、纤维成型或织物后整理过程中用物理或化学方法改性,如表6-1所示。

表6-1 化学纤维的改性目标与改性手段

	离子性染料可染性	易染性	抗起球性	亲水性	防污性	抗静电性	难燃性	仿天然纤维(仿毛、仿丝)
聚合阶段 分子量 添加剂 共聚 共混	○ ○	○ ○ ○	○ ○	○ ○ ○	○	○ ○	○ ○ ○	

续表

	离子性染料可染性	易染性	抗起球性	亲水性	防污性	抗静电性	难燃性	仿天然纤维（仿毛、仿丝）
纺丝阶段 多孔性 断面 复合纺丝 卷曲 混纤 表面 交络	○	○ ○	○ ○	○ ○	○	○	○	○ ○ ○ ○ ○
后整理阶段 化学处理 树脂加工 射线照射		○		○ ○		○	○ ○	○ ○

第一节　复合纤维

随着人们生活水平的提高和环保意识的增强，消费市场出现了对高感性化、高功能化纺织品的需求。为了解决这些需求，必须对传统的纤维制造进行变革，开发出高功能纤维、高感性纤维、智能纤维以及可降解纤维等，以提高纺织品的科技含量以及人们的生活质量。复合纤维的开发则是实现纤维高感性化、高功能化的一个重要手段。它可以通过喷丝板形设计、聚合物的配选设计以及纺丝纤维的截面设计等多种方式，获得各种性能、风格的新型纺织材料。

复合纤维是指由两种或两种以上的高聚物或同种不同性能的聚合物，以一定的方式沿纤维轴向复合而成的纤维。这类纤维可集多种组分的优点于一身，例如涤/锦复合纤维，它既具有锦纶耐磨性、高强、易染、吸湿的优点，又具有涤纶弹性好、模量高、织物挺括等特点。可以说，复合纺丝法是一种日益重要和普遍采用的使化学纤维仿真和超过天然纤维的物理改性技术。

复合纤维的概念最早是在20世纪40年代由Avisco公司的Sisson等提出的。而使复合纤维的第一次商业化应用则是美国杜邦公司。1959年，美国杜邦公司发明了聚丙烯腈复合纤维"Orlon Sayelle"，至此，开始了复合纤维的工业化生产。1963年，杜邦公司又开发出聚酰胺/聚酯复合纤维"Cantrece"。受此影响，日本也开始了复合纤维的研制工作。1965年，日本钟纺公司研制出了并列型自卷曲复合纤维，自此以后，其他各种形式的并列型复合纤维不断涌现。20世纪60年代中期，日本东丽、钟纺、帝人、可乐丽等公司在双组分复合纤维的基础上发展了多层复合纤维，并发现利用这种纤维制成的织物在后整理时纤维内各个组分间发生分裂剥离，并形成更多更细的纤维。由此织物性能发生了质的变化，其柔软性、悬垂性、光泽度甚至吸水、透气性都大大超过常规产品。1970年，东丽公司研制出了溶解型复合超细纤维，并成功开发了人造麂皮等迎合时装潮流的高档面料。与此同时，各种皮芯型、并列型复合导电纤维也研制成功并投入了工业化生产，从此揭开了复合纤维作为高性能纤维新品的帷幕。20世纪80年代初期，由于超细纤维纺织品如高级仿丝绸、超高密织物、仿皮革制品等在日本、欧美市场屡获成功，在国际纺织品市场掀起一股"超细热"，从而进一步刺激了复合纺丝技术的发展。近十年来，复合纤维发展迅速，1995年全世界产量已达16.0万吨，1998年达17.5万吨，其中美国为4.5万吨，西欧为3.9万吨，日本6.0万吨，其他地区为3.1万吨。2001年底，世界复合纤维产量突破年产21万吨。

我国自20世纪70年代就已开始了复合纤维的技术研究，并成功地研制了腈纶并列型复合纤维。到80年代中期，已相继研制出涤/锦皮芯复合纤维、锦纶类并列型复合纤维、偏心皮芯型复合纤维、三角皮芯型复合纤维等产品。20世纪90年代，我国复合纤维生产技术得到了很大的发展。剥离型复合超细纤维和海岛型复合超细纤维生产技术均已得到了很大的提高，生产的复合超细纤维平均单丝纤度大多在0.26~0.39 dtex之间，该类产品的主要技术指标和剥离度已接近国际水平。近年来，随着复合纤维生产技术的进步，复合纤维设备的研制工作在我国也已取得了很大的进步。1998年中国纺科院化纤机械厂成功地研制出了可以生产超细纤维的复合纺丝机，该纺丝机现已陆续在全国推广。与此同时，国内许多企业采用引进或嫁接技术方式先后从国外引进了许多先进的技术和生产设备。目前，部分生产企业已能够生产0.13 dtex至0.04 dtex左右的复合超细纤维。

一、复合纤维的分类及特点

复合纤维目前已达数百个品种，根据组分的数目可分为双组分和多组分复合纤维。目前开发的多为双组分纤维（共轭纤维）。双组分纤维按横截面的形态又可分为四类：并列型、皮芯型、海岛型和原纤分散型。各种类型复合纤维的横截面如图6-1所示。

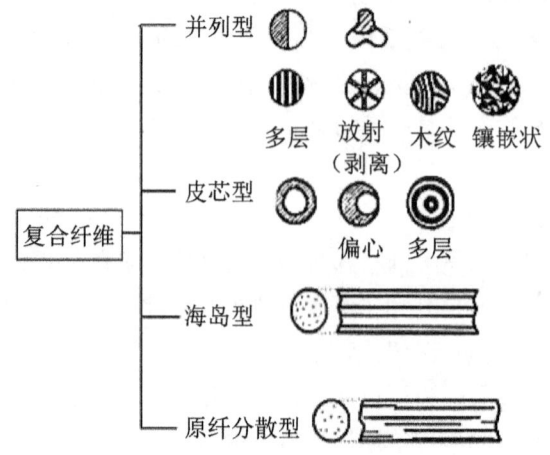

图6-1　各种类型复合纤维的横截面示意图

（一）并列型复合纤维（Side-by-side composite fiber）

并列型复合纤维是由不同性能或结构的聚合物并列排列并沿纤维轴向复合而成的纤维。各组分的比例可对称，也可不对称。这种纤维最重要的特征就是可利用各组分收缩性质的不同而产生类似羊毛的理想的螺旋型三维卷曲，由此可生产出永久性的，具有自卷曲性质的化学纤维。

目前开发的并列型复合纤维，主要是PBT/PET与CDP/PET等并列复合。PBT与PET都是聚酯类聚合物，大分子结构极为相似，两者有良好的相容性和黏合性，可制成并列型复合纤维而不发生剥离。并列复合后，由于两组分不对称分布，并且收缩率不同，在拉伸和热定形后产生三维卷曲，不必经变形加工，即可达到高弹性，这样就缩短了工艺流程，降低了成本，又避免了纤维在变形加工过程中的强力损失。PBT/PET复合纤维兼具PBT高弹性和PET纤维特点。该纤维不仅弹性好，上色快，色泽鲜艳，而且手感柔软，柔中有刚，有优良的耐热性、耐氯性及耐碱性。不同粗细的复合长丝已在丝绸、针织、色织、线带、毛麻行业中应用，适宜制作各类连裤袜、紧身裤、弹力牛仔裤、游泳衣裤及各类中、高档运动服及风格别致的新型丝绸。

（二）皮芯型复合纤维（Sheath-core composite fiber）

皮芯型复合纤维是由不同性能或结构的聚合物以一种组分包围另一种组分或相互间层层包覆并沿纤维轴向复合而成。皮芯型复合纤维可分为同心圆型、偏心圆型、异形截面等数种。这种纤维可利用各组分不同的性质而产生不同的形态和效果。

如聚酰胺/聚酯皮芯复合纤维，主要以聚酰胺为皮，聚酯为芯，兼具锦纶和涤纶的优点。该纤维弹性模量好，手感柔中有刚，由于充分发挥了锦纶易于上染的优点，因此具有优良的染色性，可以使用常压染色设备，操作较方便。通常采用色谱较全、色泽鲜艳、染色牢度好的酸性染料和匀染性好的分散性染料染色。

聚酰胺/聚酯偏心复合长丝，由于两种高聚物的热收缩性不同，使纤维具有三维空间卷曲，其卷曲性能介于锦纶高弹丝和涤纶低弹丝之间，可以不经加弹直接应用于针织行业。高支数的锦涤偏心复合纤维织物手感柔软、富有弹性，又有较好的尺寸稳定性，产品轻盈、滑爽，可与真丝媲美，同时具有良好的透气、吸湿、抗皱、防污、耐磨性能，穿着舒适，具有明显的丝绸感。

聚酰胺/聚丙烯皮芯复合纤维，采用聚酰胺为皮、聚丙烯为芯的复合形式，可以保持锦纶回弹性好、耐磨性好、易染色等优点，克服丙纶染色困难、吸湿低、易老化等弱点，而且丙纶原料价格低廉，又是合成纤维中比重最轻的一种。此外，通过复合纺丝，芯层丙纶母粒着色，从而省去染色工序，降低成本。

如果在皮层或芯层添加各种功能助剂如抗菌、芳香、抗紫外、光敏变色及导电物质等，则可制得各种功能性纤维。例如，以聚酯（抗静电聚酯或半消光聚酯）为一组分，以炭黑导电介质与高聚物为另一组分，采用复合纺丝技术制得皮芯型导电纤维。含炭黑高聚物可以作皮层,亦可作芯层,均具有良好的导电性能,现已用于防爆服、防尘服等。近年来,以 CuI 为导电组分的皮芯型白色导电涤纶亦已研制成功。

皮芯型复合纤维还可以采用低熔点(110~130℃)聚乙烯为皮,熔点(160~170℃)较高的聚丙烯作芯,制成用于生产非织造布的热黏纤维,即 ES 纤维。

皮芯型复合纤维的种类及用途如表6-2所示。

表6-2 皮芯型复合纤维的种类及用途

皮	芯	性能	用途
聚酰胺	聚酯(偏心)	永久性三维立体卷曲	可作蓬松织物、填充物
聚乙烯	聚酯、聚丙烯	外皮为低熔点(110~130℃)	可作 ES 纤维,用于非织造布黏合
聚酰胺	聚乙烯+炭黑	纤维具有导电性	编织物、防护服、工业用织物
聚酯	聚乙烯+导电金属氧化物	纤维具有导电性	编织物、防护服、工业用织物
聚酰胺	聚酰胺+炭黑	吸湿、耐磨、易染、高模量、抗皱	编织物、防护服、工业用织物
聚酯	聚酰胺+炭黑	抗静电	服装、装饰用织物
含氟聚合物	聚苯烯类聚合物	有光导性能	地毯织物
聚酯/聚丙烯	聚酯、聚酰胺、聚丙烯+功能性微粉材料	防菌、防紫外线、防微波,具有远红外、负离子、香味等功能	光导纤维 可开发功能性纺织品

(三)海岛型复合纤维(Sea-island composite fiber)

海岛型复合纤维亦称多芯型复合纤维,是由一种聚合物作为母体(即海的组分),另一种聚合物以细纤维(岛)形式分布于母体的纤维。其"岛"和"海"成分在纤维轴向上是连续、密集、均匀分布的。从整根纤维来看,它具有常规纤维的纤度。但是如果用溶剂把"海"成分去掉,则可以得到集束状的超细纤维束,用于制作合成皮革、揩布、超细过滤介质、人造动脉和其他的许多特殊应用;如果把"岛"成分溶解掉,则可以得到多孔中空纤维,再利用膨润作用,便可使"海"成分微纤化。如日本可乐丽公司开发的 PET 长丝产品"K-21",纤维中空率可达40%以上,比重只有0.85 g/cm^3,比聚丙烯的比重还轻,用这种纤维制成的织物可以浮在水面上。

海岛纤维的岛组分一般采用聚酯(PET)或聚酰胺(PA),与其复合的海组分可以用聚乙烯(PE)、聚酰胺(PA6或PA66)、聚丙烯(PP)、聚乙烯醇(PVA)、聚苯乙烯(PS)以及丙烯酸酯共聚物或改性聚酯等。岛的数目从16、36、64到200甚至可以达到900或900以上。

(四)基质-原纤型复合纤维(Matrix-fibril bicomponent fibre)

基质-原纤型复合纤维亦称天星型(Sky-star type composite fiber)或双成分纤维(Biconstituent fibre),是一种组分的高聚物以原纤的状态分散于另一组分中形成的。在这类纤维的横截面上，原纤的大小和分布位置都是随机性的。在纤维轴向方向上，原纤沿纤维的轴向呈不连续分布。

这些原纤的存在会增加纤维的模量，例如 Allied Chemicals Ltd 生产的双组分纤维"Source"，是将 PET 分散在 PA 熔体中，PET 原纤的存在增加了纤维的模量，降低了吸湿回潮率和可染性能，提高了变形能力，并且赋予纤维独特的光泽和外观。用其制成的帘子线既能保持与橡胶的黏合力，又能改善轮胎的"平点"现象。

二、复合纤维的制造方法

一般的熔纺复合纤维的生产工艺流程如下：

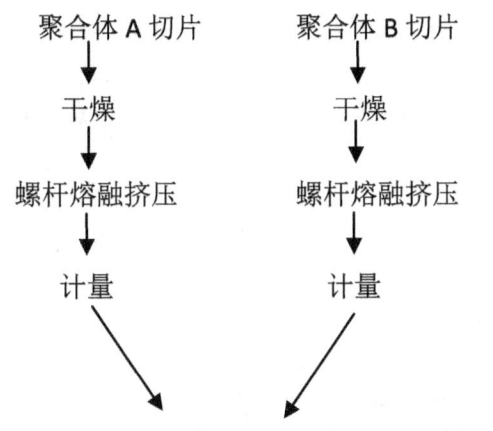

复合纤维的生产工艺流程基本上与常规纤维的生产工艺流程相似，但由于复合纤维是一种多组分的纤维，所以纺制复合纤维的组件不同于常规纤维。复合纺丝组件是制造复合纤维的关键部件，绝大多数复合纤维的截面形态都是通过复合纺丝组件来形成。复合纺丝组件通常由过滤系统、分配板和喷丝板组成。一块或多块分配板组成分配系统，分配系统决定了复合纤维的复合状态。

下面就几种类型的复合纤维的生产方法作一简要的介绍。

1. 并列型复合纤维

生产并列型复合纤维的方法主要有直接喂入法和复合液流法。

（1）直接喂入法。直接喂入法是纺制并列型复合纤维最主要的方法。它是将两种组分以熔体的方式，直接喂入喷丝孔，在喷丝孔或接近喷丝孔的地方相汇合，形成复合纤维的方法。直接喂入型喷丝头组件，尤其是其中的分配板是纺制并列型复合纤维的关键部件。分配板的形式有隔板式和狭缝式两种，如图6-2所示。

调节两组分的流量，可以控制它们在复合纤维断面上的比例。而组分黏度差异的大小影响界面的形态，黏度大的组分在界面上突出，黏度小的则向该组分内凹陷。

用异形喷丝孔，代替圆形孔，纺制的复合纤维将获得更好的卷曲性、蓬松性与压缩回复性。

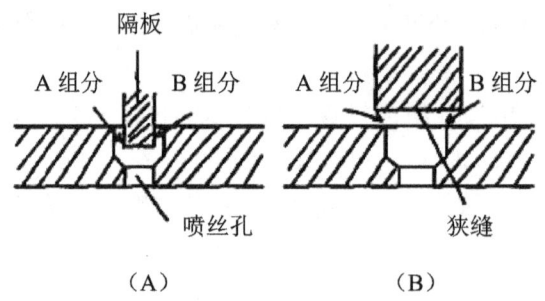

图 6-2　并列型分配板的两种形式

（2）复合液流法。因为两种高黏度的聚合物流体并合在一起时,在适当的条件下,可以流过相当的距离,而不改变它们的结构,即保持原来的层状形态。即使复合液流的直径发生变化,也不会改变液流的相对形态,也就是说不发生混合。因此,有可能采用如图6-3所示那样的分配系统,而成功地纺出并列型复合纤维。也可用套管式同心复合流系统纺制并列型复合纤维,如图6-4所示。

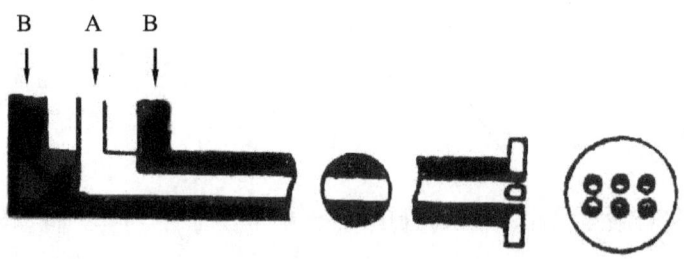

图 6-3　平行复合液流法纺制并列型复合纤维

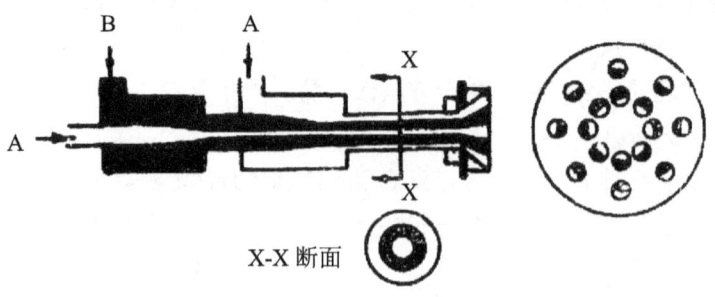

图 6-4　同心液流法纺制并列型复合纤维

2. 皮芯型复合纤维

纺制皮芯型复合纤维的主要方法是直接喂入法。根据采用的喷丝头组件中分配板结构的不同,又可分为导管式如图6-5（A）所示和狭缝式如图6-5（B）所示。前者B组分经导管流向喷丝孔,后者以圆形平顶环绕喷丝孔的方式纺制复合纤维,两者都是通过调节双螺杆的挤出量来控制复合比。

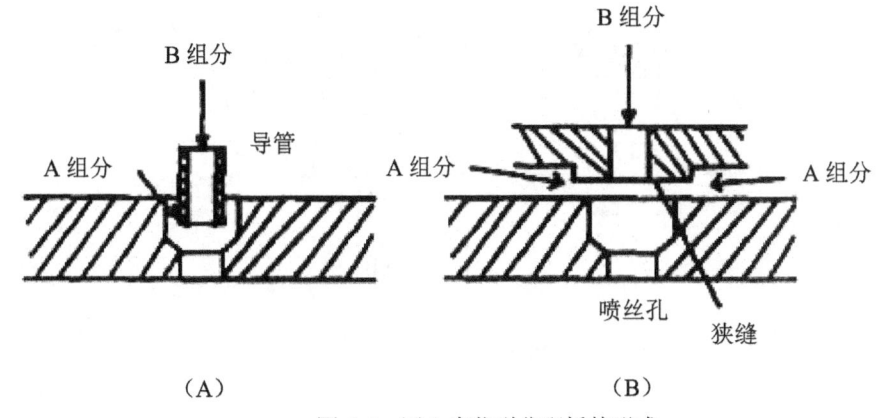

图6-5 同心皮芯型分配板的形式

狭缝式分配板的结构比较简单，下分配板导孔与喷丝板导孔的同心度的要求可以低些，机械加工容易，便于多圈排列，适用于多孔化的发展，因此应用比较广泛。

一般偏心皮芯型喷丝组件大多是在同心皮芯型的基础上加以改进的。改进方法如下所示：

（1）改进导管式分配板结构。例如：使导管偏置喷丝孔的位置如图6-6所示，并适当控制两组分纺丝熔体的供给速度就能得到理想偏心度的皮芯复合纤维。

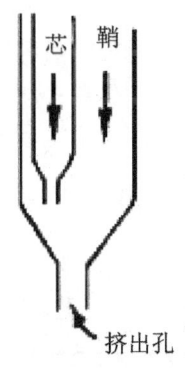

图6-6 偏心套管式喂入示意图

（2）改进狭缝式分配板结构。例如：可以采用将狭缝面设计成倾斜形，即与喷丝板平面形成一个角的方法，如图6-7（A）所示。这种方法使狭缝的距离在各方向上不等，而将芯部熔体挤向一边，并且随角的增大，偏心度加剧，可以纺出不同偏心度的皮芯型复合纤维。另外，也可以采用下分配板导孔与喷丝板导孔的轴线产生偏差的方法，如图6-7（B）所示。

改变喷丝孔的形状，使皮或芯，或者二者同时都纺异形复合皮芯型纤维，如图6-8所示。

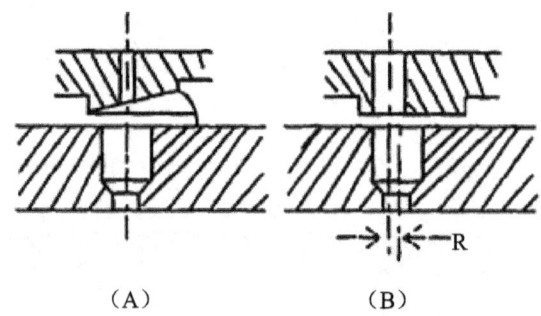

图 6-7　偏心狭缝式分配板结构示意图

图 6-8　异性复合纤维横截面示意图

3. 海岛型复合纤维

海岛型复合纤维的制造过程是先将两种或两种以上聚合物流体以皮芯型或并列型的方式在纺丝组件形成复合细流，再把它们汇集在一起，像生产单一成分纤维那样从喷丝孔挤出，得到海岛型纤维。纺制海岛超细长丝除了要有复合纺丝设备外，最关键的是海岛型喷丝组件。如图6-9所示是海岛型喷丝组件示意图，其中 A 是岛组分，B 是海组分。

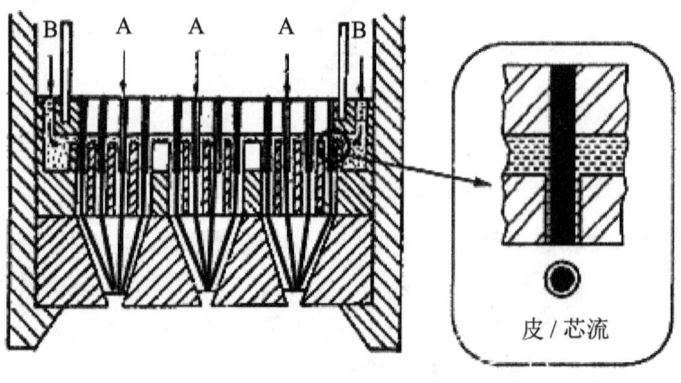

图 6-9　海岛型喷丝头组件示意图

4. 原纤分散型复合纤维

这种纤维的成纤是一种聚合物以悬浮液滴的形式进入另一熔体中,经喷丝、拉伸使其分散的颗粒被拉伸成与纤维轴向平行的微纤维,通过溶解其基质,形成具有一定纤度、长度分布的超细短纤维。

三、复合纤维的应用

复合纤维作为一种具有特殊风格和性能的纤维品种,已广泛应用于人们的生活、工业、医疗、光电通讯等领域,成为一种不可缺少的纤维材料。

(一)服用

复合纤维织物正以其细致精巧的风格、柔软丰满的手感、良好的悬垂性、覆盖性、耐磨性、吸湿性、丝质感以及华丽的外观、独特的光泽而迎合了人们对高档服饰的追求。可用作仿麂皮、普通桃皮绒、MOSS桃皮绒、人造羽绒等秋冬季流行服装,高尔夫夹克衫、网球服、棒球服、滑雪服等优质运动服,防雨透气、疏水疏油、抗菌防尘等防护服,还可用作"呼吸性"泳衣、内衣、衬衫以及便携便贮存的压缩型服装。

(二)产业用

产业用纺织品是一个新兴的充满活力的领域,今后大有发展潜力。利用复合纺丝技术,可为高档人造革基布、高档人造麂皮基布、高级洁净布、衬垫材料、滑雪缩合膜材料、离子交换材料、遮阳伞、汽车色彩外罩、卫生用品(尿不湿、卫生巾等)、纸类(高强纸、超柔纸等)等产品提供优质的原料。

(三)生物用

生物功能纺织品已成为21世纪纺织工业的突出主题之一。复合纤维由于其单位重量比表面积特别大,可加工成任意形状、纤度,具有优良的持久性、机械强度等特点,可广泛用于生物工程、医疗的各个领域,如可为人造动脉、人造血细胞分离器、酶支持物、贝类及海藻抑制等生物质品提供原料。

第二节 异形纤维(Profiled fibre)

一、异形纤维的发展概述

异形纤维是异形截面纤维的简称,是指用非圆形喷丝孔纺制的具有异形截面的或中空的纤维。

异形纤维的研制，是从模拟天然丝的三角形截面开始的。1954年，世界上首次发表了关于异形纤维制造的报告。美国杜邦公司的三角形、三叶形尼龙闪光丝于1959～1960年间正式投入生产，四叶形、五叶形纤维相继发表。1965年，美国杜邦公司发表了尼龙66中空纤维。20世纪70年代初期，美国聚酯异形丝产量占聚酯纤维总产量的15%左右。

其他国家如日、意、德、苏联等国也相继发展了异形纤维，其中以日本发展最快。从1970年起，日本投入工业生产的"仿丝型"合成纤维中，聚酯异形丝的产量最高。到1980年，日本聚酯长丝总产量中，异形丝占16.9%。

迄今，国外异形纤维，尤其是异形中空纤维、异形复合纤维以及异形化学变性纤维已经得到了广泛应用。

我国异形纤维的研制始于20世纪70年代中期，研究重点是喷丝板制造技术。近年来随着纺织科技的发展，喷丝板制造技术已有了长足的发展，纺丝技术更趋成熟完善，已形成了完整的生产技术链。因此异形纤维产品也从最初的三角、中空截面发展到今天的多种异形品种，如：五角形、三叶形、多叶形、哑铃形、椭圆形、L形、藕形及异形中空等等。

随着各种新型织物的出现，异形纤维使用量也将会越来越多。近几年，日本在异形纤维的开发和应用上已走在世界的前列。日本东丽公司采用复合纺丝技术，开发出三花瓣截面的聚酯纤维，其织物的摩擦声响与真丝的"丝鸣"已十分接近，因而具有"丝鸣"效果。日本可乐丽公司开发的三角截面芯鞘型复合纤维，折光指数接近棉纤维和聚酰胺纤维的折光指数，加之，其芯部形状带有三个尖角的圆形，有利于光线从芯鞘交界面折射出去，并与从三角棱柱形的鞘部反射出去的无色光叠加，从而产生光彩夺目的效果。

二、异形纤维的性质

（一）光泽

异形截面纤维的最大特征是其独特的光学效应，这也是制造这类纤维的主要目的之一。纤维光泽与纤维截面形态有较大的关系，当一束平行光照射于不同截面形态的纤维表面时，会发生不同的光学效应。例如三角形截面具有真丝般的光泽，光照射在其上时，可在纤维内部的棱边上产生全反射，然后再从另外的棱边上透射出去，这样在产生全反射的棱边处光泽就弱，而其他棱边处的光泽就强。当入射角改变时，产生全反射的棱边也会改变，从而产生"闪光"效应，给人以特殊的感觉。因此异形纤维改变了圆形纤维的"极光"，特别是中空型的异形纤维，由于它的反射层相应减薄，同时又存在内反射、表层反射和内反射的综合，可加强反射光的强度，所以中空型的三角形纤维有调和的色调以及更好的光泽效应。

（二）手感

纤维的手感与摩擦系数有关。由圆形截面纤维制得的织物，触摸时常有一种类似蜡状物的软滑感。而异形截面纤维的织物，由于纤维的表面积增大，特别是纤维的摩擦系数随着纤维截面的变化而变化，纤维的静、动摩擦系数的差值相应增大，从而改变了织物的蜡状感。几种纤维制成的织物的摩擦系数如表6-3所示。

表6-3 织物的摩擦系数

纤维截面形状	聚酰胺					聚酯		真丝绸
	圆形	三角形	菱形	三叶形	豆形	圆形	三角形	三角形
静摩擦系数 μ_s	0.39	0.37	0.44	0.48	0.45	0.25	0.45	0.59
动摩擦系数 μ_d	0.31	0.28	0.35	0.35	0.37	0.22	0.39	0.47
$\mu_s - \mu_d$	0.08	0.09	0.09	0.09	0.08	0.03	0.06	0.12

此外，相同线密度的同类纤维，异形纤维直径大于圆形纤维；异形纤维的刚度也大于圆形纤维如表6-4所示，因此异形纤维较普通纤维更有身骨。

表6-4 异形纤维直径与刚度

截面形状	线密度/dtex	刚度/kPa	纤维直径/μm
圆形	3.3	11.76	17
	1.7	3.92	12.5
圆中空	3.3	21.56	18.3
	1.7	6.27	13.5
三叶形	3.3	33.32	20.9
	1.7	11.76	16.1
三角形	3.3	21.56	19.04
	1.7	7.15	14.4

（三）耐弯曲性与耐磨牢度

如表6-5所示，异形截面会使纤维的这类性能降低，而中空异形截面的这些性能可提高2~3倍，这是因为中空纤维的内部应力较小的缘故。

表6-5 纤维截面形状与抗弯曲性和耐磨牢度

纤维截面	断裂摩擦次数	断裂弯曲次数
圆形	670	2000
五角星形	350	1850
中空三角星形	1250	6000

（四）蓬松性与透气性

一般情况下，异形纤维的覆盖性和蓬松性要优于普通合成纤维，织物手感更厚实、蓬松，透气性好。这是因为圆形截面的纤维之间排列紧密，空隙小，而异形截面的纤维由于外形不规则，纤维之间排列无法紧密，空隙相应增大的缘故。同等质量的纤维，异形度、中空度越高，则占有的空间就越多，其织物蓬松性和透气性越好。

圆形与异形纤维织物的蓬松性和透气性对比情况如表6-6、7所示。

表6-6 织物的蓬松性

试样	聚酯		
截面	圆形	三角形	五星形
蓬松度（cm³/g）	1.63	1.72	1.75

表6-7 织物的透气性

试样	聚酰胺				
截面	圆形	三角形	棱形	三叶形	豆形
透气性（ml/s·cm²）	36	41	43	47	51

（五）抗起球性

普通圆形截面合成纤维，由于本身强度高，表面光滑，纤维间的抱合力差，其织物表面经强力摩擦后，易起毛，这些突出的纤维再次摩擦时将缠结成球，由于纤维球的根部仍与织物牢牢相连，因而不易脱落。对于异形纤维而言，由于纤维表面积增大，纤维间的抱合力增大，纤维头端难于从织物中滑出，织物经摩擦后不易起毛。即使起毛起球后，因单丝的强度异形化后相对降低，球的根部与织物间连接强度降低，小球容易脱落，不会长期附着在织物上。

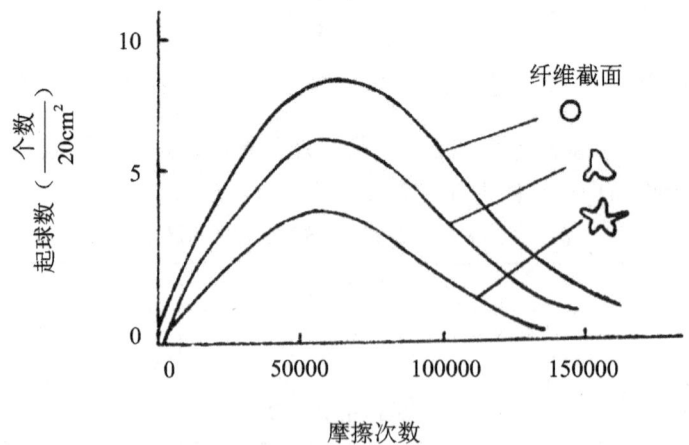

图6-10 织物的起球实验（100%聚酯）

试验表明，锯齿形、枝翼形截面纤维游离起球的倾向最小。五角星形、H形、扁平形截面纤维和羊毛等纤维混纺,比纯纺起球少得多。100%聚酯织物的纤维截面形状与毛球生成量的关系如图6-10所示。

由此可见,普通圆形聚酯纤维织物起球现象严重,异形聚酯纤维的起球倾向小得多。

扁平形聚酰胺短纤维织物的起球试验结果如表6-8所示。显然,圆形截面纤维起球现象比扁平纤维严重,但扁平细纤维比粗纤维容易起球。

表6-8 扁平形聚酰胺纤维的起球性

纤度	截面形状 (宽与后之比)	起球数 (每100 cm² 织物)
3.3 dtex	1(圆形)	31
3.3 dtex	2.75(扁平形)	6
4.95 dtex	2(扁平形)	12
4.95 dtex	3.34(扁平形)	4
4.95 dtex	6.64(扁平形)	0

(六)染色性

异形纤维由于表面积增大,染色速率明显提高。但由于异形化后的纤维对光线的反射强度增大,而使色泽的显色性降低。因此,在相同染料吸着量的情况下,异形纤维在视觉上显得颜色较浅。所以,对异形纤维染色时,要想从外观上获得同样的颜色深度,必须比圆形截面纤维增加10%～20%的染料。

(七)防污性

由于异形纤维对光的反射作用增强,纤维及其织物的透光度减少,再加上异形纤维表面积较大,做成织物即使有轻微污染也不易察觉,因而提高了织物的耐污性。

三、异形纤维的制造方法

(一)喷丝孔异形法

纺丝液从喷丝板挤出的瞬间,是纤维截面成型的关键。因此将喷丝孔按所要求的截面进行加工,纺丝液从异形孔中喷出后,逐渐凝固成异形。如图6-11所示为几种制造异形纤维所用喷丝孔的形状和相应的纤维横截面形状。

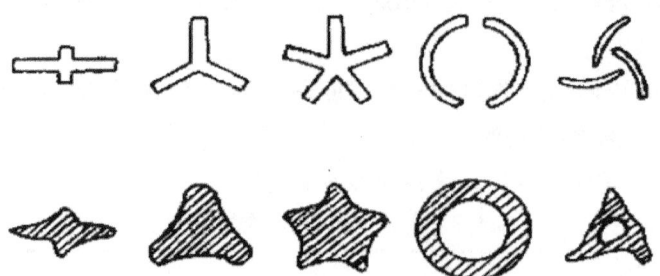

图 6-11 几种非圆形喷丝孔形状及相应纤维横截面形状

（二）膨化黏结法

该方法采用一组距离较近的喷丝孔板，纺丝液被挤压离开喷丝孔的瞬间，由于压力突然降低，会发生膨化，而此时的纺丝液尚未凝固，因而相邻部分就会黏接，在适宜的纺丝速度和冷却条件下纤维截面随之改变。中空、多孔纤维常用此法加工。

（三）复合纺丝法

将两种或两种以上的高分子聚合物，通过特殊的喷丝组件，将各组分按一定的比例、位置通过喷丝孔挤出、成型，因而它虽是一根单丝纤维，却含多种组分。将其中一种组分溶解或用机械方法使其分裂，单根纤维也就分裂成更细且截面呈异形的多根丝。

（四）轧制法

轧制法类似于冶金工业中的轧钢。纺丝熔体经喷丝孔挤出后，趁尚未完全固化时，用特殊热辊挤压成型。

（五）孔形（径）变化法

用两块重叠的喷丝板，每块喷丝板上喷丝孔形状各异，但中心线基本吻合。在纺丝过程中，2块板相对移动或旋转，因而纺出的纤维的截面和外形也相应变化。

四、异形纤维的应用

改变喷丝孔的截面形状，可以得到三角形、多角形、三叶形、多叶形、十字形、扁平形、Y形、H形、哑铃形等异形纤维。由于异形纤维具有特殊的光泽、蓬松性、抗起球性、回弹性、吸湿性等特点，如三角形截面的纤维有闪光效应；十字形截面的纤维弹性好；扁平截面的纤维能明显改善抗起球性。而且异形纤维做成的织物手感厚实，有温暖感，所以异形纤维被大量用于仿毛、仿丝、仿麻产品中。

异形纤维按用途和截面形态的关系，主要有以下四大系列，即三角形系列、中空形系列、多角形或多叶形系列、扁平形系列。其各自的应用情况如下：

（一）三角形系列

三角形系列的异形纤维主要有闪光效应的仿丝绸织物、仿毛织物、灯芯绒、平绒等绒类织物、毛线、装饰织物等。三叶形纤维因耐磨、手感优良、耐穿，可用于织造针织外衣。

（二）中空形系列

中空形异形纤维具有密度低、弹性优、良好的抗起球性和蓬松性，保暖性优良，主要适应仿毛织物、保暖制品、工业用制品、装饰织物等。

（三）多角或多叶形系列

多角或多叶形纤维光泽软和，适于织造丝绸、缎类织物。而且，其手感优良、保暖性好，有较强的羊毛感和抗起球、起毛性，也适于制作仿毛织物。其绒毛既能相互缠结，又能蓬松竖立，富有立体感和丰满厚实感。多叶形变形纱制作的针织外衣光泽柔和，有良好的蓬松性、覆盖性、耐磨性。

（四）扁平形系列

扁平形截面纤维具有优良的刚性，可以作为仿毛皮中的长毛用纤维。

第三节　细特纤维（Fine tex fiber）

由于细特纤维具有手感柔软、穿着舒适等特点，是开发高档织物的重要材料。自20世纪90年代以来，世界各大知名化纤公司纷纷推出聚酯、聚酰胺以及聚丙烯等细特长丝，同时也出现了"细特纤维"（Fine tex fiber）、"微细纤维"（Micro-fiber）、"超细纤维"（Superfine fiber）等名词，然而至今国际上尚无有关细特纤维的统一定义。AKZO 公司提出的分类标准为：>7.0 dtex 为粗特纤维；7.0~2.4 dtex 为中特纤维；2.4~1.0 dtex 为细特纤维；1.0~0.3 dtex 为微细纤维；<0.3 dtex 为超细纤维。而 Montefibre 公司则将线密度低于0.55 dtex 的聚酯纤维称为超细纤维。各个国家在超细纤维的分类标准也不统一，如德国纺织品协会将聚酯纤维线密度低于1.2 dtex、聚酰胺纤维线密度低于1.0 dtex 的单纤称为超细纤维；美国的 PET 委员会将0.3~1.1 dtex 及以下的纤维定义为超细纤维；日本化纤行业将单丝线密度低于0.33 dtex 的纤维称为超细纤维；意大利的超细纤维则是指0.5 dtex 以下的纤维；我国一般把0.9~1.4 dtex 的纤维称为细特纤维，将0.55~1.1 dtex 的纤维称为微细纤维，将小于0.55 dtex 以下的纤维称为超细纤维。目前，我国已能生产出0.5 dtex 左右的超细纤维。国际上最细能做到0.0001 dtex 的超细纤维，这意味着只要4 g 重的这样的纤维，就可以把地球和月球连接起来。

一、超细纤维的特点

(1) 超细纤维的单丝细度和单丝截面直径比真丝或其他天然纤维都小,卷曲模量低,因此织物的手感柔软、细腻。

(2) 超细纤维单丝弯曲刚性小,纤维手感柔软,织物悬垂性好。但是,这也影响了其变形长丝的卷缩率。弯曲刚性越小,则卷缩率越小,蓬松性也差,同时使织物不够挺括。

(3) 超细纤维的绝对强力较低。但由于其细度细,相同号纱截面纤维根数比常规纱多,因此纱的总强度较高。这有利于在后加工中对织物进行起绒或砂洗处理,制备仿麂皮、仿天鹅绒等高档织物,又使产品具有较好的耐磨性和抗皱性。

(4) 超细纤维的比表面积大。同样纤度的超细纤维纱线表面积大约是普通化纤纱的两倍,提高了织物的蓬松性、覆盖性和吸收能力。

(5) 超细纤维具有良好的集束性和可织性,适应于喷水、喷气、有梭、片梭、剑杆以及针织等多机种生产。

在织造超细纤维织物时,根据超细纤维的特点,应注意:超细纤维在各道工序中的张力较普通丝应低;超细纤维的捻度可比普通丝低些,其表面效应不变;超细纤维上浆时,吸浆量较普通丝多,烘箱温度应高一些。

二、超细纤维的纺丝技术

超细纤维按纤维长度可分为两类:长丝型和短纤维。利用不同的生产技术,可制造出不同线密度、不同种类和不同用途的超细纤维。

(一) 超细长丝的生产方法

1. 直接纺丝法

直接纺丝法是采用传统的熔融纺丝方法制造长丝型超细纤维的方法。该方法要求严格的工艺条件,较高的熔体过滤精度,充分的静态混合以及较低的纺丝张力。Cuculo 等认为,纺微细特聚酯纤维所用的聚酯熔体的特性黏度以 0.5 dL/g 为宜。提高螺杆挤出温度至 295~305℃,还可以减少喷丝孔挤出胀大现象。喷丝孔直径小,可以降低喷丝头拉伸倍数,但也不可过低,否则使剪切速率增大,挤出胀大增强。

对于超细纤维,单位重量的表面积大而热容量小,因此初生纤维的冷却条件非常重要。纤维的冷却状况直接影响纺丝张力,而纺丝张力又是决定纤维最低线密度的重要参数。因此,通过喷丝板的合理设计,冷却位置及温度的最优化,使纤维能够迅速而均匀地冷却是非常重要的。

为了使超细纤维的直接纺丝稳定运行,以下就喷丝板的设计、纺丝速度及丝条的冷却三个方面进行简要讨论。

第一，喷丝板的设计。

（1）喷丝板孔数。喷丝孔过多，丝条难以均匀冷却。从高密度配置的喷丝孔纺出的丝条会使周围空气成为伴随气流，形成气帘，造成中心部丝条供风不足，集束时单丝间易于黏着而产生僵丝或毛丝；喷丝孔过少，丝束总线密度低，每个纺丝位的熔体吐出量少，以致喷丝板下端温度偏低，熔体黏度增大，在细化时易产生断头，为此必须提高纺丝温度，但纺丝温度受到聚合物热稳定性的限制。因此喷丝孔过多或过少都不利于纺丝。

（2）喷丝孔径。在一定的纺丝速度下，随着纤维线密度的降低，每一喷丝孔的挤出量减少，孔径也相应减小，但小的孔径存在加工精度及清洗困难等问题。一般孔径最小限度为0.07 mm。

（3）喷丝孔配置。喷丝板上喷丝孔的分布要有利于丝条的均匀冷却。例如可使喷丝孔环形配置，同时在喷丝板中心设置贯通于组件的中心吹风管与环吹风共同冷却丝条，如图6-12所示。

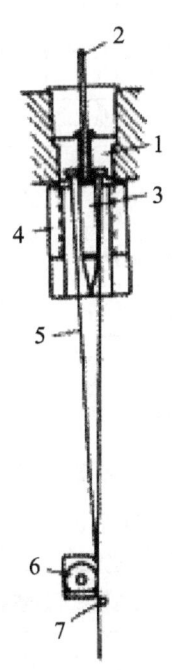

1—纺丝组件 2—空气管 3—冷吹风分布管 4—环吹风 5—丝条 6—上油轮 7—集束轮

图 6-12 带中心冷吹风的超细纤维直接纺丝装置

第二，纺丝速度。

纺丝速度高，则每一喷丝孔挤出的熔体量就多，熔体带有的热量也多，使喷丝板下端可保持较高的温度，这有利于纺丝的进行。因此较高的纺丝速度对超细纤维的纺丝有利，一般纺速为3000~4500 m/min。

第三，丝条的冷却。

超细纤维的纺丝冷却位置越靠近喷丝板，成纤性越好。但过于靠近喷丝板会使喷丝板冷却，因此纺丝冷却位置应根据纺丝速度、熔体温度等因素来确定，一般距喷丝板10~80 mm。冷却温度也与单丝线密度及单孔熔体挤出量有关。如表6-9所示为纺丝速度1250 m/min、喷丝板孔数144、孔截面积$0.78×10^{-4}$ cm^2、纺丝温度300℃条件下，聚酯超细纤维纺丝稳定性与单孔挤出量、冷却温度、单丝线密度的关系。

表6-9 单孔挤出量、冷却温度、单丝线密度对纺丝稳定性的影响

冷却温度②/℃ 挤出量①/g·min⁻¹	250	210	200	190	150	120	80
0.30	○③	○	○	○	○	○	○
	0.91④	0.94	0.94	0.98	0.98	1.00	1.00
0.18	○	○	○	○	○	○	○
	0.53	0.55	0.57	0.58	0.63	0.65	0.66
0.15	×	×	○	○	○	○	○
	—	—	0.40	0.43	0.47	0.47	0.50
0.13	×	×	○	○	○	○	○
	—	—	0.29	0.29	0.31	0.33	0.33
0.08	×	×	○	○	○	○	○
	—	—	0.21	0.22	0.24	0.24	0.26
0.05	×	×	○	○	○	○	○
	—	—	0.14	0.14	0.17	0.17	0.20

① 每一喷丝孔的熔体挤出量。
② 喷丝板下1~3 cm处的环境温度。
③ 纺丝稳定性。"○"为良好；"×"为断头频繁，无法纺丝。
④ 牵伸丝单丝线密度（dtex）；牵伸比设定为牵伸丝断裂伸长的25%左右。

如表6-10所示为直接纺丝法制造聚酯超细纤维的纺丝条件实例。

表6-10 直接纺丝法制造聚酯超细纤维的纺丝条件

单丝线密度/dtex	<0.33	<0.165
喷丝板孔数	140以上	300以上
喷丝孔截面积/cm^2	$3.5×10^{-4}$以下	$1.5×10^{-4}$以下
聚合物熔融黏度/Pa·s	95以下	30以下
喷丝板下方1~3 cm处环境温度/℃	200以下	150以下
单丝集束位置/cm	喷丝板下方10~20	喷丝板下方20~70
牵伸	常规方法	常规方法
纤维强度/dN·tex⁻¹	2.64~4.40	2.64~4.40
伸度/%	20~40	20~40

采用直接纺丝法可以获得单一聚合物的超细纤维，不需像复合纺丝那样进行双组分的剥离或溶解，因此加工成本低。但由于纤维之间距离小，织物风格稍有逊色，而且织造及后加工过程中易产生毛丝。目前通过直接纺丝法所制得的最细商业化产品为旭化成公司的"Besaylon"，系单丝线密度为0.17 dtex的聚酯纤维，其性能与常规聚酯纤维的比较如表6-11所示。

表6-11 Besaylon与常规聚酯纤维性能比较

品种	Besaylon	常规聚酯纤维
纤维规格	115 dtex/700 根	110 dtex/48 根
单纤维线密度 /dtex	0.165	2.2
强度 /cN·tex^{-1}	34~38	45~49
伸度 /%	22~30	28~32
沸水收缩率 /%	3~4	6~10

尽管直接纺丝法生产超细纤维在纺丝及加工中存在一些困难，但由于其制造成本低，近年来采用高速纺直接纺超细纤维的技术开发更为活跃。为了降低单丝线密度以及提高纺丝运行的稳定性，要求减少聚合物分子链的松弛时间，抑制非晶分子链取向。为此，除了上述冷却条件及集束位置的优化外，对聚合物的改性也是一个重要途径。例如通过共聚或降低聚合物分子量以减少分子链松弛时间等。帝人公司提出了用有机磷金属化合物对聚酯共混改性的方法，以提高聚酯低剪切速率下的熔融黏度，使熔融黏度、剪切速率及添加量之间满足以下关系式：

$$\frac{\left[\eta_{\dot{\gamma}_1}(W)-\eta_{\dot{\gamma}_1}(0)\right]-\left[\eta_{\dot{\gamma}_2}(W)-\eta_{\dot{\gamma}_2}(0)\right]}{\dot{\gamma}_1-\dot{\gamma}_2} \geq 83W^2+275W+42$$

式中：W——共混添加剂在聚酯中的质量分数。

$\eta_{\dot{\gamma}_1}(W)$、$\eta_{\dot{\gamma}_1}(0)$——添加(W)及无添加(0)时，聚酯在低剪切速率$\dot{\gamma}_1$下的熔融黏度（泊）。

$\eta_{\dot{\gamma}_2}(W)$、$\eta_{\dot{\gamma}_2}(0)$——添加(W)及无添加(0)时，聚酯在高剪切速率$\dot{\gamma}_2$下的熔融黏度（泊）。

满足以上条件，对于特性黏度为0.64 dL/g的聚酯，可以顺利地纺出线密度低于0.55 dtex的超细纤维。

2. 复合纺丝法

用复合纺丝技术制造超细纤维可分为剥离型技术和海岛型技术两大类。前者是通过机械处理或化学处理的方法使纺制的复合纤维中的各个组分相互剥离分割开来，后者是使用溶剂将海岛型复合纤维中一种组分溶去，如图6-13所示。

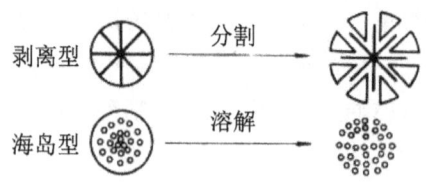

图 6-13 剥离型及海岛型复合纤维

复合纺丝是使几种聚合物组分各自沿纺丝组件中指定的通道流过，并相互汇集而形成预先设定的纤维截面形状。双组分复合纺丝所用装置示意图及组件实例如图6-14、15所示。

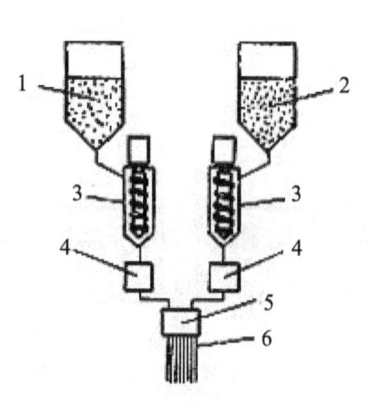
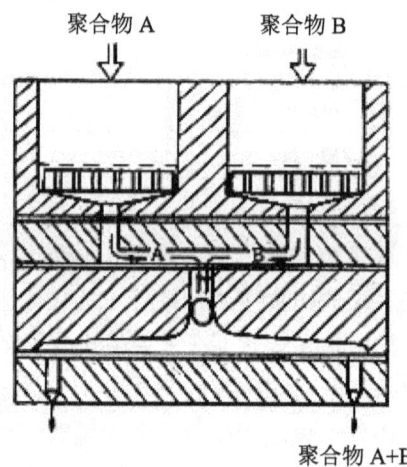

1—聚合物A　2—聚合物B　3—螺杆挤出机
4—计量泵　5—复合纺丝组件　6—复合纤维

图 6-14 复合纺丝装置示意图　　　　图 6-15 复合纺丝组件

在复合纺丝装置中，切片贮槽、挤出机、熔体管道以及计量泵等对每一组分都有独自的一套，而且纺丝组件结构复杂。因此复合纺丝设备投资高、生产效率低、生产成本较高。

（1）剥离型复合纺丝。裂离型复合纤维的聚合物组分分布通常有花瓣型、中空型和多层型三种，如图6-16所示。

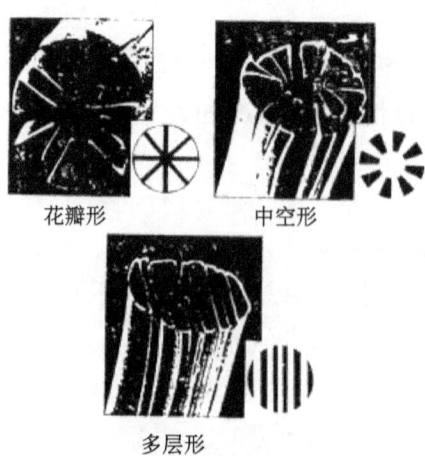

图 6-16 剥离型复合纤维组分分布形状

剥离型纺丝的关键是提高两种组分的分割数以达到超细纤维所要求的线密度，因此喷丝板的设计至关重要。如图6-17所示为花瓣型复合纤维喷丝板，如图6-18所示为中空环型复合纤维喷丝板。

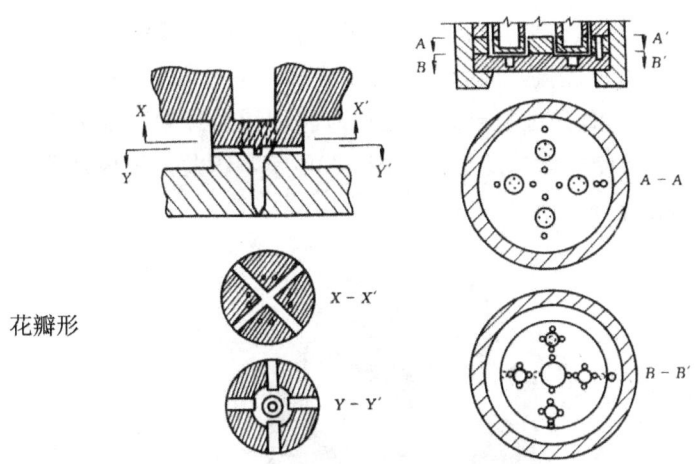

图 6-17 花瓣形复合纤维喷丝板　　图 6-18 中空环形复合纤维喷丝板

多层型复合纤维的纺丝是使不同聚合物组分通过反复汇集、分割而形成并列多层形状，如图6-19所示。

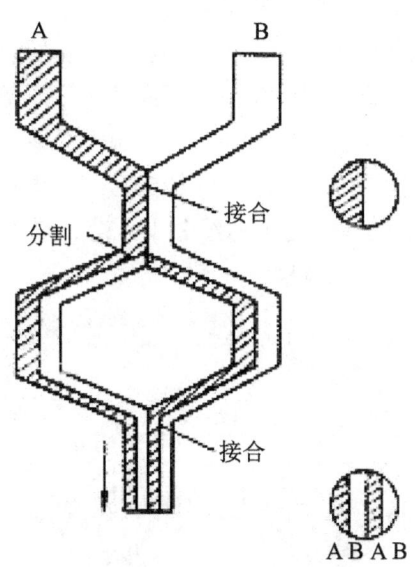

6-19 多层型复合纤维纺丝示意图

剥离型超细纤维所选用的聚合物复合组分多为聚酯和聚己内酰胺，这是因为它们互不相溶而又有相接近的纺丝温度范围，牵伸温度也较接近。纺丝前，需通过干燥条件的控制，使聚酯和聚酰胺切片有低而稳定的水含量，并需控制未牵伸丝的结晶度。

最近钟纺公司用剥离型复合纺丝法制出超细纤维竹节丝（粗细纤维）。其粗部单纤维线密度为0.638 dtex，细部为0.12 dtex，粗细部呈无规分布。由于纤维粗细部对染料吸附量的差异，这种超细纤维织物具有自然混色效果。

超细复合纤维织物可通过化学试剂处理，使各组分纤维产生溶胀、收缩或分裂，或者通过机械力的作用而使组分间剥离，所有组分都以超细形态保留于织物之中。

（2）海岛型复合纺丝。海岛型复合纺丝是使海、岛两组分聚合物形成为数众多的芯（岛）鞘（海）结构，然后使之均匀汇集，如图6-20所示。因此，形成众多精细的芯鞘结构以及使它们均匀汇集，是纺丝组件设计的关键。

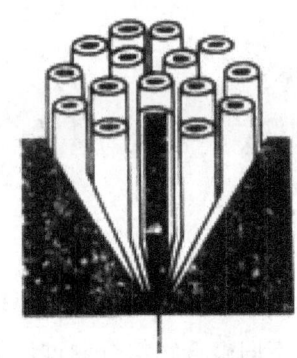

图6-20　海岛型复合纤维纺丝原理示意图

如图6-21所示为海岛型复合纺丝组件示意图。海组分的选择涉及选用什么溶剂将之溶去的问题，同时要顾及芯鞘两组分聚合物的熔融温度和纺丝温度相互适应。目前用于制造超细纤维的海岛型复合纤维的岛相多为聚酯、聚酰胺、聚丙烯等。而海相为聚苯乙烯及丙烯酸酯共聚物（有机溶剂可溶），PET/间苯二甲酸酯磺酸钠共聚物（热碱液可溶）和聚乙二醇（热水可溶）等。海组分所占比例为20%~50%。在技术上也可以实现海组分比例为2%~10%的所谓低海相组分纺丝。由于海组分少，溶去量小，相应成本可以降低，但因纤维之间空隙减小，这会影响织物风格。

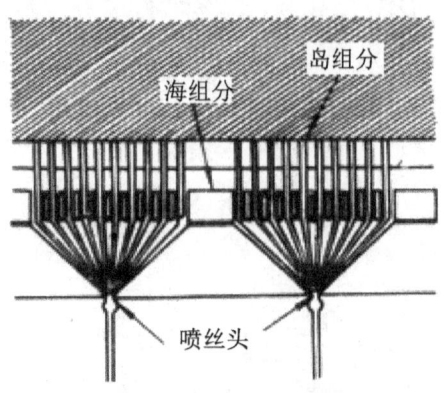

图6-21　海岛型复合纤维纺丝组件示意图

通过改变岛相纤维的形状,可以有效地改善海岛型超细纤维的风格。例如尤尼奇卡公司以常规聚酯为岛相组分,以高碱溶性改性聚酯作为海相组分,纺出岛相为花瓣形(楔形)的复合纤维。经碱液溶去海相后,成为100%聚酯组分的超细纤维,由于其楔形截面,使织物具有极柔软的手感、优美的光泽和天然纤维般的丰满性。类似的产品还有钟纺公司的NX-103,这是可溶性聚合物/聚己内酰胺花瓣形复合纤维,经溶去可溶性聚合物后,成为100%聚酰胺超细纤维,如图6-22所示,其织物具有高度柔软手感。

图6-22 花瓣形聚酰胺超细纤维

(二)超细短纤的生产方法

1. 熔喷纺丝法

熔喷纺丝法又称喷射纺丝法,是从刀口状喷丝板端开出一排小孔,以高速喷出的气流将熔融的聚合物从众多的微小喷丝孔中以细长的短纤形式喷出,随着高速运动而牵伸和凝固,最终形成无规则的短纤维。气流喷射速度越快,所得超细纤维越细,强度也越大。熔喷法目前主要用于生产丙纶非织造布。

2. 共混纺丝法

共混纺丝法又称混合纺丝法,是将两种互不相溶的聚合物混合,经挤压和拉伸后,用溶解法或水解法除去量多的组分或基质组分,从而制得长短、粗细不一致,有较大离散度的超细短纤维。其分散相和机体组分的排列,由组分的混合比及熔体的黏度决定。共混方式也可采用切片式混合或熔体混合,但从混合均匀性考虑,以两种聚合物的熔体混合为宜。纺丝的稳定性依赖于聚合物的组合,但是纤维的密度不易控制,断头率高。由于聚合物分散相是被拉伸形成超细纤维的,因此,目前用聚合物共混纺丝法还不能生产出连续长丝型的超细纤维。如图6-23所示为共混纺丝原理及纺丝组件示意图。

3. 其他方法

(1)超离心纺丝法:超离心纺丝类似于棉花糖的成型原理。

(2)表面溶蚀法:表面溶蚀法是用将聚酯等纤维的表面浸于碱溶液中,被碱液腐蚀溶解,而使纤维减量变细。

(3)原纤化法:原纤化法是把易于原纤化的纤维或薄膜用机械捶打,使纤维变细。

(4)破裂法:破裂法是在聚合物中加入发泡剂或气体,使其剧烈膨胀而喷出,形成超细纤维的方法。

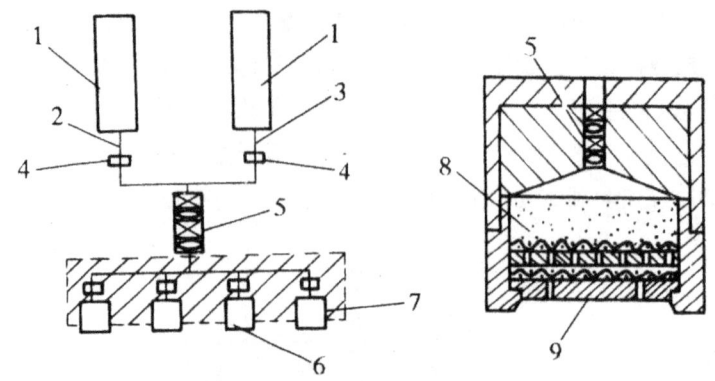

1—螺杆挤出机　2—聚合物A　3—聚合物B　4—齿轮泵　5—静态混合器
6—纺丝组件　7—热箱　8—滤砂　9—喷丝板

图6-23　混合纺丝原理（a）及纺丝组件（b）示意图

三、超细纤维的用途

（一）人造麂皮

人造麂皮是在20世纪70年代大量涌现出来的一种人造皮革，它的出现带来了超细纤维的迅猛发展。人造麂皮不仅具有天然麂皮柔软的手感和美丽的外观，而且其某些性能甚至比天然麂皮还好，如重量轻、耐洗涤、不变形、耐摩擦、抗虫蛀、不发霉等。人造麂皮所用纤维的线密度在0.006~0.3 dtex之间，可用来制作高档服装、室内装饰、手套、鞋帽、箱包等许多产品。

（二）仿真丝绸

仿真丝绸产品继人造麂皮开发之后，掀起了超细纤维应用的第二代浪潮，现已成为超细纤维的主要用途之一。由于超细纤维纤度小，抗弯刚度低，使仿丝织物手感柔软细腻。同时，超细纤维增加了丝的层次结构，纤维内部反射光变强，消除了合纤丝外观的蜡质感，使织物具有真丝般的光泽。仿真丝绸一般所用的纤维为0.5 dtex左右，所得制品的手感柔软，外观华丽，是制作高档礼服、外衣及内衣的良好材料。

（三）超高密织物

超高密织物是20世纪80年代初期研制成功的，它的广泛应用推动了超细纤维发展的第三代浪潮。由于超细纤维线密度较细，织成的织物单纤维之间的间隙小，因而不需要经过涂层或复合膜，就可达到防水透气的效果。在高密度织物中，纤维与纤维之间的间隙为0.2~10 μm，而液态水滴的最小粒径要大于100 μm，因此，即使是最微小的水滴也难以从高密超细的织物中穿过,而人体散发的水蒸气却可以从织物的间隙中散出。用这种织物可制作高档运动服、便服、外套、羽绒夹克、滑雪衫、高尔夫球服、风雨衣、帐篷等。

(四)高性能清洁布

高性能清洁布是继超细纤维发展的第四代浪潮——第二代人造革产品的出现之后而出现的,因此属于超细纤维发展的第五代产品。用超细纤维制作的清洁布具有较复杂的空间三维结构和良好的毛细管效应,能吸收较多的液体或灰尘,因纤维线密度低,布料柔软不会对擦拭的表面造成损坏,且无纤维碎屑残留。可用作高精密仪器、照相机镜头、光学仪器、电子零件及大规模集成电路板、医疗器皿、民用镜片等的清洁布。

(五)其他用途

1. 服装业上的应用

(1)薄型起绒风格织物,即桃皮绒类织物。超细纤维手感柔软,配置在织物的表面,经砂洗整理后被磨断的短纤维耸立在织物表面,具有细腻、柔软的茸毛感。和人造麂皮相比,桃皮绒质地更为柔软,手感和外观更细腻,在织物外观几乎看不出绒毛,但触摸时却能感觉到,类似"桃皮"而由此得名。桃皮绒织物所用纤维的线密度在0.3~1 dtex左右,可用作运动服、衬衫、内衣、时装、床上用品等。

(2)精梳强捻风格织物 精梳强捻风格织物属于精梳仿毛型织物,是从20世纪90年代开始开发的,具有高密度、蓬松和超羊绒的手感。

(3)干爽感风格织物 干爽感风格织物触摸时有一种清爽、清凉、干燥温暖的感觉,属于新合纤技术。

2. 过滤材料

超细纤维的直径小,比表面积大,织物的孔隙率高,孔径小而均匀,可用作液体或空气的过滤材料,具有过滤速度快,对分离物的捕集能力强等特点。可用作血液分离过滤器、油水分离器、防尘布、精密操作用罩布及香烟过滤嘴等。

3. 吸液材料

由于纤维线密度细,纱线内纤维总比表面积大,利于吸收水分,织物中孔隙率大,提高了织物的毛细效应,能够使水分迅速吸收并扩散。可用作吸水剂、吸油剂、墨水贮藏材料及化学电容纸等。

4. 保温材料

由于超细纤维之间的空隙较多,可以储藏大量的空气,同时纤维较细,纤维间接触点多,使纤维间相互滑动困难,因此能够保持其中的空气相对静止稳定,有很好的保暖性能,可广泛用于保暖产品,如人造羽绒、冬装絮料和无纺织物的填充材料等。

5. 生物工程材料

由于超细纤维与人体有很好的相容性,同时致密柔软的超细纤维织物可防止血液的渗透,广泛用于生物医用品。如人工膜、人造血管、人工脏器、血细胞分离器、酶支持物等。

6. 海洋用织物

这种织物具有防止与水接触的材料表面生长海洋生物的能力。在水闸、船体外壳上经常附着贝壳、海藻等生物，影响了设备的正常运转。用超细纤维制成的覆盖物可以抑制它们的附着。此外，超细纤维滤布，可用于去除海水中的浮游生物。

除此之外，超细纤维还可用于造纸材料，如制造高强力纸、清洁包装袋、扬声器纸盒、吸液纸和卫生巾等。同时还可用做离子交换材料，电子行业中的硅铜晶片或铝盘的摩擦片，医疗防护产品等。

第四节　其他改性纤维

对于熔纺纤维的改性，除了上述通过改变纤维的截面使之复合化、异形化和细特化外，目前常用的方法还有在纤维中添加具有一定功能的添加剂来生产具有特定性能的纤维，如阻燃纤维（Fire-resistant fibre）、抗静电纤维（Antistatic fibre）、防紫外线纤维（Ultraviolet prevention fiber）、远红外纤维（Far-infrared fiber）等。

一、阻燃纤维的生产

有关资料表明，近代大型火灾约有一半是由于纺织品燃烧引起的。一些特大火灾伤亡事故也是由幕布、沙发、床垫等引发的。因此，从安全的需要出发，有些国家先后制定了各种化纤防燃性的法律，要求凡制作老人、儿童、残疾人的服装，旅馆、剧院、医院、歌舞厅等公共场所的装饰及床上用品，以及交通运输工具上使用的纺织材料，都必须达到一定的阻燃标准。所以，合成纤维的阻燃改性研究日益受到广泛的重视。

阻燃纤维亦称难燃纤维、耐燃纤维或自熄纤维，是指在中、小型火源点燃下，会发生小火焰燃烧，当火源撤除，又能较快地自行熄灭的纤维，一般其极限氧指数大于27%。

（一）纤维的燃烧过程

纤维在遇明火高温时，其中的水分蒸发后会受热分解，产生可燃气体并与氧发生燃烧反应，燃烧产生的热会再次促使纤维分解继续产生可燃气体，如此循环直到纤维全部分解、燃烧和炭化。

（二）阻燃机理

由纤维的燃烧过程可以看出，纤维的阻燃处理就是设法阻碍纤维的热分解，抑制可燃性气体生成和稀释可燃性气体，改变热分解反应机理（化学机理），阻断热反馈回路，以及隔离空气和热环境，来达到消除或减轻燃烧三要素（可燃物质、温度、氧气）的影响，从而达到阻燃目的。通常纤维阻燃的机理主要有以下几种理论：

1. 不燃性气体阻燃理论

阻燃剂受热分解产生的不燃性气体稀释了纤维受热分解产生的可燃性气体浓度，或者捕获活性游离基而产生阻燃作用。例如卤素系阻燃剂，受热后产生不燃性气体，它能捕获燃烧时产生的高能自由基，使其转化为能量较低的其他自由基和水，同时稀释了纤维分解产生的可燃气体，并隔绝了与氧气的接触，达到阻燃目的。

烃类在空气中燃烧时，有如下的基本反应：

$$HO\bullet + CO \longrightarrow CO_2 + H\bullet$$

$$HO\bullet + H_2 \longrightarrow H_2O + H\bullet$$

$$H\bullet + O_2 \longrightarrow HO\bullet + O\bullet$$

可见，要抑制上述连锁反应，必须降低 $H\cdot$ 和 $HO\cdot$ 的浓度。使用含卤素，特别是含溴的有机化合物，会获得阻燃效果。因为它们受热容易分解放出 HBr 气体，HBr 捕捉高活性 $HO\cdot$ 和 $H\cdot$ 的反应如下：

$$HO\bullet + HBr \longrightarrow H_2O + Br\bullet$$

$$Br\bullet + RH \longrightarrow HBr + R\bullet$$

$$H\bullet + HBr \longrightarrow H_2 + Br\bullet$$

$$2R\bullet \longrightarrow R_2$$

$$2Br\bullet \longrightarrow Br_2$$

阻燃剂参与这些反应，大大降低了活性自由基的浓度，减少了燃烧产生的热量，抑制了燃烧的继续进行。

2. 吸热阻燃理论

阻燃剂在高温下发生吸热脱水、相变、分解反应或其他吸热反应时，能降低燃烧区域的温度，减少热裂解所需的能量，减缓高分子物的分解速度，从而阻止燃烧。这类阻燃剂包括 $Al_2O_3\cdot 3H_2O$、TiO_2、Ti_2O_3、ZnO、BaO 等。例如 $Al_2O_3\cdot 3H_2O$ 的阻燃机理是当其受热时，三水化物会吸热，可延缓升温。当温度升到220～230℃，三水氧化铝分解成无水氧化铝及水，能更多地吸收热量。水汽稀释或冷却气体，并阻止它们燃烧。

3. 覆盖层阻燃理论

阻燃剂在高温下能在纤维表面形成覆盖层，一方面阻止氧气介入，另一方面阻止放出可燃气体的扩散，从而达到阻燃目的。如磷系阻燃剂，可生成磷酸的非燃性液态膜和进一步脱水生成偏磷酸，偏磷酸进而聚合成聚偏磷酸。这一过程，不仅磷酸生成的液态膜起覆盖作用，而且聚偏磷酸是强酸和强脱水剂，可使高分子材料脱水而炭化。这种碳膜隔绝了空气，从而使磷化物发挥了更好的阻燃作用。

4. 催化脱水阻燃理论

阻燃剂在高温下产生脱水剂，使纤维脱水碳化，改变高聚物的热分解模式，从而减少可燃性气体的产生并消耗热能,如磷系阻燃剂的作用。

(三) 阻燃剂 (Flame retardant)

阻燃剂亦称防火剂,是指能提高化学纤维阻燃性的助剂。常用的阻燃剂主要是周期表中第3族的硼,第5族的磷、氮、锑、铋、砷,第6族的硫,第7族的卤素等元素形成的化合物。

按其化学组成的不同,阻燃剂可以分为磷系阻燃剂、卤素系阻燃剂、硫系阻燃剂、无机系阻燃剂、无机酸阻燃剂、碱金属盐阻燃剂和金属化合物阻燃剂,如表6-12所示。

表6-12 阻燃剂的分类

```
                    ┌─ 水溶性化合物 ─┬─ 磷酸三聚氰胺树脂
                    │                ├─ 磷酸硫脲树脂
         ┌─ 含磷系 ─┤                ├─ 磷酸胍树脂
         │          │                └─ 磷酸脒基脲树脂
         │          │
         │          └─ 含磷有机化合物 ─┬─ THPC
         │                             ├─ Pyrovatex
         │                             └─ APo
         │
         │          ┌─ 含卤有机物 ──── 溴化物、氯化物
         ├─ 含卤素系 ┤
         │          └─ 含卤素高分子物 ── PVC
         │
阻       │          ┌─ 含硫化合物 ─┬─ NH₄SO₃NH₂
         │          │              └─ 羟基苯磺酸
燃       ├─ 含硫系 ─┤
         │          │              ┌─ 硫脲系树脂
剂       │          └─ 硫脲系 ─────┤
         │                         └─ 环状硫脲羟甲基化物
         │
         │          ┌─ (NH₄)₃PO₄、(NH₄)₂HPO₄
         ├─ 无机系 ─ 铵盐 ┤
         │          └─ (NH₄)₂CO₃、NH₄HCO₃
         │
         ├─ 无机酸 ── H₃BO₃、H₃PO₄
         │
         │            ┌─ Na₂B₄O₇·10H₂O
         ├─ 碱金属盐 ─┤
         │            └─ Na₂SiO₃·5H₂O
         │
         │              ┌─ SbCl₃、TiCl₄、BiCl₄
         └─ 金属化合物 ─┤   SnCl₄、Sb₂O₃
                        └─ Al(OH)₃·3H₂O、Mg(OH)₂
```

对于阻燃剂的选择，一般要求：

（1）阻燃效果好，阻燃剂用量小。

（2）耐久性好，要求耐50次洗涤，难燃性不变。

（3）对染色性影响小，不影响色泽和染色牢度。

（4）能与其他加工剂并用，使用方法简单。

（5）不影响织物的其他物理性能和手感。

（6）对皮肤接触、入口无毒性，无致癌作用。

要满足以上条件的理想的阻燃改性剂是比较困难的，然而，（1）、（3）、（4）（6）项是十分重要的。

在实际应用中，往往采用多种阻燃剂，以两种以上方式协同效应达到阻燃效果。在众多阻燃剂中，卤素系列应用较早，效果好，价格低，但其分解物中含有二恶英，对环境及人体健康不利。目前磷－氮阻燃剂以较好的阻燃性能和低毒性正被开发利用。其他无卤系阻燃剂的开发将以无毒、低发烟量、价廉高效，对原纤维性能无影响为重点。

（四）阻燃纤维的制造方法

1. 共聚法

共聚法是将含有磷、卤素、硫等阻燃元素的化合物作为共聚单体（反应型阻燃剂）引入成纤高聚物的大分子链中，然后再把这种阻燃成纤高聚物用熔融纺丝制成阻燃纤维。由于阻燃剂结合在大分子链上，因而阻燃效果持久。

2. 共混法

共混法是将阻燃剂加入纺丝熔体中或浆液中纺制阻燃纤维的方法。阻燃效果的持久性与阻燃剂的性质有关。对使用的阻燃剂也有所要求，如粒度、与纺丝液的相溶性、稳定性等。

3. 后处理阻燃法

后处理阻燃法是在纤维成形后或制成织物及染色后进行。通常采用浸轧焙烘法、喷雾法和涂敷法等，使阻燃剂和纤维或发生化学键合，或吸附沉积，或借助范德华力结合，从而固着在纤维和纱线上，获得阻燃效果的加工过程。根据阻燃剂性质，有耐久性和非耐久性阻燃整理。

二、抗静电纤维的生产

纺织纤维，特别是疏水性合成纤维，如聚丙烯纤维、聚酯纤维在摩擦作用下极易产生静电。在纤维生产和纺织加工中，静电会造成纺丝、拉伸、纺纱和编织过程中纤维缠绕，产生毛丝，使纺织工艺不易控制。在织物使用过程中，静电会使纺织品易于沾污、吸尘，会使衣服与人体发生黏贴，穿着不舒适。在石油、煤粉、医院的麻醉剂等可燃物环境中，静电还可能导致爆炸。此外，电子计算机和精密电子仪器等往往由于工作人员服装上的静电干扰,而影响计算和测定结果的准确性。可见,静电现象影响合成纤维加工的顺利进行,影响产品的使用性能和安全性,所以对抗静电纤维及导电纤维的研究开发具有深远的意义。

(一)静电的产生及消除

任何两种物质,相互接触或摩擦时,只要其内部结构中电荷载体的能量分布不同,在它们各自的表面就会发生电荷再分配,重新分离之后,每一种物质都将带有比其接触或摩擦前过量的正负电荷,这种现象就称为静电现象。作为高分子材料的纤维尤其是合成纤维由于其绝缘性好,吸湿性差,表面电阻高,所以在加工过程中经常出现静电现象。尽管纤维产生静电的方式很多,比如纤维在受到拉伸、压缩以及在干燥的电场中受到感应时都能起电,但纤维静电的产生大部分是在摩擦过程中产生的。

对于纤维产生静电的形成机理大体上有两种:一种是电位差理论,这种理论认为由于两种材料表面的电子从材料表面逸出所需要的逸出功不同,当这两种材料接触时,在材料表面便形成电位差,产生电场,使电子产生相互移动,从而形成静电现象。另一种是偶电层理论,这种理论认为如纤维等绝缘体之间的接触或摩擦时,带电主要是由于离子转移所引起的。

为了防止静电引起的各种灾害,应该从两方面着手:第一方面是控制静电荷的产生,即通过减少摩擦机会、减小纤维摩擦系数、降低摩擦压力和速度、减少接触频率,使用两种在摩擦起电序列中位置相近的材料等方法来减少电荷的产生。但是,实际上接触摩擦的两种物体不是固定不变的,而且环境条件也各种各样,所以这些控制静电荷的方法或措施,不能用作积极的抗静电方法。第二方面是促进电荷的泄漏。泄漏静电的方法有提高周围环境湿度的方法和增加材料电导率的方法。降低纤维的电阻,提高纤维导电性的方法是抗静电的最基本、最主要的方法。其主要有两种途径:第一是对高分子材料进行结构改性,引入极性化或离子化基团,提高其导电性。第二是在高分子材料中添加抗静电剂或导电性填料。添加抗静电剂或导电性填料是目前最为常用的改性方法,而且商品化的产品很多,使用价值也非常高。

(二)抗静电剂(Antistatic agent)

抗静电剂是抑制合成树脂等电气绝缘性能的材料表面所产生的静电量或消除已积累的静电量所使用物质的总称。它们在合成纤维生产、加工和使用过程中发挥着很好的作用。特别是阻止静电发生、积累,克服纤维相互摩擦产生的电荷,在电子信息化的今天意义更大。

合成纤维的抗静电剂种类很多,根据抗静电效果的持续性可分为暂时性抗静电剂和耐久性抗静电剂;根据应用的方法和场合的不同,可分为外部用抗静电剂和内部用抗静电剂;根据化学结构,主要可以分为阳离子型、阴离子型、两性型、非离子型等类型。如表6-13所示列举了常见的抗静电剂的类型和作用。

表 6-13 抗静电剂的类型及作用

类型	名称	作用
阳离子型	烷基季铵盐、聚乙烯多胺、烷基胺盐、氨基脂肪酸	具有良好的抗静电效果，兼有柔软、平滑作用，杀菌作用，可以防止织物发霉。但有时会使纤维的色光发生变化。作为外部抗静电剂使用时，在染色加工前必须洗净，否则影响染色牢度。它不能与阴离子型抗静电剂混用（相容性不好），且价格较贵。
阴离子型	脂肪酸铵盐、烷基磺酸盐、烷基硫酸酯盐、烷基磷酸酯盐	抗静电效果好，对染色影响不大，有柔软性、无毒，烷基磺酸盐对金属不腐蚀，价格低。多用于外部抗静电用。但不能与阳离子型抗静电剂混用。
两性型	羟基甜菜碱、磺酸基甜菜碱、烷基丙氨酸	抗静电效果良好，有些（甜菜碱型）不仅抗静电性较好，而且具有助染和加柔的作用，可与离子型抗静电剂或其他助剂混用，价格稍高。它可作内部或外部抗静电剂。
非离子型	聚氧乙烯烷基醚、聚氧乙烯烷基酯、聚氧乙烯烷基胺、聚氧乙烯烷基酰胺、烷基多元醇	亲水基是醚键和羟基。不离解，耐酸、耐碱，可以和阳离子或阴离子型抗静电剂及其他助剂并用，能增强抗静电的效果。除了抗静电性之外，醚型可以增进洗净、浸透和分散均匀性；酯型可以增进分散和平滑性。大部分内部抗静电剂中含有这一类型成分，当然也可用作外部抗静电剂。
无机盐型	$LiCl$、$CaCl_2$、$MgCl_2$、磷酸盐	可与前面几种类型的抗静电剂并用，有时会取得明显的增效作用。但它们单独使用时，抗静电效果不大，无机盐易使金属生锈并影响纤维手感和外观。
高分子化合物型	聚氧乙烯多胺、聚丙烯腈系高分子化合物	大分子结构中含有离子、吸湿性等防止带电成分，并且具有将其自身固着在纤维上而不溶于水的能力。该型抗静电剂属耐久性抗静电剂，耐洗涤性良好，但用于纤维后，会使纤维手感变硬。
复合型	亲水性高分子化合物、低分子化合物的混合物，有时还混有少量无机盐及其他物质	该型抗静电剂是一种后加工用抗静电剂，广泛用于涤纶生产加工，具有一定的耐久性。

（三）抗静电纤维的制备方法

抗静电纤维的制备方法目前已形成三代。第一代制备方法是使用外部抗静电剂，即通过在纤维表面涂覆表面活性剂类抗静电剂来制备抗静电纤维。这种方法操作简单，是目前抗静电纤维生产的主要方法。第二代制备方法是使用内部抗静电剂，即在形成纤维的基体聚合物中加入表面活性剂类抗静电剂或高分子永久型抗静电剂，再熔融纺丝来制备抗静电纤维。第三代制备方法叫导电纤维法，是利用炭黑、金属或金属氧化物与基体聚合物形成导电纤维。制造方法有添加导电微粉、无电电镀和配成涂饰剂。导电纤维法性能稳定，效果优异，耐久性强，不受气候条件的限制，是最有发展前途的方法。

1. 外部抗静电剂法

使用外部抗静电剂是利用物理或化学方法对纤维进行表面加工，以改善其纺丝成型和后加工过程中的摩擦和静电问题。这种方法常常是在纤维的成型加工和纺织加工中，将抗静电剂作为油剂的一个成分，在上油剂时同时使用，方法简单，效果明显。其中主要包括表面处理法和树脂整理法两种。

（1）表面处理法。

表面处理法的基本原理是在纤维表面形成导电层。采用抗静电剂对纤维进行后加工处理，一般是采用离子或非离子型的外部抗静电剂涂在纤维表面，以便大量吸收空气中的水分，降低纤维的电阻值。这种方法工艺上可行，手感也好，抗静电效果明显。

表面处理法主要有以下两种：

离子络合法：这种方法是在纤维表面先用阳离子型抗静电剂处理，再用阴离子型抗静电剂处理，使纤维表面覆盖一种不溶于水的阴、阳离子表面活性剂的络合物，从而达到吸湿和抗静电的效果。

化学反应法：这种方法使用含有环氧基的化合物处理纤维表面，通过环氧基的开环聚合或与纤维大分子的反应基团进行化学结合，或者使用水溶性胺与环氧基进行交联固化的方法实现与纤维的化学结合。

无论是离子络合还是化学反应的表面处理法，由于它们都是基于吸湿抗静电机理，所以这种方法制造的纤维抗静电性能随环境湿度变化而变化。当环境湿度较高时，抗静电效果较好；环境湿度较低时，抗静电效果降低。另外，这里的抗静电剂多是表面活性剂。洗涤剂对这些抗静电剂的相容性、亲和性好，所以洗涤时抗静电剂容易流失，耐久性不理想。但是，表面处理法由于加工技术简单，在一段时间内有明显的抗静电效果，因此具有一定的实用性。

（2）树脂整理法。

树脂整理法是将亲水性抗静电树脂经过浸、轧、熔、烘等一系列加工工序而黏附在纤维表面，形成一个极薄的抗静电保护膜，这些树脂一般是亲水性的，在纤维表面利用吸湿增加纤维的导电性。树脂整理法的抗静电效果好，相对于表面处理法，抗静电的耐久性有所提高。但其纤维价格高，易变色，并且易使纤维变得粗硬，其抗静电效果也随环境湿度的降低而下降。

树脂整理法所用的抗静电树脂大多数是与被整理纤维的大分子结构相近的聚合物，它们之间相容性较好，便于加工。例如，将含铵离子和聚氧乙烯烃链段的聚合物，经树脂整理固着在纤维表面上，得到了较为耐久的抗静电性。还有一种树脂整理法是采用含导电性聚合物的乳胶和含导电性化合物的溶液作为抗静电剂，例如含乙烯基化合物的共聚物与聚氧乙烯磷酸酯或聚氧乙烯乙醚的溶液，对纤维进行树脂整理，可以制出具有实用价值的抗静电纤维。

2. 内部抗静电剂法

内部抗静电剂大多具有极性基团,可在纤维外层表面形成一个吸湿导电层,使纤维表面电阻减少,抗静电性增加,同时纤维内部的抗静电剂不断缓慢渗出,补充纤维外层抗静电剂的损失。目前,使用内部抗静电剂制造抗静电纤维的方法多种多样,主要有以下几种。

(1) 共聚合。在疏水性合成纤维大分子主链上引入亲水性、导电性成分,如在聚酯大分子中嵌入聚乙二醇或亲水性极性单体,可以在一定程度上提高纤维的吸湿性和抗静电性能。又如在聚丙烯主链中嵌入4.5%~5%的高分子季铵盐,制取的化学改性聚丙烯纤维具有高的亲水性、稳定的抗静电性和良好的染色性。其比电阻比原来降低了5~6个数量级,与棉和黏胶纤维相当。它在相对湿度为65%时的回潮率提高到5.9%~7.1%,与棉接近。改性聚丙烯纤维与未改性聚丙烯纤维相比,虽然绝对断裂强度降低了约30%,相对强度降低了约38%,耐磨性降低了25%,然而其各项机械性能指标仍比黏胶纤维高数倍。

(2) 共混。为制备效果相对耐久的表面活性剂添加型抗静电纤维,可采用将表面活性剂添加到纺丝液中进行共混纺丝的方法,利用表面活性剂从内向外的不断迁移扩散,使纤维表面长期含有表面活性剂。表面活性剂的极性应与成纤高聚物有适当的差异,若极性相似,则二者相容性好,共混纺丝后表面活性剂难以迁移,纤维内部的表面活性剂未吸收水分而不起作用。若极性相差过大,则很难相容。共混纺丝后表面活性剂很快渗析到表面,影响抗静电效果的耐久性。由于表面活性剂的迁移是在纤维的非晶区依靠布朗运动向纤维表面迁移的,这种运动在纤维的玻璃化温度 T_g 以上时比较活跃,而在 T_g 以下时难以进行,故表面活性剂内部添加型抗静电纤维只适用于 T_g 处于室温的成纤高聚物,并且对于结晶度高的高聚物,应增加表面活性剂的用量,但添加量过大则影响纺丝性能。目前广泛应用的抗静电共混纺丝纤维,其内部抗静电剂大多不溶于基体聚合物,具有很好的分散性,可在纤维截面中以较高密度存在。沿纤维轴向排列取向,在纤维内部形成运送或传导电荷的低电阻的通路,纤维内部和外层表面都可以使电荷逸散,抗静电效果显著提高。

除普通成纤高聚物与亲水性聚合物共混的典型共混纺丝方式外,还有聚合过程中加入亲水性聚合物,形成微多相分散体系的共混方式。例如将聚乙二醇加入到己内酰胺反应混合物中,聚乙二醇以原纤状分散于PA6之中,同时聚乙二醇也有少量端羟基与己内酰胺开环后生成的氨基己酸中的羟基反应,从而提高抗静电性能的耐久性。

(3) 复合纺丝。复合纺丝方法在改善合成纤维其他性能的同时,也能改进合成纤维抗静电性。有关抗静电的复合纤维有许多形态,如皮芯型、海岛型、多层型等。常用皮芯型复合法制成具有抗静电性能的纤维。例如,以聚酯为芯,混有聚乙二醇的聚酰胺为皮制成的涤棉复合纤维,或者以聚乙二醇与聚酯的嵌段共聚物为芯,聚酯为皮制成抗静电性的皮芯型复合纤维。这些纤维不仅抗静电性好,而且手感、吸湿性、耐磨性、弹性、抱合力等都有所提高。又如抗静电涤纶帝特纶(PAREL),它是用复合、共混纺丝制成的芯鞘型纤维,芯层为以聚氧乙烯系聚合物为岛的海岛型结构,岛的直径仅有几微米,而纤维外层(鞘层)是聚酯。这种纤维可以进行变形加工制成ATY空气变形纱,是世界上首批制成变形纱织物的抗静电纤维。该纤维也可以进行碱减量处理，改善抗静电织物的手感和外观，并且染色性能不会受到影响。

有一类抗静电涤纶，聚酯为纤维皮层，芯层是无规的聚酰胺共聚物，内含无机的导电物质如KI、LiBr、NaBr等。芯层量为3%～15%，而芯层中的无机物含量为0.1%～5%。这种纤维是在双螺杆复合喷丝板纺丝机上纺制的芯鞘纤维，而芯层又是添加抗静电剂进行的共混纺丝，也就是同时进行复合纺丝和共混纺丝来制取的。该产品可以明显改善纤维的抗静电性，同时又不影响纤维的耐热性和耐光稳定性，纤维的外观、模量、光滑性都不受影响。此外还有在这种纤维的芯层再添加聚氧乙烯衍生物，进一步提高了纤维的抗静电性能。

（4）接枝共聚。采用化学引发、热引发、高能射线和紫外线辐照引发的接枝改性方法，将亲水性单体接枝于纤维表面，可有效地改善合成纤维的吸湿性，且亲水性单体的用量远少于其他方法，耐久性好。例如，PE纤维以二氯甲烷为膨胀剂，表面接枝丙烯酸后可提高吸湿性能、抗静电性能和染色性能。聚酯纤维通常采用乙烯基吡啶、丙烯酸、丙烯酸钠、甲基丙烯酸、甲基丙烯酸钠、甲基丙烯酸羟乙基酯等单体或聚二甲基丙烯酸乙二醇酯、聚二丙烯酸乙二醇酯等活性低聚物进行接枝共聚，在100℃左右加热状态下，用膨化剂（例如二氯甲烷）进行反应，得到从表面到内部都发生均一接枝的抗静电聚酯纤维。

3. 导电纤维法

导电纤维一般是用普通纤维为基材，经导电处理制成的。最常用的方法是通过将无导电性能的有机纤维和导体复合而制成导电的复合纤维。这种方法利用聚合物的易成型性和柔软性，因而不仅可通过不同的复合方法和复合的程度调节纤维的导电程度，而且还通过聚合物内的分子取向程度来调节其导电的各向异性。

如表6-14所示，概括了三代抗静电纤维制备方法的优缺点及研究的课题。

表6-14 抗静电纤维加工技术的优缺点及研究的课题

项　目	第一代	第二代	第三代
方法	后加工法	共混法	导电性纤维法
优点	处理工艺简单，比较廉价	可大量生产，有一定的耐久性	在低湿度下效果优异，有半永久性效果，微量混用就有效果
缺点	耐久性差，在低温度下无效果，手感下降	纺丝技术有一定难度，产品质量不稳定，低温下效果小	黑色太显眼，对布匹的设计要一一进行混用操作太繁琐
研究的课题	通过等离子体等处理工艺提高耐久性	通过复合、混纤等提高性能	白色导电产品，混纤技术

目前抗静电纤维的主要分类有抗静电涤纶、抗静电腈纶、抗静电丙纶等。如表6-15所示，列举了常用的抗静电纤维的制备方法。

表 6-15 常用的抗静电纤维制备方法

类 型	制 备 方 法
抗静电涤纶 （聚酯分子排列紧密，保水性差）	（1）用导电粉末材料与高分子共混纺丝。 （2）采用复合纺丝技术，使复合纤维中的某一组分因掺入导电材料而带有导电或抗静电功能。通常采用的导电材料为无机金属化合物或炭黑等。
抗静电丙纶 （聚丙烯纤维本身无极性基团，不吸水，它的表面电阻为 $6.5×10^{16}$ Ω，介电常数为2）	一般采用三种方法。一种是与导电纤维混纺，一种是加抗静电剂共混纺丝，还有一种是对纤维和织物进行表面处理。从加工工艺、成本、效果综合考虑，在实际应用中较多采用第二种方法。抗静电剂一般是与分散剂及载体共混而加工成母粒，只要在纺丝中混合均匀，就不但不会影响纺丝，还能在一定程度上改善熔体的流变性。

三、防紫外线纤维的生产

太阳发射出的电磁波按波长来分，可分为 γ 射线、X 射线、紫外线、可见光、红外线和微波，如图6-24所示。其中的紫外线部分对人类既有利又有害。紫外线具有灭菌杀毒作用，能合成抗佝偻病作用的维生素 D，促进钙的吸收，预防软骨病。但过量的紫外线照射也会对人体产生危害。紫外线的波长在180~400 nm 范围，按波长大小又可分为 UV-A（320~400 nm）、UV-B（290~320 nm）和 UV-C（180~290 nm）三种紫外线。长波紫外线能晒黑皮肤，出现皱纹加速皮肤老化；中波紫外线使皮肤灼伤，皮肤变红产生水泡；短波紫外线被地面上空10~50 km 处的臭氧层吸收而无法到达地面，短波紫外线是最有害的紫外线。

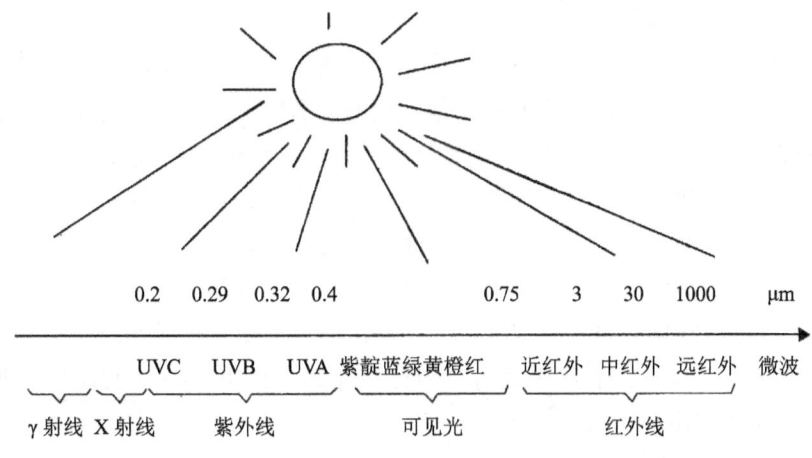

图 6-24 太阳发射出的电磁波

近年来，由于人类大量排放消耗臭氧的四氯化碳、氟氯烃、甲烷等气体，使臭氧量逐年减少。有资料表明，臭氧层每减少1%，紫外线辐射强度会增加2%，人类患皮肤癌的可能性会提高3%。为此，人们开始重视防紫外线纤维及其织物的研究和开发。

（一）防紫外线机理

由光学原理可知，当光线照射到物体上时，一部分会被物体表面反射，一部分会被物体吸收，其余部分会透过物体，并且在一般情况下，透过率+反射率+吸收率=100%。因此，当反射率和吸收率增大时，透过率就会减少，对紫外线的防护性能就更好。由此可以得到防紫外线的两个途径：一种途径是增加纤维对紫外线的反射率；另一种途径是增加纤维对紫外线的吸收率。

（二）防紫外线添加剂

防紫外线添加剂是一类能够反射或吸收紫外线的物质。由于大多数合成纤维如涤纶、锦纶、丙纶等防紫外线能力较差，要对这类纤维进行防紫外线改性，需要在成纤高聚物中添加少量防紫外线添加剂，然后纺制成防紫外线纤维。防紫外线添加剂主要有无机防紫外线添加剂和有机防紫外线添加剂两种。

1. 无机防紫外线添加剂

无机防紫外线添加剂主要是一些能反射或散射紫外线的物质，亦称紫外线屏蔽剂（UV blocking agents），包括高岭土、碳酸钙、滑石粉、炭黑、氧化铁、氧化锌、氧化亚铅等。这些无机物具有较高的折射率，能够对入射紫外线反射或折射，从而达到防紫外线辐射的目的。经试验，在310～370 nm波长区，对紫外线的反射或防护效果，以氧化锌和氧化亚铅为好，二氧化钛和高岭土也有一定作用。炭黑也是一种有效的紫外线屏蔽剂，它不仅屏蔽紫外线，连可见光也完全屏蔽了，所以在做遮光处理时才用它。

2. 有机防紫外线添加剂

有机防紫外线添加剂主要是一些可以吸收紫外线的物质，亦称紫外线吸收剂（Ultraviolet ray absorbent）。此类物质吸收紫外线能量后转变为活性异构体，并把能量转化为光和热的形式释放出来，同时恢复到原分子结构。常用的紫外线吸收剂需具备以下特点：安全无毒；吸收紫外线范围广，效果好；对光、热和化学试剂的稳定性好；不影响原织物色牢度、强力和手感等；溶解性、乳化性好，稳定性好；耐久性及各项牢度好；原料制造方便，能实现批量生产或大量供应。但目前能够完全达到以上条件的紫外线吸收剂还很少，有的吸收剂吸收紫外线是以本身淬灭为代价的，所以其抗紫外线的耐久性较差。有的吸收剂则会在吸收紫外线后产生危害性转移，尤其当作用于织物上具有光脆性的染料时，会缩短织物的使用时间。

常用的紫外线吸收剂主要有金属离子化合物、水杨酸酯类化合物、苯酮类化合物以及苯三唑类化合物。主要有机化合物类的紫外线吸收剂如表6-16所示。

表 6-16 主要有机化合物类的紫外线吸收剂

类别	性能	名称	结构式	国内外商品名称	吸收波长/nm
二苯甲酮系	1. 有反应性羟基，同纤维易结合 2. 能吸收 UV-A 和 UV-B（280~400 nm）紫外线 3. 对 280 nm 以下的紫外线吸收较少，有时易泛黄 4. 价格较高	2-羟基-4-甲氧基-二苯甲酮		紫外线吸收剂 UV-9/Cyasorb UV-9（美国 ACY）Uvinul M-40（美国 GAF）	290~400
		2-羟基-4-正辛氧基-二苯甲酮		紫外线吸收剂 UV-531/Cyasorb UV-531（美国 ACY）	300~375
苯并三唑系	1. 大量吸收 UV-A（315~400 nm）紫外线，效果好 2. 由于熔点较高，吸附在纤维上有一定耐洗性 3. 无反应性基团，活性不高，处理时要吸附于纤维表面才能达到紫外线吸收和屏蔽效果	2-（2'-羟基-5'-甲基苯基）苯并三唑		紫外线吸收剂 UV-P/Tinuvin P（瑞士 CGY）	270~380
		2-（3'-叔丁基-2'-羟基-5'-甲基苯基）5-氯代苯并三唑		紫外线吸收剂 UV-326/Tinuvin 326（瑞士 CGY）	256 最高吸收峰
		2-（2'-羟基-3',5'-二叔丁基苯基）5-氯代苯并三唑		紫外线吸收剂 UV-327/Tinuvin P327（瑞士 CGY）	252~253 最高吸收峰

续表

类别	性能	名称	结构式	国内外商品名称	吸收波长/nm
水杨酸酯系	1. 价格低廉 2. 大量吸收UV-B，仅吸收少量UV-A紫外线 3. 熔点低，升华性强，使用有局限性	水杨酸-4-叔丁基苯基酯		紫外线吸收剂TBS/Inhibitor TBS（美国DOW）	290~315
		水杨酸对辛基苯基酯		紫外线吸收剂OPS/Eastman Inhibitor（美国Eastman）	280~320
		双水杨酸双酚A		紫外线吸收剂BAD	≤350（350吸收峰）
金属离子螯合物系	1. 对部分纤维或织物，在一定条件下能形成螯合物络合体，有屏蔽功能 2. 离子有颜色，使用有局限性	N，N-二正丁基二硫代基甲酸镍		光稳定剂NBC/Pylex NBC（美国Dupont）Antage NBC（日本川口）Antigene NBC（日本住友）	
		双（3，5-二叔丁基-4-羟基）苄基磷酸单乙酯		光稳定剂2002/Irgstab 2002（瑞士CGY）	

(三) 防紫外线纤维的制备方法

用添加防紫外线添加剂制造防紫外线纤维有各种途径，可归纳为以下三种方法：

1. 共聚法

共聚法是选择一种合适的紫外线吸收剂与成纤高聚物的单体一起共聚制得防紫外线共聚物，然后纺成防紫外线纤维。例如用芳香族二羧酸（比如 TPA、IPA 等）和 EG 为原料，在原料中或二羧酸的乙二酯中添加质量分数为0.04%～10%可耐250℃的二价苯酚类化合物（例如4,4-二羟基二苯甲酮等），用常规的直接酯化或酯交换后缩聚的方法制得防紫外线良好的线型聚酯，再通过常规的熔融纺丝法纺制成纤维。这种纤维具有良好的防紫外线性能，能有效吸收波长为280～340 nm 的紫外线。

2. 共混法

共混法是将紫外线散射剂或紫外线吸收剂的粉体，在聚合物聚合时加入或直接共混纺丝，也可先制成防紫外线母粒再进行纺丝。例如日本可乐丽公司生产的紫外线屏蔽纤维织物"ESMO"，是将粒径在0.1 μm 左右的 ZnO 微粉混在聚酯中，然后通过熔体纺丝制成了防紫外线聚酯短纤维。

3. 后处理法

后处理法是将紫外线吸收剂或紫外线散射剂单独或混合使用，用浸渍法、印花法附着在合成纤维材料上，制成防紫外线纤维。为提高防紫外线剂对水洗及干洗的耐久牢度，还采用了树脂、微胶囊整理技术，微胶囊的芯材中装入有机的紫外线吸收剂，它能防止吸收剂的散逸。

四、远红外纤维的生产

远红外纤维是在纤维加工过程中添加了能吸收不同波长的远红外线，进而又能辐射远红外线的远红外吸收剂而制得的一种功能纤维。远红外纤维是一种具有优良保健理疗功能、热效应功能和排湿透气抑菌功能的新型纺织材料，能吸收人体自身向外散发的热量，吸收并反射回人体最需要的4～14 μm 波长的远红外线，促进人体的新陈代谢。

(一) 远红外纤维的保温、保健机理

红外线是波长范围为0.76～1000 μm 的电磁波，其中，波长为30～1000 μm 的称为远红外线（实际中通常把2.5 μm 以上的红外线通称为远红外线）。远红外纤维添加的远红外陶瓷可辐射的波长为2.5～30 μm。而4～30 μm 的区间波段常常被称之为"生育光线"或"培育光线"，该波长的电磁波可提供人体细胞组织所需要的微弱能量。

远红外辐射加热的机理是光谱匹配。即当辐射源的辐射波长与被辐射物的吸收波长相一致时，该被辐射物体就吸收红外辐射能，从而加剧其分子的运动，达到发热升温的加热作用。人体是一个有机体，具有对远红外线吸收率、传导率高的特点。当将某种能够高效吸收人体红外辐射的材料制成服用材料，该物质分子在谐振中能够吸收人体以红外辐射向外释放的能量，还能吸收太阳和人体周围环境所释放的为人体所需要的波长在4μm～14μm的红外辐射能量，同时这些能量以人体放热相同的频率反馈给人体，从而达到体感升温效果，并通过细胞内水分子的活动激活人体组织细胞，将沉淀在细胞内的老朽废弃物质排出体外，增强新陈代谢，改善人体血液微循环和体液微循环，促进各部位获得氧和营养成分，保持人体细胞的健康，消除微循环障碍，达到保健、辅助治疗，康复疾病的目的。

（二）远红外添加剂（Far infrared additive）

远红外纤维中加入的远红外添加剂通常是指具有远红外辐射性能的微粉。要制作性能优异、具有远红外功能的纤维，关键是选择合适的远红外添加剂，主要把握以下几个原则。

1. 功能性

生物体对4～14μm波长远红外线有吸收，特别是在4μm、6μm、7μm以及12μm处有较强的吸收。因此需选用在人体温度即36.5～37℃左右、4～14μm波长范围具有较高辐射率的远红外发射体，一般远红外发射率65%以上可用作远红外添加剂。很多无机化合物，如氧化物、碳化物、硼化物等都具有远红外辐射特性，常选用的是氧化物，如三氧化二铝、氧化锌、氧化锆、氧化镁、二氧化钛以及二氧化硅等。由于远红外辐射是晶格振动的结果，一种材料不可能在一段波长范围都具有较高辐射率，利用多种材料的互补效应，一般选用多种上述物质的混合物做远红外功能材料。采用元素周期表中第Ⅲ、第Ⅴ周期中的一种或多种氧化物与第Ⅳ周期中的一种或多种氧化物混合而成的远红外辐射材料（MgO、Al_2O_3、CuO、TiO_2、SiO_2、Cr_2O_3、Fe_2O_3、MnO、ZrO等）在环境温度为20～50℃，具有较高的光谱发射率，是理想的远红外辐射材料。

2. 加工性

远红外材料在纤维中的加入影响纤维的生产过程。加入量与功能性成正比，但加入量大纤维物理性能差，加工性能下降；加入量太少则功能性不强。一般加入量控制在3%～15%之间，如果母粒的远红外发射率高，4%～5%的加入量就可得到较好的功能。同时用于纤维生产的远红外材料要有较好的表面性质：分散性好，能在聚合物熔体中均匀分散，粒子不会出现凝聚；粒度小，母粒中功能性材料的粒度越小，纤维的功能效果越好，纺丝过程越顺利。普通的服用性涤纶纤维单丝直径在10μm左右，为了保持纤维良好的物理性质，短纤维纺丝要求远红外材料的粒径小于5μm，长丝纺丝要求远红外材料粒径小于3μm，一般在0.001～2μm之间。

3. 安全性

在考虑材料功能性的同时，还必须考察其使用属性，也就是材料可纺性和服用性的评价。

一方面纺丝过程中材料的化学物理性能稳定，不会分解，具有良好的纺丝加工性，也就是功能材料要具有耐温性和分散性，一般的有机物都无法满足这一要求；另一方面作为服用产品，性能必须稳定且无毒、无害，不伤害人体，不污染环境。

（三）远红外线纤维的制备方法

远红外纤维的制备方法可分为涂层法和共混纺丝法两大类。

1. 涂层法

涂层法是将远红外吸收剂、分散剂和黏合剂配成涂层液，通过喷涂、浸渍和辊涂等方法，将涂层液均匀地涂在纤维或纤维制品上，经烘干而制得远红外纤维或制品。这种生产方法操作简便，成本较低，对远红外陶瓷粉的要求较宽松。但制得纤维的手感及耐洗涤性能差，不适于后加工织造，目前仅适用于加工非织造织物和制品。

2. 纺丝法

纺丝法是在纤维加工过程中，即聚合、纺丝工序加入远红外添加剂制得永久性远红外纤维，具体可分为全造粒法、母粒法、注射法、复合纺丝法。

（1）全造粒法。全造粒法是在聚合过程中加入远红外添加剂制得远红外切片，再用这种切片经纺丝制得远红外纤维。这种方法简化了生产工艺，但增加了造粒成本。

（2）母粒法。母粒法是将远红外添加剂、分散剂和载体等一起混合造粒，制作成远红外功能母粒，然后与常规切片混合均匀后，再经纺丝制成远红外纤维。例如 Fukaya 等人以黑色电气石为远红外添加剂（粒子直径为3～9μm），首先制备含有30%远红外添加剂的聚酯远红外母粒，然后再以16.65%的母粒与83.35%的聚酯混合，纺制远红外纤维，该纤维的远红外发射率为74%。母粒法具有加工路线简单、易于操作的优点，成本低，目前国内外厂家多数采用母粒法生产远红外纤维。

（3）注射法。注射法是在纺丝过程中利用注射器，将远红外添加剂注射在高聚物熔体中而制得远红外纤维。这种方法工艺简单，但功能介质分散不均匀，加工性能较差。

（4）复合纺丝法。即双组分纺丝，其中功能母粒作为一组分，制成皮芯结构或并列结构的复合纤维，纺丝过程易于控制，纤维产品性能稳定，但生产过程复杂，成本高。目前性能较好的纤维采用这一方法。

第七章 纺熔非织造材料的后整理

第一节 后整理概述

产品的基本功能由所使用原料的特性和纺丝工艺决定。如用 PP 原料制造的非织造布，由于 PP 是疏水的，因此，非织造布也是疏水的，表面电阻很大，不具备抗静电功能。用特种弹性体原料制造的非织造布产品会具有良好的弹性。由于 PET 是亲水的，因此，用 PET 原料制造的非织造布也具有亲水性。而在实际应用中，在产品的不同应用领域，对产品也有不同的性能要求。如产品用于制作卫生制品的材料时，经常要求产品具有亲水性、抗静电性。而当产品用于制作医疗制品的材料时，经常要求产品具有亲水性、抗静电性、拒酒精渗透、拒血液渗透功能。而所有这些功能并不是产品固有的特性，而是通过使用后整理（处理）工艺来实现的这些附加功能。

目前，产品的附加功能项目常包括：亲水性、拒水性、抗静电性、抗老化、抗菌、防霉、止血、止痒、防蛀、阻燃、芳香、除臭、拒油类渗透、拒酒精渗透、拒血液渗透、柔软性、光触媒、防辐射等。

视产品的使用要求，有的仅需其中的一项，而有的可能需同时具备多项功能。如医用防护服就需要同时具备拒水性、抗静电性、拒油、拒酒精渗透功能、拒血液渗透等多种功能。对产品进行后整理，就是通过适当的工艺，将整理剂施加到非织造布的表面或内部，使其获得所需要功能的一种方法。

随着非织造材料市场竞争的日趋激烈，后整理技术已经逐渐在非织造材料行业中得到推广应用并成为提高产品附加值，规避产品同质化竞争，实现差异化的重要技术手段。

一、非织造材料后整理的定义

非织造材料的后整理就是将非织造材料与各种涂层剂、整理剂或其他功能性材料，通过化学和物理机械的方法使其牢固结合，或改变材料的性能、外形和物理形态的加工过程。在这一过程中，非织造材料与其他高分子聚合物和功能性物质集合成一体，成为一种新型非织造复合材料。或以另外一种物理形态出现，使之得以弥补原来单一的非织造材料性能上的缺陷和不足，又可以改变材料的外观和风格，同时又使材料增加了新的功能，如防水、拒油、抗菌防霉、抗静电、防紫外线、阻燃、亲水、柔软、防辐射等。

二、非织造材料的后整理类型

非织造布的后整理技术主要包括：功能整理、叠层复合、涂层处理三大类，在熔体纺丝成网非织造布生产企业，较多应用的是功能整理、叠层复合两种，本章的内容主要偏重于热轧纺黏法非织造布的功能整理。

产品进行后处理就是在纤网固结成布后，对非织造布的表面进行处理，即将纤网做成布以后才进行处理。这是提高非织造布产品差异化程度和附加值的重要途径。

（1）根据后整理装置放置的位置，可以分为"在线整理"和"离线整理"两种。在线整理是在普通的非织造布生产线上加入后整理设备，包括两部分：上浆设备和烘干设备。普通非织造布生产线生产出来的非织造布，先经过上浆设备，使普通非织造布带上整理液/助剂，带上整理液/助剂的普通非织造布，再经过烘箱烘干，即可带上需要的功能，最后由普通非织造布生产线的收卷机收卷。在线整理设备简单，仅需配套整理剂施加设备和干燥装置，运行管理较为容易，产品利用率较高，卫生条件较好。但处理工艺会与正常生产工艺互相牵制，受干燥能力影响，经常要降速运行，而且难于处理带液量较多或要求干燥时间较长的产品。

离线整理就是非织造材料在生产线上制造好，离开生产线后，再在另外的后整理生产线上进行加工、整理。离线式后整理设备包括四部分：放卷机、上浆设备、烘干设备及收卷机。首先是放卷机放卷，普通的非织造布（无纺布）放卷经过上浆设备，带上加功能的整理液/助剂，再经过烘箱烘干，即带上需要的功能，最后是收卷机收卷。由于配置不受场地限制，功能较为完备，不影响原来生产线的运行，能以灵活优化的工艺实现产品整理，产品质量有保障。但离线整理需要另外占用场地和增加岗位人员编制，运行管理较复杂，由于要反复中转运输，原料损耗较大，产品出现污染的机会增大。离线整理特别适用于带液量大、干燥时间长的产品整理。

（2）按具体所采用的工艺方法来分，有以下几种形式：

使用化学试剂对产品进行表面改性处理，其中按施加方法还可分为喷淋法、涂布法、浸渍法等，这是目前较为普遍使用的方法。

用物理方法对产品进行表面改性处理，其中按所使用方法还可分为高能辐射法、电子束辐射法、等离子体法等，这是几种正在发展中的新工艺，在国内还没有得到大量推广应用。

在使用化学试剂对产品进行处理时，按预定的比例，将后处理剂配制成溶液，然后根据溶液的黏度选择相应的处理方法，将处理剂添加到产品表面，产品经干燥处理后便具有相应的功能。

该方法的好处是不影响正常纺丝，产品的功能在下线后便立即显现，容易控制产品的质量。缺点是要增加专用设备才能生产，产品的功能耐久性较差。产品中的水分会影响产品的贮存及后加工，为了将多余水分除去，还必须对产品进行干燥处理，由于干燥过程会消耗能量，要增加生产成本。

经功能后整理后，一般的产品可具有拒水、拒油、防酒精、防血液渗透、耐化学试剂、亲水、抗静电、抗老化、抗菌、阻燃等功能。

第二节　纺熔非织造材料在线后整理装置及技术

非织造布的后处理加工一般分为三个工序，即：处理剂的配制和供给、施加处理剂、产品干燥。根据这个加工流程，后处理所使用的专用设备也分为三大类，即：处理剂的配制和供给设备、处理剂施加设备、干燥设备。

对于一个独立的后处理系统，除了包括上述的专用设备外，还包括：退卷设备、收卷及分切设备、张力控制系统等，有的后处理系统还设有在线检测装置。

一、处理液配制系统

除了采用人工配制以外，对于大批量、连续生产的产品，则以机械方式配制的处理液更能保证产品的质量。如图7-1所示为处理剂供应商推荐的一个典型处理液配制系统。

该系统分为三个部分，第一部分为溶液预稀释，其作用是先将浓度较高的处理剂稀释，使其充分分散，在容器中配置有搅拌装置。

第二部分为混合，将初步稀释的处理剂与水准确混合，成为工艺所需浓度的处理液，其中也配置有搅拌装置，使溶液的浓度均匀一致。

第三部分为储存与供应，临时储存工艺所需浓度的处理液，并用泵将处理液输送到施加设备，为了防止溶液出现分层或沉淀，其中也配置有搅拌装置。

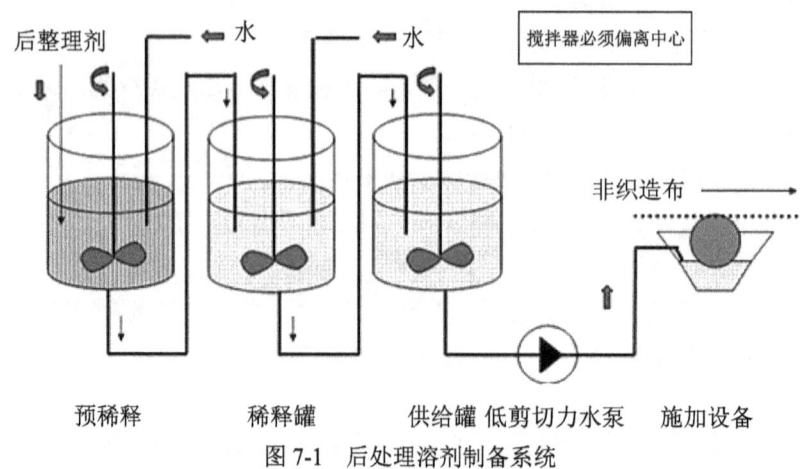

图7-1　后处理溶剂制备系统

搅拌浆要求偏心布置在容器中，这样既能防止在搅拌过程中出现漩涡，又可以增加溶液间的流动，提高了溶液的均匀性。系统中的容器和管道、设备均需用有耐酸、碱性能的材料制造。

二、整理剂施加设备

把整理剂施加到非织造材料上去的方法有很多，常用的有喷淋法、涂层法和浸轧法等3种。

（一）喷淋设备

喷淋设备主要有压力雾化型喷淋设备、离心雾化式喷淋设备两种。其中压力雾化型喷淋设备是在水泵以一定的压力将处理液输送给喷嘴后，被同时送至喷嘴的压缩空气雾化，然后喷在非织造材料的表面（单面或双面），达到喷淋处理液的目的。该方法所用的设备简单，主要用于处理液黏度较低的场合，适用于一些要求不高的产品加工。而离心雾化式喷淋设备是依靠喷盘高速（约4500 r/min）旋转时所产生的离心力作用，使处理液加速，并在高速运动中与空气碰撞分散成很小的液滴，从而达到雾化的目的。

（二）涂层设备

涂层设备主要有 Kiss Roll（吻油辊）型涂布设备、泡沫涂层设备等。其中 Kiss Roll 型涂布机是一种用途广泛的涂布设备如图7-2所示，除了单辊的基本型外，还衍生出多种不同用途的机型。因此，能适应不同黏度、不同速度、不同施加量的产品处理。

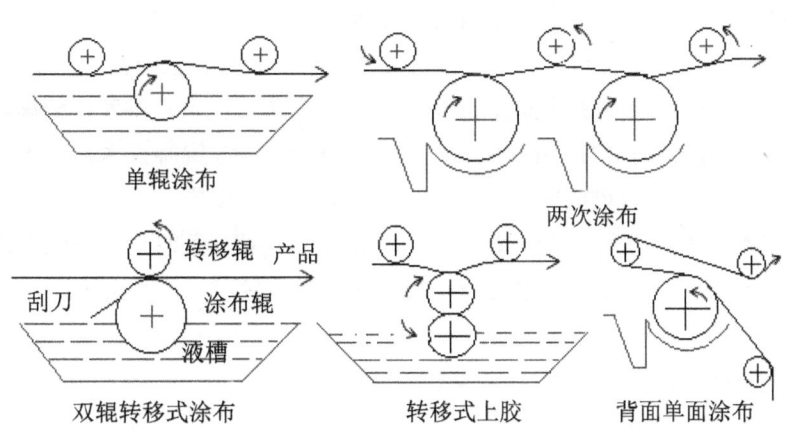

图 7-2 Kiss Roll 涂布机的各种应用

此外，根据涂料的施加层方式，涂层设备有刮刀式、光辊式、网纹辊式、圆网式等多种，当所涂布的是胶料时，常用作涂层复合设备。

(三) 浸轧设备

浸轧（或浸渍）工艺的特点是非织造布直接浸入到处理液中，使用浸轧设备进行后处理时，其适用范围较宽，可使用溶液型、乳浊液型和悬浊液型处理剂。由于这种处理工艺的带液量很大，必须与轧液装置配套使用。

产品在接触辊与橡胶轧辊之间通过，这种方式也叫浸轧式。按接触辊与橡胶轧辊轴线的相对位置还分为水平式及垂直式两种，如图7-3所示。在线压力较大的情形下，两只轧辊都需要用金属轧辊，而且还需具备轧辊受力后出现挠曲变形的补偿措施，以确保轧液的均匀性。

非织造布在导向辊的作用下进入处理剂内并被处理剂浸没，当从处理剂中出来后，其两个表面都被处理剂覆盖，然后在接触辊与橡胶轧辊之间的接触面通过。通过调整两辊之间的压力，可以除去多余的处理剂，控制留在布面上的处理剂量。

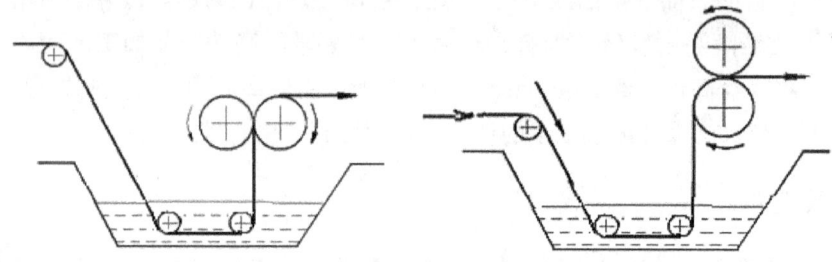

图7-3 浸轧设备（水平轧辊和立式轧辊）

此外，除去多余的处理剂，还可提高生产效率，降低干燥能耗。常用"轧液（余）率"来表示留在非织造布上的处理液重量与处理前的非织造布重量的比例，轧液率的大小直接影响到留在非织造布上的处理剂有效成分的多少。

浸轧机械的工艺成熟，过程控制直观，处理效果也较好，但结构较为复杂，体积较大，在产品幅宽较大的情形下，控制轧液的均匀性是一个关键技术，难度也较高，通常采用与热轧机类似的轧辊变形补偿措施，如中凸辊，轴线交叉，S辊等技术，用于保证轧液的均匀性，因此，设备的价格也很高。

当所用的处理剂为浆料或胶体时，非织造布在浸入处理剂时会受到较大的附加张力和牵拉。因此，在这种情形下，浸轧法并不适用于小定量轻薄型产品的加工。

三、干燥装置

非织造布经过后处理后，其水分含量超过质量要求的许可范围，多余的水分除了影响计量准确性外，主要是影响产品的质量和保存期，还会影响内、外包装的质量，甚至造成产品滋生细菌、霉烂变质。干燥机的作用就是除去产品中多余的水分，保证产品的质量，对于一些特殊的产品，加热、干燥过程还是激活处理剂功能（如：拒油、拒酒精、拒血液渗透功能）的必要工艺。

干燥就是将非织造布中的湿分除去的过程,在大部分情况下,湿分就是产品中的水分,有时也可能是其他溶剂。干燥是非织造布后处理生产流程中的一个重要环节,干燥设备的选型和运行状态直接影响到产品质量、生产效率、生产成本、员工劳动强度等指标。因此,干燥设备的合理选型和正确使用是非常重要的。

在非织造布生产中,基本上都是采用加热干燥。在加热脱水过程中要消耗大量的热能,不同的干燥方法有不同的适用范围,其干燥效率和加工成本也是不同的。已有研究表明,用加热干燥方法脱水的成本要比用机械方法(如机械轧压)高50~225倍。但机械方法仅能除去沾附在非织造布纤维表面中的"非结合水",而要除去与聚合物大分子相结合的"结合水"还是要用加热干燥的方法来处理,而且处理的难度也较高。

因此,无论采用何种干燥方法,在进行加热干燥方法脱水前,要尽量使用机械方法将产品中的大部分水分除去,残留的水分才采用加热干燥方法处理,这样可以节省加工费用并有较高的生产效率。

加热干燥就是利用热能加热产品,使其中的水分升温气化。因此干燥过程需要消耗一定的热能。通常是利用热空气来干燥物料,空气预先被加热器加热、升温,然后进入干燥设备将热量传递给非织造布,使其中的水分气化,形成水蒸汽,并被干燥气流从干燥器排放出来。常用的干燥方法有辐射式干燥与远红外干燥、热风(气流)干燥、烘筒干燥和热风穿透式干燥等。

(一)辐射式干燥与远红外干燥

辐射式干燥是利用辐射元件发射的红外线向湿物料提供热量的一种干燥方法。利用红外线辐射原理而设计的干燥装置称为远红外干燥设备。

在光谱中,红外光谱的波长范围在0.7~1000 μm,通常将波长在5.6 μm以上的称远红外线,波长在5.6 μm以下的称近红外线。但其有效的可用于干燥水分的光谱波长范围在0.7~11 μm。因此,工业上多用远红外线干燥物料。

由于红外线是一种发射电磁波,其频率如与被干燥物质分子的固有振动频率在同一范围内,则当用红外线照射物质时,将引起电磁的共振,红外线的能量可被有效地吸收,对物体进行干燥。

在非织造布行业,主要使用电加热红外线发生装置,设备产生的红外线辐射的波长为0.7~1.0 μm,并可扩展至波长为8 μm。液态水很容易吸收波长为2.5~3.3 μm(对应的发射温度约在870~600℃)的红外线,由于红外辐射不能穿透水,水在吸收红外线辐射的能量后,本身将被加热、升温。

能产生远红外辐射的元件有很多类型,常用的是带金属的氧化物、氮化物、硼化物、硫化物和碳化物等特殊涂层的发热元件。乳白石英管依靠其特殊的微观多孔结构,是一种能以较高效率将近红外线转换成远红外辐射的元件,因而有较高的干燥效率。

为了提高红外线干燥的效率,干燥装置要配备一套强制对流通风系统,用于带走表面附着的热汽,降低产品表面的湿度,加快水分蒸发。用红外干燥系统所能获得的水分蒸发速率约在45～90 kg/m².h 之间。

为充分发挥红外干燥的效率,一般用于水分含量较高的预干燥。红外线干燥器具有结构紧凑,容易安装使用,输出能量高,卫生条件好等优点。因可接近干燥物体,提高了能量的利用率。

由于发热元件的表面温度远超过非织造布的熔点,如果产品处于静止状态或直接与加热装置接触,容易出现将产品熔化,或导致出现火险事故。因此,在设备中要设置有相应的防护措施。

由于石英加热元件属脆性材料,在安装、使用石英发热元件时,要用正确的方法固定,避免剧烈震动和冲击,以免发生损坏。

在非织造布行业常用的红外线辐射装置有:红外线灯,红外线电热管、电热板,远红外线电热管、电热板等,红外装置要与辐射装置一起配套使用,以加强辐射的方向性和强度,提高干燥效率。

（二）热风干燥

热风干燥就是利用热气流的能量使产品中的水分被加热、升温、蒸发,并被气流带走的过程。由于主要是依靠热气流对流换热,干燥效率不高。由于不能采取过分提高气流温度的方法来提高干燥速度和效率,往往只能采取增加热风与产品接触时间的方法,提高热风的热能利用率和干燥效率。因此,产品在干燥设备中要以往复迂回的形式穿绕,干燥箱体的尺寸较大。

为了防止卷绕张力过大,出现产品的幅宽明显变窄等弊端。部分导向辊筒要采用电机驱动的主动方式运行。有的干燥机则采用网带承托或定位的方法,使非织造布在干燥气流中保持稳定。

实际应用中,有不少热风干燥机都具备拉幅定型功能,以控制产品在整理过程中的幅宽变化,但拉幅定型装置的针板会在非织造布的两侧留下针孔,使产品可使用的宽度变窄。带托网输送带的热风干燥装置示意图,如7-4所示。

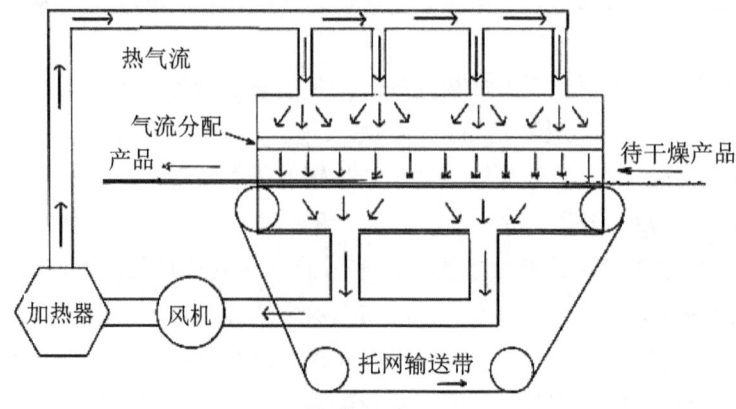

图7-4　带托网输送带的热风干燥装置示意图

由于热风干燥过程较为温和，温度均匀，干燥后的产品仍保持良好的手感。因此，热风干燥是目前仍广泛使用的干燥工艺，故在非织造布的后处理干燥工序，热风干燥也是较为普遍使用的工艺。

（三）烘筒式干燥

烘筒（缸）式干燥就是让含湿量较高的非织造布直接紧贴高温的烘筒表面，通过热传导使非织造布升温，从而使其中的水分气化蒸发，达到干燥目的。这是造纸行业广泛使用的一种干燥工艺，也是非织造布后整理生产线中使用的一种干燥设备。

在烘筒干燥系统，筒体由有良好导热性能的紫铜制造，当处理剂有腐蚀性或产品有较高卫生要求时，要用不锈钢制造。为了适应生产线高速运行的要求，干燥系统一般设置有多个烘筒，烘筒既可以水平方式排列布置，也可以垂直排列布置。非织造布与烘筒之间常按包角最大（如Ω型）、接触面积最多的路线穿绕，使产品的正、反两面都能得到干燥。

干燥机的烘干效率与烘筒表面的温度、环境湿度有关。烘筒可用蒸汽或导热油加热，温度越高、烘干效率也越高，但加工产品的能耗也越高。产品在烘干过程中，与烘筒表面直接接触的一面的温度与另一表面会存在较大的温差，影响干燥或处理的质量而且经过烘干加工后的产品，手感会变差，有的浅颜色产品还会出现泛黄色，影响产品的质量。

为了适应高速运行的要求，干燥系统要配置数量较多的烘筒，要占用现场较多的场地和空间，加上其干燥效率不如热风穿透式干燥机，因此，在纺黏法、SMS 产品的干燥系统中较少使用。

（四）热风穿透式干燥

热风穿透干燥采用了空气对流的原理，让热空气直接穿透非织造布，同时将热量传递给非织造布来蒸发水分，并将水分带走，实现了高效的传热、传质过程，使产品快速干燥。

利用循环风机的抽吸作用，将开孔转鼓外的热气流透过覆盖在表面的非织造布吸入转鼓内，实现产品的干燥。热风穿透式干燥具有控制温度精确、温度分布均匀，干燥过程高效，节能等优点。不仅可用于产品的离线后整理，也可作为主流程设备配置在生产线上使用。

热风穿透式干燥机的核心部件为干燥转鼓，转鼓的表面为透气率很高（≥90%）的多孔结构，在运行时非织造布以大包角（≥270°）包覆在转鼓面上，热循环风机产生的负压将转鼓外的热气流透过非织造布抽入转鼓内，在此期间，热风将布加热，布中的水分受热蒸发并随即被转鼓内的气流带走，产品便被干燥。

从转鼓中抽出来的带湿热气流少部分经过排湿阀排放到大气中，而大部分进入主循环管道，再次进入空气加热器加热升温，对产品进行连续干燥。空气加热器可以用蒸汽或导热油作为能源，通过改变热空气的流量或导热油的流量均可调节热空气的温度，从而控制干燥效果。

热风穿透式干燥有很高的干燥效率，干燥均匀，产品手感好，卫生条件可控，附加张力小，由于运行速度可以很高（可达600 m/min），设备占地少，除了可用于离线后处理干燥系统外，还可作为主流程设备直接安装在生产线中进行在线干燥。当运行速度较高，水分蒸发量较大时，可以将多个干燥装置串联使用，从而大幅度提高干燥能力。

第三节　纺熔非织造材料的功能整理

功能整理是指根据非织造材料的最终用途要求，通过所需的整理剂和适当的整理技术，使整理剂分子渗透到材料内部直接与纤维大分子键合，赋予非织造材料以特殊的功能。

对非织造材料施加整理剂的工艺主要有浸轧法、涂层法、喷洒法、泡沫整理法等。施加的基本流程如下：配制整理工作液→对非织造材料施加整理液→烘干→焙烘→成品。

功能整理的主要工艺技术参数：功能整理剂（或功能性物质）在工作液中的浓度；浸轧次数及轧液率；焙烘温度及时间；助剂浓度。

非织造材料经功能整理后的评价指标主要有以下组成：

(1) 功能性指标（如抗菌整理后的抑菌圈大小、阻燃整理后的氧指数等）。

(2) 材料的强力损失率。

(3) 材料的外观变化。

(4) 材料的手感变化。

(5) 材料的热收缩率。

(6) 与人体直接接触材料的毒性和皮肤致敏性。

一、拒水拒油整理

（一）拒水拒油机理

材料的拒水拒油整理是以材料表面的低润湿性为基础的。拒水拒油整理效果与整理后材料的临界表面张力有关。要达到拒水拒油性能的必要条件是材料的临界表面张力必须小于液体（如水、油）的表面张力，反过来如果液体的表面张力小于材料的临界表面张力，则材料被润湿。

有机硅整理剂的表面张力24×10^{-3} N/m，小于水的表面张力（72.8×10^{-3} N/m），高于部分油类液体。因此，经有机硅整理的材料具有足够的拒水性而缺乏拒油能力。而有机氟的表面张力低于20×10^{-3} N/m，它可使材料的表面张力降至15×10^{-3} N/m，表现出优异的拒水拒油特性。

（二）拒水拒油整理工艺

拒水拒油整理工艺与纤维特性、整理液PH值及焙烘温度和时间等相关。

纤维特性：在以水为介质的加工中，乳液粒子和纤维各自的表面电位会影响处理效果。

整理液 pH 值：溶液 pH 值发生变化将影响纤维表面的电势电位。pH 值对整理剂乳液的稳定性也有较大影响。

焙烘温度和时间：烘干时宜温度较低，时间较长，但影响生产速度。焙烘温度按不同整理剂和不同纤维材料来确定，既要防止高温处理降低纤维的物理机械性能，又要保证有机硅或有机氟聚合物充分交联或反应。

（三）拒水拒油性能测试（如表 7-1 所示）

表面抗湿性（喷淋沾水（油）试验）。
抗渗水性（静水压试验）。
接触角（水或油类液体）。
柔软性（斜面法弯曲长度或悬垂系数）。

表 7-1 拒水拒油整理剂

防水剂	拒水性	拒油性	耐久性	柔软性
石蜡类	较好	无	不好	好
烷基乙烯脲类	较好	无	不好	不好
有机硅类	好	无	一般	好
含氟聚合物	好	好	较好	一般

二、抗菌整理

抗菌整理是指在非织造材料等纤维制品上用具有抗菌作用的试剂进行处理，赋予其抗菌防霉性能，使材料具有抑制菌类生长的功能。

（一）非织造材料抗菌整理的要求

非织造材料抗菌整理一般有如下要求：具有广谱的抗菌性；对使用者无毒性，对皮肤无致敏；具有良好的透气性；整理剂不损伤纤维，不使材料产生色变；对环境无污染，可在环境中自然降解；与其他整理剂具有相容性；不影响原有材料特性；成本低廉，加工简便。

（二）常用抗菌剂及抗菌机理

金属盐类抗菌剂：这类抗菌剂主要有硝酸银、氯化汞、氧化锡等。其抗菌机理是在银离子等金属离子作用下，微生物细胞内蛋白质的构造遭破坏，引起代谢阻碍。

有机季铵盐类抗菌剂：这类抗菌剂中季铵盐阳离子与微生物细胞表面的阴离子部位静电吸附，加上疏水作用，从而破坏微生物细胞表层结构。

铜化合物类抗菌剂：聚丙烯腈硫化铜复合体中铜离子破坏微生物的细胞膜与细胞内酶的疏水基结合，从而降低了酶的活性，阻碍其代谢功能。

有机氮类抗菌剂：在对比试验中被认为其抗菌力强于季铵盐类和二苯醚类抗菌剂。

天然抗菌材料：这类材料如甲壳质中的壳聚糖，其分子内带正电荷的氨基吸附细菌，与细菌细胞壁阴离子结合，阻碍了细菌的生长合成。

其他还有卤素和酚类抗菌剂，如次氯酸盐、N-氯胺、卤代双酚等。

三、阻燃整理

（一）纤维材料的燃烧特性

几乎所有的纺织纤维都是有机高分子材料，绝大多数在300℃以下就会发生分解。经过阻燃整理后，并不能使它成为在火焰中不燃烧和不受损伤的材料，只不过是程度不同地降低了可燃性。评定材料的阻燃性主要有两方面，一是着火性，即着火点的高低，表示材料起火的难易；另一是燃烧性能，即在特定的条件下，沿着样品燃烧的速率和氧指数。氧指数是指试样在氧气和氮气的混合气体中维持完全燃烧状态所需的最低氧气体积浓度的百分数，通常用LOI表示。氧指数越大，维持燃烧所需的氧气浓度越高，即越难燃烧。

几种典型纤维的氧指数值（LOI），如表7-2所示。

表7-2 几种典型纤维的氧指数值（LOI）

纤维	LOI	纤维	LOI
棉	17～19	聚酰胺	20～21.5
粘胶	17～19	聚丙烯	17～18.6
醋酯纤维	17～19	聚丙烯腈	17～18.5
羊毛	24～26	聚氯乙烯	37～39
蚕丝	23～24	芳纶BB	28.5～30
聚酯	20～22	聚四氟乙烯	95

纺织材料的燃烧主要由以下四个同时存在的步骤循环进行：热量传递给材料；纤维的热裂解；裂解产物的扩散与对流；空气中的氧气和裂解产物的动力学反应。阻燃技术就是阻止上述一个或多个步骤进行。

（二）阻燃剂的阻燃方法

覆盖法：例如硼酸在温度较高时能形成玻璃状覆盖涂层，从而阻止氧气供应达到阻燃目的。

气体冲淡法：阻燃剂在燃烧时能分解出不燃性气体，从而冲淡稀释纤维分解出来的可燃性气体。

转移阻燃法：阻燃剂在高温时能作为活泼性较高的游离基转移体，从而阻止了游离基反应的进行。

吸热与散热法：这是一种主要针对阴燃的阻燃方法。由于吸热和散热作用可以阻止阴燃的蔓延，因此选择在高温下能产生吸热反应的物质整理织物，阻止燃烧或者使纤维迅速散热，使材料达不到燃烧温度。

（三）阻燃剂及整理工艺

阻燃剂可分为无机阻燃剂和有机磷阻燃剂。其中，无机阻燃剂主要有金属氧化物和卤化物、硼砂、磷酸盐等。有机磷阻燃剂主要有四羟甲基氢氧化膦（THPOH）、四羟甲基氯化膦（THPC）、N-羟甲基二甲基膦酸丙酰胺（NMPPA）等，它是一类重要的阻燃剂，阻燃效果好，但成本高、毒性强。

THPOH 的阻燃整理工艺：浸轧阻燃整理剂→烘干→氨熏→氧化→水洗→烘干。

NMPPA 的阻燃整理工艺：浸轧阻燃整理剂→烘干→焙烘（150℃，4～5 min）→水洗→烘干。

阻燃整理使被整理材料增加了一定数量的有害物质，而且阻燃的耐久性受到一定的限制。在非织造材料中放入一定比例的耐高温纤维或阻燃纤维，如 NOMEX（芳纶1313）、芳砜纶及碳纤维，同样能达到一定的阻燃效果，且安全无毒。

四、防紫外线整理

纤维材料防紫外线方式主要有两种：

防紫外纤维法：防紫外纤维就是在聚合或熔融纺丝过程中添加紫外线吸收剂或屏蔽剂等，制备出防紫外纤维，并将其做成非织造材料。

防紫外后整理：将防紫外整理剂通过浸轧、涂层等方法与非织造材料结合在一起，使非织造材料具有一定的防紫外功能。

（一）防紫外整理剂

紫外线反射剂：能将紫外线通过反射折回空间，也称紫外线屏蔽剂。这类反射剂主要是金属氧化物，例如氧化锌、氧化铁、氧化亚铅和二氧化钛。氧化锌能反射波长为 240～380 nm 的紫外线，且价格便宜无毒性。将这些起紫外屏蔽作用的无机物与有机化合物的紫外吸收剂合用，具有相互增效功能。

紫外吸收剂：能将光能转换，使高能量的紫外线转换成低能量的热能或波长较短、对人体无害的电磁波。目前应用的紫外线吸收剂主要有以下几类：金属离子化合物、水杨酸类化合物、苯酮类化合物、苯三唑类化合物等。

（二）防紫外线整理剂的整理工艺

对于非织造材料的防紫外整理工艺主要有两种，即浸轧法和涂层法。

由于紫外线吸收剂大部分不溶于水，拟配制成分散相溶液，采用浸轧→烘干→焙烘工艺加工。对于某些对纤维没有亲和力的吸收剂，应在工作液中添加粘合剂或采用涂层整理的方法加工，还可以和一些无机类的紫外线反射剂合并使用，效果更佳。

（三）防紫外线性能评价

紫外辐射防护系数（UPF）：UPF值指某防护品被采用后，紫外辐射使皮肤达到红斑所需时间与不用防护品达到同样伤害程度的时间之比。

紫外透过率：采用紫外线分光光度计测定紫外线波长区域内防护材料的紫外线透过率的平均值。

五、亲水整理

亲水整理就是将亲水剂覆盖于纤维表面，使其形成一层亲水薄膜。亲水薄膜有一定的导电性，可以提高材料的抗静电性能。亲水整理的实质就是提高非织造材料的表面张力，降低材料与水之间的接触角。

（一）亲水整理剂的分类

聚酯类，包括聚醚型聚酯、磺化聚酯、混合性聚酯；丙烯酸类；聚胺类；环氧类；聚氨酯类等。

非织造材料的亲水整理还可以采用阴离子型、阳离子型、非离子型和两性型表面活性剂对材料进行表面活化处理，使材料表面大分子吸附了大量的亲水基团，这些亲水基团进入水中，可大大降低水的表面张力，使材料的润湿速度有了很大的提高。

（二）亲水性评价指标

非织造材料亲水性的评价指标有吸水（液）率、吸水（液）速度、材料芯吸率等。

六、其他整理

（一）轧光整理

1. 轧光整理原理

轧光的主要目的是提高产品表面光洁度与平整性，或增加其材质的紧密度。通过机器上轧辊的电热熨烫作用和上下压辊间的压紧力，并借助于纤维在一定的温度条件下具有的可塑性，使非织造布平整、光洁、光亮，使其对光线产生规则的反射，从而提高非织造布的光泽。

2. 轧光设备与工艺

轧光机分为两辊、三辊和多辊轧光机，如图7-5所示。

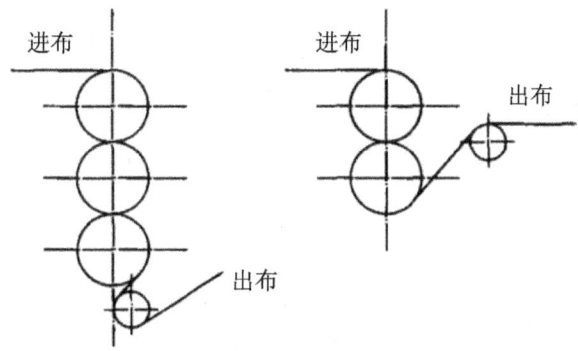

图 7-5　三辊轧光机和两辊轧光机工作示意图

轧光的整理效果与非织造布的含湿率、压力、温度、布速等工艺条件有密切关系。

（二）轧花整理

轧花的目的是增加产品的外观效果，使材料表面获得浮雕状或其他效果的花纹，获得柔软的手感。将非织造布通过一对由凹凸不平的刻花辊和弹性辊（棉、纸辊）组成的轧点，并对刻花钢辊加热，其上突起的部分与非织造布接触，纤维受到加压和热的作用而变形，经冷却定型后，便在非织造布表面留下与刻花钢辊花纹相反的花纹图案，如图7-6、7所示。

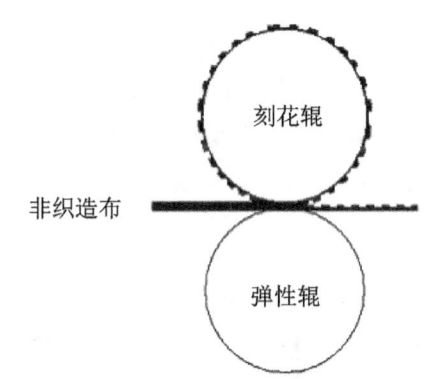

图 7-6　轧花机示意图

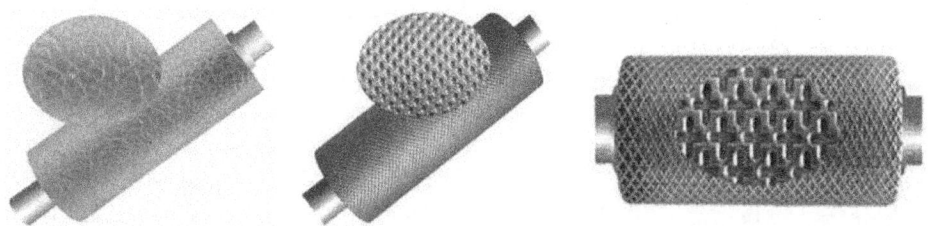

图 7-7　轧花机所用的花纹辊

(三) 柔软整理

1. 机械开孔柔软整理

机械开孔的目的是改善非织造材料的手感，主要用于薄型粘合法非织造材料，喷射的方法主要有水流喷射法，如图7-8所示，热针穿刺法等。

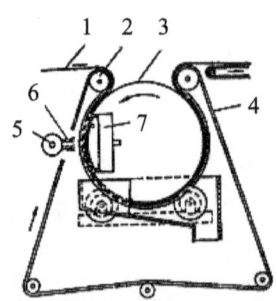

1-非织造布　2-导辊　3-开孔滚筒　4-开孔网带　5-喷水头　6-高压水流　7-真空吸水箱

图7-8　水流喷射法开孔整理

热针穿刺法：将温度高于纤维熔融温度的钢针刺入非织造布中，与钢针接触的纤维，受到钢针的加热而熔融，钢针抽出后自然成型。

2. 机械开缝柔软整理

机械开缝整理用于改善非织造材料的悬垂性、手感，赋予非织造材料一定的弹性。

开缝的方法是在压辊上装有若干间隔配置的薄形刀片，通过轧辊与非织造材料的相对速度差对其产生开缝作用。机械开缝采用机型如图7-9所示。一般是在一刀片辊上装有很多薄而小的刀片，按一定方式排列。

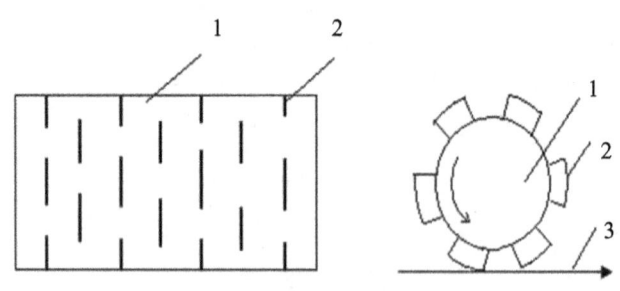

1-刀片辊　2-刀片　3-非织造布

图7-9　机械开缝示意图

(四) 收缩整理

在非织造材料后整理加工中，常利用材料收缩时产生密度的增加，以提高非织造材料的面密度或体积密度，增加紧密度、增大强力，甚至可利用收缩产生的厚度增加以利于剖层加工，常用于针刺毡、合成革等产品常用后整理。收缩整理可分为干态收缩整理和湿态收缩整理。

干态收缩整理：应用于主体纤维为合成纤维的非织造材料，采用平幅烘燥机、圆网烘燥机或短环烘燥机，以超喂的方式将非织造材料喂入烘燥机的热处理区，利用纤维本身的热收缩特性使得非织造材料产生收缩。所以，纤维的热收缩特性很大程度上决定了干态收缩整理的效果，为此往往可采用一定比例的高收缩纤维混入纤网。

湿态收缩整理：常应用于主体纤维为天然纤维的非织造材料，通过热水的水浴加热作用之后再予以挤压、松弛烘燥，使得非织造材料收缩。此外，还可采用热蒸汽处理作用，使其收缩。

第四节　微胶囊功能整理技术

将功能性物质与有关高分子化合物或无机化合物，用机械或化学方法包覆封闭起来，制成颗粒直径为1～500μm，常态下为稳定的固体微粒，而该微粒物质原有的基本性质不受损失，在适当条件下它又可释放出来，这种微粒称为微胶囊。

微胶囊主要由芯材和壁材组成。芯材又称核材，是一种被包覆（封闭）的功能性物质，可以是固体、液体、气体或胶体物质。壁材是一些具有成膜性能的天然或合成高分子物质，如明胶、甲壳质、阿拉伯树胶、海藻酸盐、聚乙烯醇、聚氨酯、聚丙烯酸酯等。

微胶囊具有以下的一些功能和特点：赋予特殊的功能和应用效果；增进被封闭物质功能的缓释性和长效性；增加被封闭物质的贮存稳定；降低被封闭物质的可溶性和吸附性；隔离反应性物质，提高相容性；提高物质的流动性、分散性，便于操作和应用。

微胶囊技术广泛应用于纺织品功能整理，是因为其功能的持久性和效果好于液体功能整理剂，而成本大大低于应用功能性纤维的材料。非织造材料同样可运用微胶囊技术进行功能整理，包括阻燃、拒水拒油、抗菌杀虫、抗静电、柔软整理等，以获得常规整理技术无法得到的效果。

一、抗菌杀虫微胶囊整理

将抗菌剂或杀虫剂和癸二酰氯混溶后，在高速搅拌下慢慢滴入含有适量乳化剂的水溶液中，形成乳液分散状，然后在不断搅拌下慢慢滴入含乙二胺和二氨基苯及碳酸钠的水溶液，使抗菌剂分散颗粒界面发生缩聚反应，形成壁材为聚酰胺，芯材为抗菌剂的微胶囊。改变壁材的组成和厚度，可控制芯材的释放速度，延长缓释时间。

应用时将微胶囊和粘合剂、助剂等一起固着在非织造材料上，通过壁材的扩散、溶化或降解来缓慢释放芯材功能，也可适当浸轧，使微胶囊破裂，抗菌剂可快速渗透进入材料，实现其抗菌杀虫的作用。

二、阻燃微胶囊整理

常规的阻燃整理对涤/棉或涤/粘的混合纤维材料，因需用两种互不相溶的阻燃剂而用传统的整理方法难以加工。若将适用于聚酯的有机磷卤化物阻燃剂制成微胶囊A，适用于粘胶纤维的聚磷酸铵阻燃剂制成微胶囊B，将含有微胶囊A和B的水悬浮液施加在涤粘混合的非织造材料上，于50℃烘干，然后经过压辊轧压，使材料上的微胶囊破裂，微胶囊中的阻燃剂均匀吸附在纤维上，在150℃焙烘3 min，使阻燃剂扩散各自进入相应的纤维内部发生固着反应，使两种纤维都具有良好的阻燃性。

三、拒水拒油微胶囊整理

拒水拒油整理剂大都难溶于水，通常制成乳液，而许多乳液的分散稳定性不高，常因其他成分的加入而发生破乳或沉淀，而应用微胶囊整理，分散稳定性大大提高，也提高了各组分间的相容性。

例如将双酚A溶解于稀氢氧化钠水溶液中，另将己二异氰酸酯和拒油剂溶于三氯乙烷中。在高速搅拌条件下，将三氯乙烷溶液慢慢滴入上述氢氧化钠水溶液中，分散成微小的颗粒状后，将此溶液加热到50℃左右，使己二异氰酸酯和双酚A在颗粒界面发生缩聚反应，形成壁材为聚氨酯，芯材为拒油剂的三氯乙烷溶液的微胶囊。应用时，只需经过浸轧，微胶囊破裂后，拒油剂渗入材料内部，于40℃烘干，140℃焙烘3 min即可。

除上述几种微胶囊整理外，非织造材料微胶囊整理还有微胶囊香味整理、微胶囊抗紫外线整理、微胶囊粘合剂等。

第八章　纺熔非织造材料的深加工与产品开发

第一节　离线复合加工

产品在下线后再进行深加工是提高产品附加值，改进企业产品结构的重要方法。产品的深加工方法有很多，其中以离线复合为主，常用的方法有：热轧复合、超声波复合、淋膜复合、热熔胶复合等。

对非织造布卷材生产企业，所选择的加工方式主要还是以本企业所生产的卷材为主要材料，在将原始的卷材进行相应的加工后，使其成为下游制品加工可直接使用的材料。免除了在原始材料出厂交给下游用户后，还要再在社会上流转加工的麻烦。这对一些规模不大或生产批量较小，缺乏加工手段的制品加工企业来说是大有好处的。

离线复合就是以纺黏法或熔喷法非织造布为基材，通过适当的技术措施，与同种材料或其他材料复合在一起的一个工艺过程。常用于离线复合的非织造布品种有：纺黏布、熔喷布、水刺布、针刺布、无尘纸、珍珠棉等；常用的薄膜材料有：PE膜、透气膜、PET镀铝膜、金属薄膜等。纸张、纺织品也是可用来进行复合的材料。

复合型产品具有优势互补的特性，会具备各种材料的综合功能，成为功能优异的新产品，这是目前开发特殊用途产品的重要方法。

常用的产品（卷材）复合加工都是在产品下线后进行离线加工的。复合也叫叠层复合或层压复合，其意思是利用适当的工艺手段将多层的材料结合成一整体。

离线复合设备主要包括：退卷装置、固结设备、张力控制装置、卷绕设备、控制系统等。除了其中的固结设备会使用不同的工艺以外，其他设备只有形式上的差异，而功能并无不同。一般退卷装置用来将待复合的卷状材料展开，固结装置则利用相应的方法将两种材料复合成一整体，卷绕机的功能是将已复合好的产品收卷。

其中退卷装置的数量与待复合材料的层数对应，一般可有1～3台。而固结设备则是根据材料的特性来选配的，如：热轧机、超声波复合机、淋膜机、涂层设备、热熔胶机等。因此，根据所采用固结方法，常用的离线复合加工分为：热轧复合、超声波复合、淋膜复合、涂层复合（包括了热熔胶复合）等几种。

一、热轧复合

利用热轧机对多层材料进行热轧固结是最为常用的工艺,采用热轧复合时可有较高的生产速度,工艺成熟、可靠,运行管理也较为简单,产品有较高的强力和较好的阻隔性能。

但采用热轧复合工艺时,要求各层材料的熔点不能相差太大,产品的总定量在150 g/m^{2}以下,否则难于保证粘合强度,另外产品经过热轧后手感会变差,透气量会明显下降。

一般的"二步法""一步半法"SMS产品基本上都是采用热轧复合工艺生产。实际可供复合的基础材料不仅仅是S(纺黏布)、M(熔喷布),还可包括水刺布、针刺布、无尘纸(气流成网非织造布)、珍珠棉等非织造产品及使用PP、PE、EVA等热熔性原料的其他产品。被复合的材料还包括纺织品、PET镀铝膜、金属铝箔、OPP印刷膜等材料或制品。

热轧复合生产线的设备主要包括:退卷设备(2~3套)、热轧机、卷绕机及相应的控制系统。

二、超声波复合

人类耳朵能听到的声波频率为20~20 000 Hz。频率高于20 000 Hz或低于20 Hz的声波人类是无法感知的。一般将频率高于20 000 Hz的声波称为"超声波",而低于20 Hz的声波称为"次声波"。

超声波也是一种机械振动,通常以纵波的方式在气体、液体、固体、固熔体等介质内传播,具有良好的束射性和方向性,能传递较为集中的声能。超声波会产生反射、干涉、叠加和共振现象,在液体介质中传播时,可在界面上产生强烈的冲击和空化现象。在非织造布行业,主要用于组件清洗、纤网的固结、产品复合加工等。

超声波在传播过程中会产生力学、热力学、电磁学和化学的超声效应,主要表现为机械效应、空化作用、热效应和化学效应。由于超声波频率高,能量集中,被介质吸收时能产生显著的热效应,因此常用于多层纤网的固结、复合。

利用超声波对多层材料进行固结是一种常用的工艺,工艺成熟、可靠。采用超声波复合工艺时,对各层材料的熔点要求不严格,适用于熔点相差较大的材料(如非织造布与金属膜),运行管理也较为简单。在超声波行业,常将这一类型的设备称作焊接机、缝锭机。

焊接机主要用于单个产品的断续加工,缝锭机主要用于产品的连续加工。目前国产缝锭机的运行速度都在100 m/min以内,国外已有运行速度达500 m/min,幅宽达3000 mm(或更宽)的设备,可以用于产品的在线固结、复合。

另外在一些非织造布制品生产过程中,也广泛应用了超声波焊接缝合工艺。如口罩、帽子、衣服、购物袋等。

采用超声波复合时可有较高的生产速度,产品有较高的强力和较好的阻隔性能,通过改变模具的形状还能在产品上形成美观的花纹,但产品的强度不如热轧粘合,另外对各层材料的表面清洁状态也有要求。

超声波复合的用途很广,如将非织造布与非织造布、纺织品、皮、革、金属膜等柔性材料进行高频超声波轧纹、压花复合。适用于针织、印染、服装衬布、面料、制鞋、室内装潢、尿不湿、尿垫、尿片、药物卫生巾、座垫、靠垫、防滑垫、防弹衣、床上用品、保温材料、保冷材料及汽车内饰等领域。

超声波复合的基本工艺流程:

材料放卷→张力控制→超声波复合→张力控制→产品卷绕。

超声波复合生产线的设备主要包括：退卷设备（2~3套）、超声波焊接机、卷绕机及相应的控制系统等。复合三层材料的超声波缝锭机（常州雅典娜电子科技公司），如图8-1所示。

图8-1 复合三层材料的超声波缝锭机（常州雅典娜电子科技公司）

三、淋膜复合

利用淋膜工艺对多层材料进行固结复合也是一种常用的工艺,是制造高阻隔性能产品的重要方法。在实际生产中可有"一布一膜"或"两布一膜"及"三布两膜"等复合方式。采用淋膜复合时可有较高的生产速度（100 m/min）,工艺成熟,膜层的厚度可控性强,运行管理也较为简单,产品有较高的强力和很好的阻隔性能。

采用淋膜复合工艺时,一般的膜层材料为熔点较低的PE,而常用的PP、PET非织造布基材的熔点都较高,PE熔体的温度不会导致其他材料受损。因此,对各层材料的熔点要求不严格,但对基材的均匀度要求较严,不允许有破洞或严重的稀网缺陷,以免在加工过程中发生"漏浆"现象。一般情况下,采用淋膜复合的基材定量宜≥18 g/m^2。

淋膜复合系统较为复杂,主要由：上料系统、螺杆挤压机、挤出箱体（模头）、冷却装置、退卷装置、卷绕装置等组成。其主要生产流程如图8-2所示。

从料斗1中的原料进入螺杆挤压机2后,被挤压、加热熔融成熔体,随即进入淋膜模头3,并以膜状从模头的狭缝中挤出、覆盖在放卷布表面,由于压辊5的作用,尚处于粘流态的膜便与放卷布4粘合在一起，然后经过冷却辊6降温、定形，在卷绕机7收卷为卷状产品。

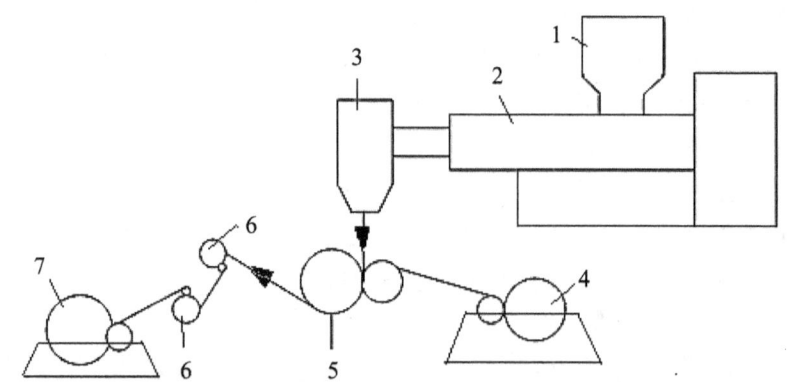

1-料斗　2-螺杆挤压机　3-淋膜模头　4-放卷布　5-压辊　6-冷却辊　7-卷绕机

图8-2　淋膜复合设备

四、热熔胶复合

热熔胶复合是利用加热后热熔胶的流动性浸润被粘物品的表面，降温冷却后会固化或反应固化而实现粘合。热熔胶喷胶复合是非接触型复合，对基材的最小克重、均匀度及退卷张力要求较低。由于喷胶量很少，对基材的透气性能影响小，耐温要求较低。

热熔胶的主要特点有：粘结速度快，便于自动化连续生产，效率高而成本低。不含溶剂，无职业健康安全及环境污染问题。生产过程无须干燥过程，工艺简单。热熔胶是固体，包装、运输、保管方便。可以粘结很多种材料，如非织造布、纺织品、衣料、纸张、金属膜、塑料膜、包装材料等。已涂在被粘物体上的热塑性热熔胶若出现固化后不粘合现象，或粘合位置发生变化时，可重新加热进行粘合作业。

常用的热塑性热熔胶粘合剂有：PA（聚酰胺），PET（聚酯），EVA（乙烯—醋酸乙烯共聚物），PU（聚氨酯），TPU（聚胺酯）等，典型的工作温度为180～230℃，粘度范围在3 000～150 000 CPS。

热熔胶复合生产线主要由退卷装置（2套）、喷胶设备（2套）、复合装置、分切卷绕装置组成，装机容量较小。同时热熔胶喷涂与涂布法相比，具有生产速度快、效率高、施胶量小、成本低、设备占地小、投资回收期短等优点。

热熔胶复合是卫生、保健用品行业广泛使用的粘合工艺，通过在两种相复合的材料表面喷洒或涂布热熔胶，经加热或加压，在热熔胶冷却后便将两种材料复合在一起。热熔胶复合工艺可用于纺黏布与熔喷布，纺黏布与气流成网布，纺黏布与薄膜，纺黏布与透气薄膜，非织造布与纸类、电化铝、布料及皮革等基材间的复合。

热熔胶复合产品具有手感柔软、屏蔽性强、阻隔能力高、透气性能好等优点，而且透气不透液，断裂强力比传统复合工艺大，是制作防护用品、婴儿尿布、妇女卫生巾等的优质材料，还可广泛用于包装、医药、汽车、服装、电子等领域。

当采用涂布工艺时，无论是哪一种涂布复合设备，其关键部分都是涂布装置，涂布装置采用何种涂布工作方式，会直接影响涂布的质量和效果。常用的涂布装置可分光辊上胶涂布、网纹辊上胶涂布和热熔胶喷胶涂布三种。

热熔胶涂布复合的生产速度较快，但因涂布头要与材料直接接触，增加了材料的卷绕张力，对张力控制要求较高，容易导致产品变形、起皱。另外采用涂布方法的施胶量也较多，加大了生产成本。

热熔胶涂布不仅可用做粘结剂来将多层材料复合，热熔胶涂层本身也可作为另一层材料与基材复合成新的产品。

(一) 光辊上胶涂布

光辊上胶涂布通常采用两辊转移方式涂布。调整其上胶辊和涂布辊之间的间隙，就可以调整涂布量的大小。整个涂布头部分的结构较为复杂，要求上胶辊、涂布辊、牵引辊及刮刀的加工精度和装配精度高，设备的造价较高。

使用光辊上胶涂布时，由于胶料成层状涂布，因此，胶料层除了可用作粘结剂进行多层材料复合加工外，胶层也可作为一层独立的材料复合在基材表面，成为一种新材料，如非织造布的防水处理就是采用这种工艺。

由于这种涂布机主要采用高精度的光辊进行上胶涂布，涂布效果较好，通过调整上胶辊和涂布辊之间的间隙就能控制涂布量。此外，还可通过微动调节涂布刮刀来灵活控制，涂布精度高。目前在涂布复合设备上的应用也最广。

(二) 网纹辊上胶涂布

网纹辊上胶涂布工艺的主要设备是表面加工有凹陷网纹的涂布辊。利用藏在网纹中热熔胶来进行上胶涂布。涂布量由网纹辊的凹陷尺寸决定，其涂布量均匀，比较准确，但涂布量很难调节。

用网纹辊涂布时，涂布量主要与网纹辊的凹陷深度和热熔胶种类有关。网纹辊的凹陷深度越大，藏胶量也越多，转移到基材上的胶量也相应增多。

转移量还与热熔胶的黏度相关，胶液黏度较大时则较易转移，而太稀时则容易流淌，使施胶不均匀，会产生流淌痕迹。

基于以上两个原因，在选定涂布网纹辊和胶的品种后，就很难调节涂布量。因此，这是网纹辊涂布工艺的一个主要缺陷。

(三) 热熔胶喷涂

热熔胶喷涂工艺过程主要将固态胶加热熔化后，经加压后通过涂布模头（喷枪）将熔融的胶液以纤维状直接喷涂到要复合的基材表面，在热熔胶冷却后，便可将两种材料复合在一起。

热熔胶喷胶复合产品手感柔软、屏蔽性强、阻隔能力高、透气性能好而且透气不透液，断裂强力比传统复合工艺大，是制作防护用品、婴儿尿布、妇女卫生巾的优质材料，还广泛用于包装、医药、汽车、服装、电子等领域。

热熔胶喷涂是近十几年来发展起来的新技术，由于不需要烘干设备，耗能低。热熔胶为100%的固态胶成分，不含有毒的有机溶剂，不存在职业健康安全问题，是一种绿色环保型的涂布技术。

热熔胶喷涂与普通的上胶涂布相比，具有生产速度快、效率高，施胶量小、调节容易，成本低、设备占地小，投资回收期短等优点。

热熔胶喷胶复合是非接触型复合，即喷胶设备与复合的基材间没有直接的接触，对基材的最小定量、均匀度及退卷张力要求较低。由于喷胶量很少，对基材的耐温要求较低，对基材的透气性能影响小。

热熔胶复合生产线主要由：退卷装置（2套）、喷胶设备（2套）、复合装置、分切卷绕装置组成，装机容量较小。

第二节　离线加工

离线加工的方法有很多，对卷材进行打孔，印花加工也是非织造布卷材生产企业常用的产品增值方法。这里所说的离线加工产品仍是一种材料或中间产品，并非直接在市场上提供给顾客的终端产品。而且加工的工艺相对简单，流程也较短。因为以非织造布为基材的产品很多，其中还会用到与非织造布完全不同的工艺及设备，这已经是另外一个独立的行业了，如人造革制造业、过滤器材行业等。

一、打孔布加工

为了增加制品的透液性能，在妇女卫生制品中，经常使用在材料上打孔的方法，利用这些通孔使体液快速渗透，保持身体的舒适感。

目前，社会上有专业的打孔材料加工、供应商，但随着打孔材料的旺盛需求，除了制品企业将在材料上打孔作为一个工序外，也有非织造布卷材生产企业将产品分切、打孔后再供应给下游企业，这样不仅能增加产品的差异化程度，提高竞争能力，而且还可以使产品在内部增值，提高经济效益。

在卫生制品行业，广泛应用了打孔膜产品，但在膜上打孔的工艺与在纺黏布上打孔的工艺是不同的，在布上打孔所需的设备比在膜上打孔简单，无须加热定型，能耗较少，加工成本低，仅需一台打孔机即可，由于受幅宽和速度限制，目前打孔设备的产能还较低。

早期的打孔设备基本上依赖进口，目前所采用的打孔方法主要有锯片刀打孔和针轮打孔两大类，由于针轮的技术含量较高，因此，国产设备多以锯片刀打孔较多。由于打孔布主要是用作卫生制品材料，设备的幅宽都是与制品的规格相对应的，一般都较小。

二、产品印刷（花）加工

为了增加产品对顾客的吸引力，作为最终产品的非织造布制品，经常要在产品上印上各种图形或文字，这是非织造布行业的一种产品增值方法。

因为印刷是一种需要专用设备和技能的专业工作，通常这种印刷工作都是由专业的印刷企业承担的。但对于一些尺寸不大的简单图案，特别是一些还从事制品生产的企业，也是有可能进行产品印刷工作的。

目前，有很多种印刷工艺，如丝网印刷、滚筒印刷、转移印刷、发泡印刷、柯式印刷、柔性板印刷、喷墨及刺绣等，不同的印刷工艺，其效果差异较大，所使用的设备，生产效率，印刷成本也不同。

但针对非织造布这种印刷品，非织造布生产企业主要是使用丝网印刷、转移印刷及柔性板印刷等几种不需要大型、成套专业设备的工艺，虽然与专业的印刷有一定差别，但也能得到很好的印刷效果。

下面为采用不同印刷工艺时的产品效果图，如图8-3所示。

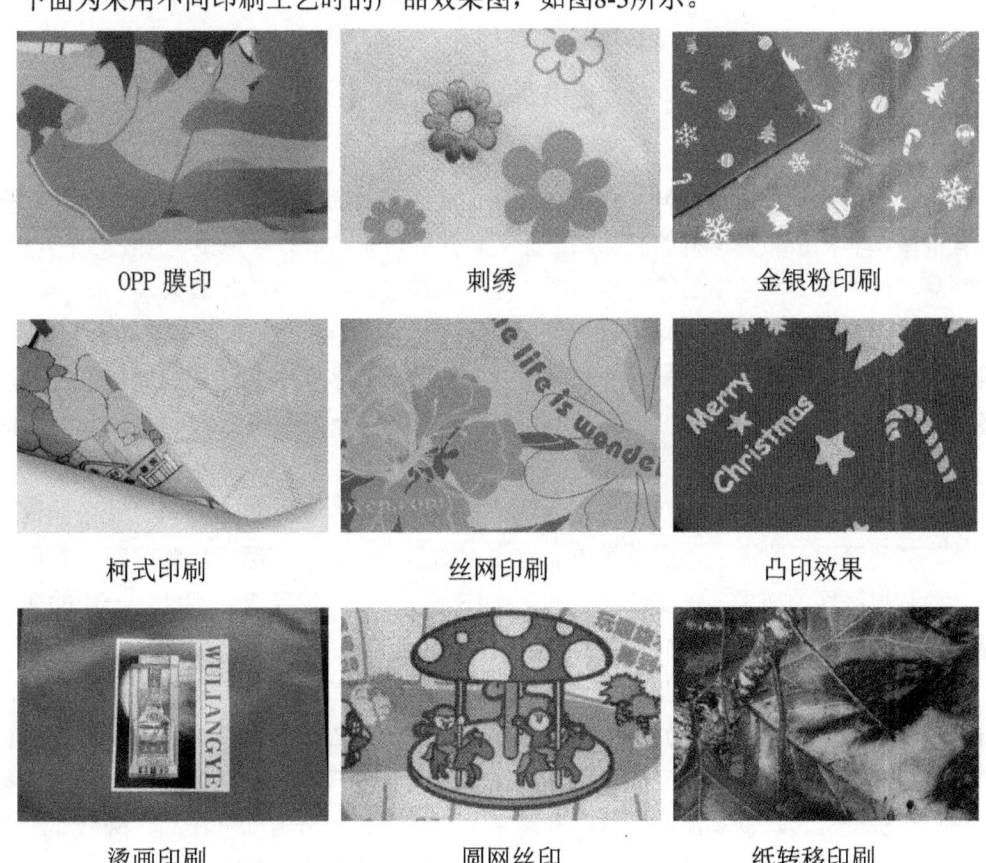

图 8-3　不同印刷工艺的效果图（图片来源于稳德福公司）

丝网印花分为平网丝印和圆网丝印两类，在非织造布后加工企业，手工平网印花是较为普遍使用的一种印花工艺，主要的工艺设施包括：印台、丝网、刮浆刀。

以丝网印花为例，非织造布印花的主要工序包括：花纹图案设计、制作丝网、调色、印刷、后处理等工序。

非织造布印刷加工所用的色浆是将染料或颜料与糊料混合、调制而成，要有较好的附着性能，并符合环保要求。

进行印刷时，将丝网框平放在非织造布的印花面上，然后利用刮刀将网面上的色浆均匀刮涂，在刮刀的压力作用下，浆料便透过网孔将图案印到布面上。

当需要在卷材上印制简单的、小篇幅的连续图案（如：单色的商标）时，采用柔性版"在线"或"离线"印刷工艺是一种高效、可行的方案。这种印刷机械结构简单，甚至可以直接将生产线设备的辊筒当承印辊使用，容易操作，并能在不高于150 m/min的速度稳定运行，其缺点是要使用有挥发性的稀释剂调制印刷油墨，现场条件较差，产品仅适合产业用。

进行材料印刷是制品加工企业要配套的一个工序，在资源许可的条件下，具备印刷手段能有效提高新产品开发的速度和经济效益。

第三节　制品加工

非织造布作为一种新型材料，在国民经济的各个领域都有着广泛的用途。因此，在社会上有很多以非织造布为材料的制品加工企业，其中以制造医疗、卫生、保健、个人护理、防护制品、日用品、产业用品等类制品的专业厂家最多，产业规模也最大。

制品是指有具体用途的终端产品，不用另行加工即可在市场流通，提供给顾客使用。一般来说，非织造布卷材生产是一个技术密集型产业，而利用非织造布材料制造各种产品大多是由一些劳动密集型企业来完成的，制品加工更适合在一些劳动成本较低的地区进行。

由于两种产品在社会上的职能分工、企业规模、人员素质、技术要求、设备配置、场地设施、劳动管理、物流、供应链等方面有很大的差异。如生产医疗用制品时，对厂房等硬件设施有很严格的要求，需要洁净车间，凭许可证生产、经营等。因此，一般的非织造布卷材生产企业很少从事制品加工工作。

但在非织造布卷材生产企业从事制品加工时，可以延长产业链，也会有不少优势，因而得到越来越多企业的青睐。如：非织造布是在企业的内部流转，节省大量的增值税和运输费用，有利于降低消耗和产品成本，产品在企业内部实现增值，可以提高产品的竞争能力；可加快资金周转，提高流动资金的利用率；自我消化、分流部分产品，降低非织造布的销售压力。如广东省有一个产能为18 500吨/年的企业，卷材的销售量仅占45%，制品的销售量却达55%，而制品所用的材料有90%来自本企业。由于国外有很大的制品市场，从主要以卖布为主变为卖制品后,既可规避国内非织造布市场的价格竞争,又能实现产品增值,可为社会提供大量的就业机会,有利于社会的稳定及和谐发展。

目前在广东、湖北等地已有多个这样的综合型企业,在大规模(如:卷材的年生产能力超万吨)生产非织造布卷材的同时,还配置了各种后加工手段(如:复合、淋膜、印刷等),从事大规模(从业人员超千人)的制品生产。其制品的品种涵盖了医疗、卫生、保健、生活日用品、宠物饲养、汽车罩、产业用品等,而且有较好的经营业绩。

当然,也有一些非织造布卷材生产企业能根据自身的特点进行制品生产。其规模不一定很大,但对改善产品结构、提高经济效益有一定的帮助。如熔喷法非织造布生产企业可利用自身的资源,制造空气过滤袋、口罩、水过滤器滤芯、油过滤器滤芯、吸油毡、擦拭布等制品。

制品生产加工是一个大有可为的行业。目前,已有各种类型的非织造布制品设备供应市场,如自动口罩机、自动制购物袋机、自动制光盘袋机等,为制品生产提供了多种选择。但一些尺寸较大或形状复杂的制品,则主要还是以人工加工为主。如购物袋加工流程:开裁→印刷→缝合→安装→检验→包装。

开裁:按产品的开料尺寸和形状,将大幅宽的原料布裁为所需的小块布料,开裁的方法有人工裁切、模切、自动裁切等,其工作常在台面尺寸很大的裁床上将多层原料布叠在一起进行。

印刷:按设计要求在布料上印上花纹或图案,具体可用的印刷工艺有:丝网印刷、滚筒印刷、转移印刷、发泡印刷、柯式印刷、柔性板印刷及刺绣等。

缝合:将相关的布边缝合在一起,根据产品的要求,在手工缝合时,可以分别选用车缝、平缝、拷边、包缝、超声波焊接、热粘合等方法,这是制品生产过程中耗用劳动力较多的一个工序。如在自动线上生产制品,则采用机制方式,即直接在生产线上实现缝合。目前,在制品加工过程中,广泛使用缝纫机车缝、热粘合、超声波缝合几种工艺,要根据产品的市场需要、产品特点、加工成本来合理选择缝合工艺。

安装:对于一些有附件(如:手把、拉链、拉锁、锁扣、衬板、滚轮等)的产品,则要在袋子主体成型后将附件安装好。

检验:产品加工完后,要进行质量检验,对一些采用缝纫机车缝的制品,还要进行金属探测,防止还有折断的缝衣针混在制品中。

包装:按规定的方法将产品进行折叠、包装,包装还分为个体独立包装和运输交货大包装两类。

第四节 非织造布新产品的开发现状

虽然在生产能力方面,中国已成为世界上产能最大的国家,但在新产品开发、技术创新等方面,我国的非织造布产业与发达国家相比,还存在一定的差距,主要表现在以下三个方面。

一、生产能力过度集中，产品缺乏明确的市场细分

我国纺黏法、熔喷法非织造布的绝大多数生产能力还是集中在少数传统的市场中，有特色的产品市场很小。企业没有明确的市场分工，常常挤在同一使用领域，造成生产能力的过度集中，导致市场竞争加剧。企业无明确的市场定位，也就没有明确的发展目标和发展战略，这不仅影响企业的长远发展，而且也影响到了行业的有序性发展以及技术水平的提高，同时也影响产品的多样化、差异化程度的提高。

二、产品档次相对较低

我国非织造布产业发展至今，在产品种类、质量和档次上都有了显著的提高，出口量也在逐年增高，但与世界先进水平相比，主要还是集中在已确定的中、低档产品领域，缺乏高技术含量的产品。多年来，我国在以较低的价格大量出口非织造布卷材和制品的同时，也在以高很多的价格进口大量非织造布卷材和制品，这主要是因国产的产品性能还无法满足特定市场需求所致。

三、市场和产品开发力度不足

在产品开发能力和品种多样化方面存在很大差距，无法向市场提供需要的产品。生产能力的高度集聚造成了部分市场的供大于求、利润下降的局面。而有很多市场还远远没有开发到位或尚未开发，如农业领域、防护服领域、医疗领域、建筑工程领域等，有些急需产品开发出来也常常不能符合国际标准的要求。例如，我国拥有约1.15亿平方米的簇绒地毯底布市场，其中已有约30%开始采用PET纺黏法底布，其需求量至少在4000万平方米以上，国内曾有企业尝试开发这一产品和市场，但至今尚没有成功的产品投放市场。我国用PET纺黏法生产的油毡基胎能达到国际标准水平的还很少，国际上医疗卫生领域用的纺黏布都趋向于质地柔软、均匀、薄型化的发展，而我国大多数纺黏法产品还难以达到国际上的较高要求。因此，一些功能要求高、加工方法独特的产品，还只能依靠进口。农业用布也远没有达到普及的程度。工业用非织造防护服在国内领域应用尚少。建筑领域包括墙体增强隔音、地下管道保护、限制树根延伸破坏墙基等很多用途还没有有效开发。医疗用途的应用也还没有达到理想的普及程度。这些尚未得到广泛开发的市场都是我国非织造布行业应该力争的领域。

产品开发力度不足的一个重要原因是开发投资力度严重不足，产品开发经费占企业销售额的比例很小，由于我国的非织造布生产企业绝大多数是小型企业，能重视新产品开发并有能力进行自主开发的企业很少。

附录：中国纺黏非织造布发展大事记

1987年1月18日，从德国莱芬豪舍引进的纺黏非织造布生产线在广东从化正式投产。

1992年7月11日，在纺织工业非织造布技术开发中心，纺织科学研究院机械厂、航空航天部606研究所、仪征纺织机械厂、丹东纺织机械厂、沈阳印染机械厂、金州无纺布厂（现大连瑞光非织造布有限公司）等单位的协作下，经过三年的努力，国产第一条纺黏法非织造布生产线进行了全线投料试车，1993年3月11日正式通过国家的技术鉴定。

1994年9月，全国纺黏非织造布行业第一次年会在广东省南海市西樵山召开，全国非织造布技术协会鉴于我国纺黏法非织造布行业的迅猛发展，决定将原有的"全国非织造布技术协会纺黏法专业组"改名为"中国纺织工程协会非织造布专业委员会纺黏分会"，谢明担任纺黏分会会长。

1995年6月，中国纺黏非织造布行业第二次年会在湖南省益阳市召开。

1996年7月，中国纺黏非织造布行业第三次年会在河北省秦皇岛召开。

1997年，中国纺黏非织造布行业第四次年会在辽宁省大连市召开。

1998年10月，中国纺黏非织造布行业第五次年会在广东省从化市召开。

1998年年底，中国第一条从德国莱芬豪舍引进的年产9000吨SAMS生产线在广东南海南新无纺布有限公司投产。

1998年10月，中国纺黏非织造布行业第五次年会在广东省从化市召开。

1998年年底，中国第一条从德国莱芬豪舍引进的年产9000吨SMS生产线在广东南海南新无纺布有限公司投产。

1999年9月，中国纺黏非织造布行业第六次年会在浙江省杭州市召开。

1999年9月下旬，列入全国"九五"科技攻关重大项目的"涤纶纺黏法非织造布（针刺型）"工程，经过三年多的艰苦奋斗，第一条生产线在浙江投入试生产，该套设备幅宽4.4米，年产能力3000吨。

2000年6月，中国纺黏非织造布行业第七次年会在河南省郑州市召开。

2000年，我国研制成第一条PET热扎型纺黏设备，设备地点：南海锦龙。

2001年9月，中国纺黏非织造布行业第八次年会在浙江省温州市召开。

2002年4月，纺黏非织造布分会组织相关企业赴欧洲参加"Index"02国际非织造布展览及参观欧洲的工厂

2002年9月，中国纺黏非织造布行业第九次年会在上海市召开，在此次年会上宣布，

熔喷企业正式归口由纺黏分会统一管理。

2003年4月,《纺黏法非织造布通讯》全面改版,并改名为《中国纺黏法非织造布》。2003年,辽阳宝珠研制出了首条4.2 M 薄型纺黏线。

2003年9月,中国纺黏非织造布行业第十次年会在新疆独山子召开。

2003年9月,由纺黏分会组织编辑的专业书籍《纺黏法非织造布》在新疆年会上进行了首发式,并正式对外出版发行。

2004年2月,华东地区纺黏法非织造布形势研讨会在浙江省温州市召开

2004年2月,纺黏分会根据国家海关总署和国家经贸委[署办发2001第87号]文件,组织纺黏企业共同制定出口纺黏布进口切片单耗标准,并上报国家海关总署审批。

2004年3月,北方地区纺黏法非织造布形势研讨会在辽宁省辽阳市召开。

2004年4月,广州纺熔非织造布技术咨询有限公司正式成立,以顺应非织造布工业发展的需要。

2004年4月,《中国纺非织造布工业》大型画册出版。

2004年4月,纺黏分会组织相关企业赴美国参加 Inda'04国际非织造布展览会。

2004年6月,全国涤纶纺黏法非织造布企业形势研讨会在浙江省绍兴市召开。

2004年6月,中国非织造布和产业用纺织品行业协会纺黏法分会正式更名为:"中国产业用纺织品行业协会纺黏法非织造布分会"。

2004年7月,南方地区纺黏法非织造布形势研讨会在广东省广州市召开。

2004年,全国纺黏法与熔喷非织造布设备技术进步研讨会在江苏省常州市召开。

2004年10月,中国纺黏非织造布行业第十一次年会在山东省济南市召开。

2005年3月,中国首条自制连续式 SMS 非织造布生产线在浙江省温州昌隆化纤制品厂投产。

2005年4月,纺黏非织造布分会组织相关企业赴欧洲参加 Index'05国际非织造布展览及参观欧洲的工厂。

2003年8月,全国 SMS 复合非织造布国家质量标准会议在广东省广州市召开。

2005年10月,中国纺黏非织造布行业第十二次年会在湖北省汉川市召开。

2005年11月,中国纺织工业协会产业部组织行业内专家、海关总署及各主要关口官员在广州召开《纺黏法非织造布》加工贸易单耗标准审定会和《热扎法非织造布》单耗标准审定会。

2005年12月,熔喷法非织造布国家质量标准会议在江苏省江阴市召开。

2006年5月,纺黏分会组织相关企业赴日本参加国际非织造布展览会。

2006年11月,中国纺黏非织造布行业第十三次年会在天津市召开。

2006年12月,全国 SMS 复合非织造布国家质量标准会议第二次会议在广东省南海市召开。

2007年5月,广宇中国纺黏法和熔喷法非织造布高峰论坛在云南省丽江市召开。

2007年5月,谢明同志辞去纺黏分会会长职务,方一期同志担任纺黏分会会长。

2007年9月,中国纺黏非织造布行业第十四次年会在福建省厦门市召开。

参考文献

[1] 肖为维. 合成纤维改性原理和方法 [M]. 成都：成都科技大学出版社，1992.

[2] 张黎. 双组分纤维的开发及应用 [J]. 合成技术及应用，2004(1)：38.

[3] 余晓蔚，王华平，汤建中. 皮芯复合纤维及其成形理论 [J]. 聚酯工业，1999(3)：1.

[4] 薛敏敏，姚慧婉. 复合纤维及其应用 [J]. 合成纤维，2001(4)：20.

[5] 王彬，李向东. 复合纤维 [J]. 济南纺织化纤科技，2002(2)：3.

[6] 俞大卫. 化学纤维词典 [M]. 北京：纺织工业出版社，1991.

[7] 杨兆湘. 复合纤维的开发与应用 [J]. 合成纤维，1997(6)：35-37.

[8] 金立国. 海岛型复合纤维的开发与现状 [J]. 合成纤维，2002(6)：3.

[9] 侯庆华，戴玲. 新型复合长丝的开发及应用 [J]. 合成纤维，2006(5)：41.

[10] S.Houis，F.Schreiber，T.Gries. 双组分纤维 (第一部分)[J]. 国际纺织导报，2008（5）：8.

[11] 肖长发，尹翠玉，张华等. 化学纤维概论 (第二版)[M]. 北京：中国纺织出版社，2005.

[12] 邢声远，江锡夏，文永奋等. 纺织新材料及其识别 [M]. 北京：中国纺织出版社，2002.

[13] 西鹏，高晶，李文刚等. 高技术纤维 [M]. 北京：化学工业出版社，2004.

[14] 钟燕萍. 阻燃纤维 [J]. 广西工学院学报，1997(4)：73-77.

[15] 高绪珊. 新型抗静电 PET 纤维的研究 [D]. 成都：四川大学纺织研究所，2000.

[16] 刁雪峰. 抗静电聚丙烯的研究 [D]. 太原：中北大学材料科学与工程学院，2007.

[17] 允秋侠. 防紫外线纤维及织物 [J]. 四川丝绸，2002(2)：29-30.

[18] 吴素坤. 远红外纤维的研究进展 [J]. 国外纺织技术，2003(6)：1-4.

[19] 张胜一. 远红外纤维的生产及应用 [J]. 山东妨织科技，2001(1)：51-54.

[20] 李春玉. 纺黏法、熔喷法与纺熔法非织造布的比较以及发展前景 [J]. 中国科技博览，2012(34)：62.

[21] 柯勤飞，靳向煜. 非织造学 [M]. 上海：东华大学出版社，2016.

[22] 郭秉臣. 非织造材料与工程学 [M]. 北京：中国纺织出版社，2010.

[23] 杜姗姗，蔡晓翔，于轶. PTT 纤维及其产品开发 [J]. 聚酯工业，2011，24(6)：12-15.

[24] 端小平，李德利，王玉萍．国内外 PBT 纤维的开发与应用 [J]．纺织导报，2011（10）：98-100．

[25] 焦晓宁．非织造布后整理 [M]．北京：中国纺织出版社，2015．

[26] 马建伟．非织造布技术概论 [M]．北京：中国纺织出版社出版，2008．

[27] 言宏元．非织造工艺学 [M]．北京：中国纺织出版社出版，2015．

[28] 刘玉军．纺黏和熔喷非织造布手册 [M]．北京：中国纺织出版社出版，2014．

[29] 郭秉臣．非织造技术产品开发 [M]．北京：中国纺织出版社出版，2009．

[30] 程博闻．非织造布用粘合剂 [M]．北京：中国纺织出版社出版，2007．

[31] 邬国铭．高分子材料加工工艺学 [M]．北京：中国纺织出版社出版，2000．